动物的语言

动物如何进行交流

作者：埃塔·卡纳　　插图：格雷格·道格拉斯

范伟　梁绪　译

中国出版传媒股份有限公司

中国对外翻译出版有限公司

图书再版编目（CIP）数据

动物的语言：动物如何进行交流/（加）埃塔·卡纳著；（加）格雷格·道格拉斯绘；范 伟，
梁 绪译. —北京：中国对外翻译出版有限公司，2012.10
（我的第一套动物行为体验书）
ISBN 987-7-5001-3471-8

Ⅰ.①动⋯ Ⅱ.①卡⋯ ②道⋯ ③范⋯ ④梁⋯ Ⅲ.①动物行为—儿童读物 Ⅳ.①H026.3-49

中国版本图书馆CIP数据核字（2012）第218853号

出版发行 / 中国对外翻译出版有限公司

地　　址 / 北京市西城区车公庄大街甲4号物华大厦六层

电　　话 / （010）68359827；68359101（发行部）；68353673（编辑部）

邮　　编 / 100044

传　　真 / （010）68357870

电子邮箱 / book@ctpc.com.cn

网　　址 / http://www.ctpc.com.cn

总 审 定 / 张健旭

出版策划 / 张高里

策划编辑 / 吴良柱　郭宇佳

责任编辑 / 刘景卉　郭宇佳

印　　刷 / 北京盛通印刷股份有限公司

规　　格 / 889×1194毫米　1/16

印　　张 / 27.5

版　　次 / 2012年10月第一版

印　　次 / 2012年10月第一次

ISBN 978-7-5001-3471-8　　　　　　　全套定价：188.00元

目录

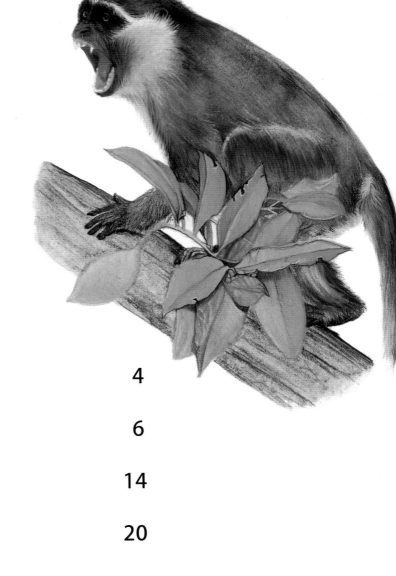

引言

当你感到兴奋和激动时，你怎么向朋友们表达你的心情呢？是大声喊叫，睁大双眼，还是高兴地跳上跳下？这些表达方式都说明了你正在和朋友们进行交流呢。不仅是我们人类，其他动物之间也是通过声音和身体动作进行交流的。有些动物，例如鸟儿，它们通过叫声求偶，也通过叫声呼朋唤友；小北海狮通过辨别声音就可以在一大群北海狮中找到自己的妈妈。很多哺乳动物用身体动作打招呼，比如大象会和同伴行"碰鼻礼"；狮子就像家猫一样，相互摩擦身体表示友好。

除了声音和肢体动作，动物们还会用一些独特的方式进行交流。你或许会难以置信，有些动物的身体会闪闪发光：萤火虫通过腹部末端的器官发光；闪光鱼的脸上有发光的秘密武器。蜜蜂用跳舞的方式、招潮蟹通过舞动它们的大螯来传递信息；还有很多动物通过气味互相交流。不论动物用什么方法传递信息，它们总是能够明白对方的意思。当你掌握了打开动物语言大门的钥匙，你会发现，你也能听懂动物都在说些什么了。书中设置了很多活动和实验来帮助你了解动物的语言，让我们一起通过实验，听懂画眉在唱什么歌，读懂老虎的身体语言，了解萤火虫为什么会发光吧！

帝企鹅

声音语言

　　许多动物就像人一样会用声音进行交流。有些动物会用叫声发出敌情"警报"；雄性动物会用叫声吸引异性；妈妈们的"召唤"声是用来寻找自己的幼崽的。还有一种动物——吼猴，通过大声吼叫来捍卫领地。但并不是所有的动物都能发出叫声，不会叫的动物则会利用工具或身体的特殊部位来制造声响。

如果你是一只吼猴……

- 你生活在南美洲的热带森林里。
- 你的大家庭里有15~20个成员，有雄猴、母猴和幼猴。
- 每天早晚，你们都会咆哮呼号着捍卫自己的领地，这吼声在5公里以外都能清楚地听到。
- 你的喉咙里有一块大舌骨，形成一个"盒式共鸣器"。它会放大你的声音，使你发出更大的吼声。

警告：敌人就在附近

　　"哇！哇！哇！"，一只黑长尾猴不停地叫着，这是在提醒同伴："豹子要来了！"。其它猴子们一听到警告声，就会纵身一跃爬上树，跳到细树杈上。猴子们知道，即便体型庞大的豹子也会爬树，但它们可不敢追到细树杈上。若是一只老鹰在树顶盘旋呢？警告声就会变成低沉的"哈！哈！哈！"。当猴子们听到这种叫声时，就会紧贴着树干，这样老鹰就无法飞近了。第三种叫声是"嘶！嘶！嘶！"，这是在警告有蛇在附近捕食，黑长尾猴会用后腿站立，提高警惕观察地面的入侵者。

黑长尾猴

黑长尾猴并不是唯一能根据不同危险而发出不同叫声的动物。生活在北美沼泽地带的红翅黑鹂能发出七种报警声，它们最常使用的叫声类似"拆拆"。它们还会发出像"叉叉""吃吃""冲冲""勤勤""披披""气气"这样的叫声告诉大家，浣熊、乌鸦和鹰就要来了。当加州黄鼠看见鹰时，它会发出短促、响亮的唧唧声以示警告；看见蛇的时候，加州黄鼠的尾巴会笔直地翘起来回挥舞，并发出低沉且不连贯的叫声。家八哥传递危险信息的叫声有三种，一种是关于蛇的，一种是关于猎鹰的，最后一种则表示敌人已经走了，警报解除。

红翅黑鹂

加州黄鼠

远距离信息传递

当动物想要捍卫领地或吸引异性时，它们通常会离得很远就发出这样的信息。许多动物用叫声发送信息，但有些鸟类的叫声不够响亮，所以它们会聪明地利用空心木头或枯木当它们的"喇叭"，这样就能远距离传递信息了。

斑啄木鸟

斑啄木鸟传递信息时会用尖嘴敲击枯树枝或电线杆。它们敲得太快了，以致我们几乎都看不清它们的小脑袋了。斑啄木鸟在说什么呢？也许是为了吸引异性；也许是在说："这是我的领地，走开！"这笃笃作响的声音在1公里以外都能听到。

棕榈凤头鹦鹉

大型棕榈凤头鹦鹉会和它的伴侣一起"敲鼓"。每只棕榈凤头鹦鹉都会用爪子掰断一根小树枝，然后用小树枝敲击着空心的树干，发出咚咚的声音。棕榈凤头鹦鹉夫妇这样做的目的是为了警告其他鸟类离它们的领地远一点。

罐子传声器

让我们一起做个实验，看看为什么枯木头和空心木头可以让声音传得更远？

3.现在一只手握住罐子，另一只手用湿纸巾包住绳子。从罐子那头顺着绳子往下拉动湿纸巾。

4.将罐子放到一边，现在拿出事先准备的另一根绳子。一只手握住绳子的一端，另一只手顺着绳子拉动湿纸巾。听一听，哪根绳子发出的声音更大呢？

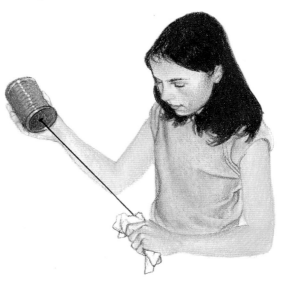

1.在大人的帮助下，用钉子和锤子在空果汁罐底部的中心位置上敲一个小孔。

2.取一根绳子，在一端打个结，然后把另一端从果汁罐底部小孔穿过、拉出，直到把绳结拉到罐底里侧。

你发现了吗，当你顺着第一根绳子拉动湿纸巾时，绳子会发生振动，快速地来回摆动。之后，振动的绳子又震动了罐中的空气，使空气与声源发生共鸣，减少了声音在传播过程中的能量损失，从而使绳子发出的声音变大了。同样的道理，动物们敲打空心木头时，空心木头能将声音放大，这样就可以让声音传得更远了。

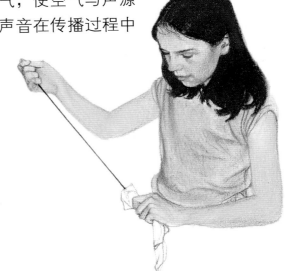

保持联络

你能在人群中分辨出爸爸妈妈叫你的声音吗？动物们可以！动物妈妈和宝宝们通过叫声就能在一个庞大的、吼声此起彼伏的兽群里找到彼此。黑夜中，伴侣们通过呼唤找到对方。群居生活的动物通过叫声和伙伴们保持联系，以免掉队。

在海里觅食了几天后，生活在阿拉斯加的一只北海狮妈妈重新回到了它的栖息地。栖息地上聚集着数千只北海狮，叫声十分嘈杂。当北海狮妈妈高声呼唤时，只有它的宝宝，一听到妈妈的召唤，就会急切地循着妈妈的叫声方向爬去。当你在人群中，也会大声呼唤寻找伙伴吗？

灰林鸮（xiāo）通常是在夜间捕食的。在黑夜里，一对灰林鸮夫妇唱着"二重唱"，和对方保持联系。当一只发出"嘟—威特"的叫声时，另一只会立刻发出"咕咕"声来回应。这一唱一和衔接得非常紧密，会让人以为只有一只鸟儿在发出"嘟—威特 嘟—咕咕"的声音。

灰林鸮

龙虾会发出一种像是锉磨的声音，把群体成员集合在一起，这种声音听起来好像手指划过梳齿一样。当成员们听到这种声音时，表示周围很安全。反之，当鲨鱼或鳗鱼来袭时，龙虾发声的速度会加快，声调也会随之变高，这就是它们的警报信号。

北海狮

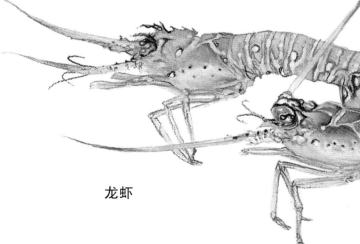

龙虾

当大象们进食的时候，它们会尽可能聚集在一起。如果其中一只大象走散了，它就会发出响亮的呼噜声呼唤大家；其他成员也会发出呼噜声，告诉它"我们就在附近"。若呼噜声突然停止了，那就意味着危险来临了。

大象

你听不到的声音

河马、鲸鱼、犀牛和大象的叫声是非常低的，人类几乎听不到，我们称之为次声波。尽管我们听不到次声波，但是我们的身体却能感受到它的振动。

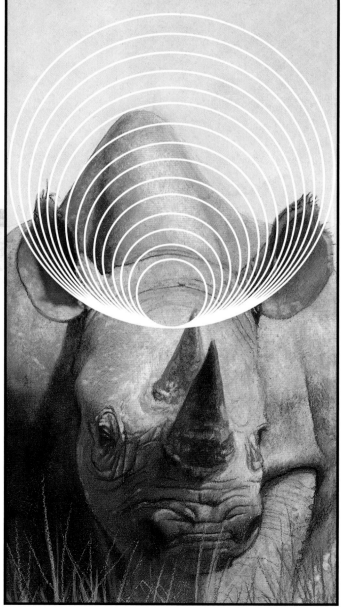

气味语言

当你出门遛狗时，你肯定见过小狗在不同的地方抬腿撒尿吧。其实，狗是在用尿液留下的气味宣告"这是我的领地"。和狗一样，环尾狐猴也是用气味来标记领地的。这种气味来自动物体内分泌出的化学物质，我们称之为信息素。许多动物都是通过信息素来传递消息的：有些信息素是告诉同伴们哪里有食物；有些信息素是为了吸引异性或者警告危险；还有一些信息素甚至可以帮助幼崽找到妈妈呢！

如果你是一只
环尾狐猴……

- 你生活在位于非洲南部海岸的马达加斯加岛。

- 你的个子和一只家猫差不多。

- 你的胸部和手腕处的腺体能分泌出信息素，用来标记你的领地。你会在手上、脚上以及尾巴上涂满信息素。

- 在"臭味大战"中，你会摇晃着涂满信息素的尾巴，谁的臭味最大，谁就能占领这块领地。

非请莫入

动物们也会尽量避免争斗，因为它们自己也不想受伤。如果受伤了，它们就更容易被捕食者抓住了。所以，动物们会划分领地、远离彼此，从而避免争斗。有些哺乳动物是用气味（信息素）来划分领土的。狐狸和狼在石头、灌木丛和树桩上撒尿来标记自己的地盘；野牛和棕熊尿在泥里，自己再在泥里打滚，然后用身体摩擦树干留下气味；犀牛则踩踏自己的粪便，这样它们就能沿路留下自己的气味了。

有些动物是利用身体所特有的气味腺来划分领地的，

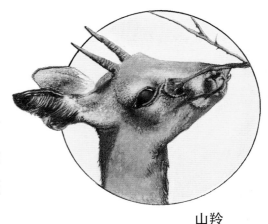

山羚

它们用腺体摩擦树枝、草地以及叶子留下气味。比如山羚，它的腺体长在眼睛下面；土狼的腺体长在尾根处，当它们用腺体对着草丛摩擦时，会留下一些白色的分泌物，同伴们就可以闻到了。

土狼

摇尾巴

通过实验，让我们一起找出环尾狐猴"臭味大战"中对着彼此摇尾巴的原因吧！

你需要：

一瓶香水；

一个盘子；

一张纸巾；

一位蒙住双眼的朋友。

1.先往盘子里滴几滴香水，然后把盘子放在距离朋友两米远的地方。

2.记下朋友闻到香水味道的时间，看看需要几秒钟。

3.把盘子拿走，休息十分钟。

4.十分钟后，请你们站回原来的位置，这次请你往纸巾上滴几滴香水，晃动纸巾，记下这次你朋友是用了几秒钟闻到香水味的。

在第二次实验时，你的朋友可能会更快就闻到了香水的味道。这是因为，当你晃动纸巾时，香水的味道会迅速在空气中扩散。这就是环尾狐猴在"臭味大战"中会对着彼此摇尾巴的原因了。

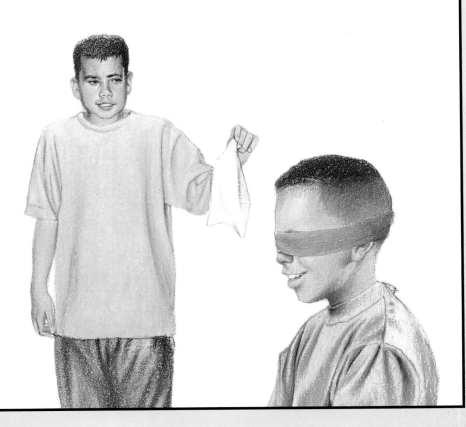

跟着气味走

你还记得《亨塞尔与格莱特》（《格林童话》中的故事）吗？亨塞尔害怕在森林里迷路，所以沿路撒下面包屑作为回家的记号。聪明的蚂蚁们也会留记号，不过它们撒下的不是面包屑，而是一串信息素。这种记号不但可以帮助蚂蚁找到回家的路，还会告诉其他蚂蚁哪里有食物。黑尾鹿用蹄子摩擦树木留下记号，这种气味就好像在说："喂，伙伴们，这里有好吃的。"

蚂蚁

有些动物会追踪空气中散发的信息素。当一只雌蚕蛾想要求偶时，它的身体会散发出一种引诱异性的信息素，名叫蚕蛾性诱醇。雄蚕蛾闻到后就会循着气味飞来，最远能找到1.6公里以外的雌蚕蛾。为什么雄蚕蛾能嗅到距离它那么远的气味呢？这是因为它的触角上有5000万个小洞洞，可以帮助它敏锐地捕捉到信息素。

雌蚕蛾

黑尾鹿

雄性塞拉圆顶蜘蛛

雄性塞拉圆顶蜘蛛同样会被异性的气味吸引。雌蛛在蜘蛛网上涂满了它特有的"香味"，然后拨动蜘蛛网让气味散发出去。通常，第一只慕"味"而来的雄蛛会把蜘蛛网卷成一个很紧的球球，这样的话，其他雄蛛就闻不到气味了，也就没有任何机会靠近雌蛛了。

"嗅觉识人"

你或许能通过声音辨识不同的人，但你能通过鼻子闻味认出家人吗？加拿大盘羊就可以！事实上，这也是加拿大盘羊识别亲友的唯一方法。

如果你想试试你的鼻子灵不灵，那就蒙上眼睛，让你的家人排成一排坐好，不要出声。别伸手去摸，试着只用鼻子去把他们都认出来吧。

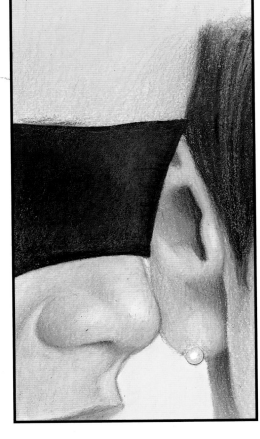

身体语言

当动物们面对面时，它们会用身体动作来交谈，我们称之为身体语言。动物们会用各种肢体动作告诉同伴，自己见到它们的心情如何，是轻松自然，还是有点生气；是准备发起攻击，还是非常高兴。哺乳动物更是如此，它们可以很自如地动动嘴巴、眼睛、耳朵甚至是鼻子，来表达它们的感受。看看图中的老虎，你觉得它在用自己的身体语言"说"什么呢？

如果你是一只老虎……

- 你生活在亚洲。
- 你的每只耳朵后面都有一块大大的白色斑点，外面围着黑圆圈。当你生气时，会把耳朵转过来，露出大白斑来。
- 当你心情不好时，你会不停地眨眼睛。
- 当准备发起攻击时，你的耳朵会绷平，紧紧贴着脑袋。

21

面部表情

通过观察哺乳动物耳朵、眼睛和嘴巴的姿态，你就能明白它的心情。看看下面这些面部表情，测试一下你的解读能力吧。

	姿势	信息
耳朵	耳朵朝向两侧，略向前伸。	我很放松。
	耳朵竖起来，朝着前方。	我充满警觉， 或正在听周围的声响。
	耳朵张开，像飞机的翅膀。	我可没想打扰你， 或"你是老大！"
眼睛	眼睛几乎全部睁开。	我很放松。
	眼睛半闭，眉头紧蹙。	我有危险。
	眼睛闭上。	我认输了。
嘴巴	嘴巴轻轻地闭着或微微张开。	我很放松。
	嘴巴张开，露出牙齿。	我很生气。
	嘴巴张开，双唇包住牙齿。	我很高兴。

看看我的表情

从现在开始，你就是一名面部表情专家了，你能告诉我下图中这些动物都在说些什么吗？

黑猩猩

猎豹

河马

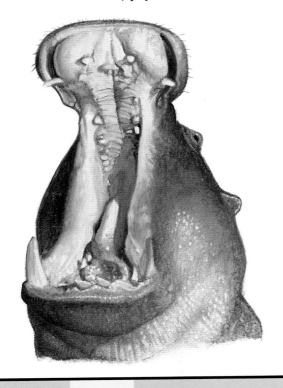

狗

答案见第40页

打个招呼

在不发出声音的情况下，你怎样跟朋友打招呼呢？是面带微笑，摇晃身体，还是握手？和人类一样，动物们也会用身体语言和伙伴们打招呼。看看这些生活在非洲大草原上的动物们是如何和同伴打招呼的吧！

长颈鹿用舌头舔，用鼻子摩擦彼此的头、身体、鬃毛或眼睛。

大象通常会相互缠绕鼻子，耳朵高高地叠起来，它们有时甚至会把鼻子塞到对方嘴里。

雄性斑马会用鼻子互相闻对方，然后耳朵向前弯，嘴巴做出咀嚼的样子。

狮子打招呼的方式和家猫差不多，它们互相摩擦头和身体。

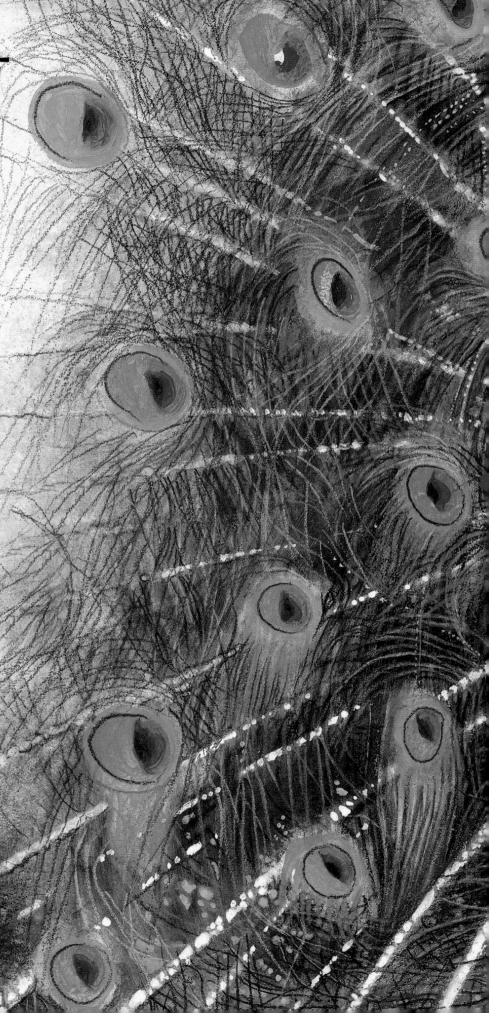

发出信号

　　想象一下，如果你是一只枪乌贼，你想和另外一只枪乌贼聊天，但是不能"说"出来，因为枪乌贼的耳朵听不见声音，那你该怎么办呢？你可以通过改变身体的颜色来发出信号。有些鸟儿通过展示鲜艳的羽毛来告诉别的鸟儿，自己是这块地盘的老大；而雄孔雀会竖起美丽的羽毛向雌孔雀表达爱意。但并不是所有的动物都通过颜色发送信号，有的动物会摇动身体，有的动物会跳舞，而有的动物会制造"振动"，这些方式都可以发送信号。

如果你是一只雄孔雀……

- 你的尾屏由大约150根长长的漂亮羽毛组成。

- 你的体长大约2米，光是长满鲜艳羽毛的尾巴就占了2/3的长度。

- 你会展开尾屏来吸引异性的青睐。

- 求偶时，你会竖起尾屏，摇着尾羽，往后退几步，然后做出"鞠躬"一样的姿势；如果对方也"鞠躬"了，那它一定是对你情有独钟了。

"挥手"的动物

弹涂鱼

上课时，你会举手示意老师要回答问题，同样，有些动物也会摇动身体来发送消息。弹涂鱼摆动鱼鳍来警告对方这是自己的地盘；雄性招潮蟹挥舞大螯的动作不仅能吸引异性，还能警告其他雄性同类"离远一点"；雄性狼蛛吸引雌性时，会扭着腿，腿上的须毛就会像旗子一样摇摆，这样雌蜘蛛就更容易看到求偶信号了。

请你将下面的句子与图中的动物所发出的信号对应起来：

1. 走开，这是我的爱人！

2. 站住，这是我的地盘！

3. 来吧亲爱的，我会是一个很好的伴侣！

雄性招潮蟹

无螯的招潮蟹

人们捕捉招潮蟹是为了吃它美味的大螯，所以掰下大螯后就把它丢回大海里去了。但这无疑给招潮蟹造成了难题，因为失去了大螯的雄蟹就没办法吸引雌蟹了。

雄性狼蛛

答案见第40页

跳舞的蜜蜂

　　会跳舞的可不只有我们人类，小蜜蜂也会跳舞呢。如果蜜蜂发现了哪里有许多香甜的花蜜，它们就会通过跳舞来告诉伙伴。如果蜜蜂跳了一场圆圈舞，就代表着这个地方离蜂巢很近（距离不超过一个足球场的长度）；如果跳的是摇摆舞，那就表明离蜂巢较远。离得越远，蜜蜂跳舞的时间也就越久。你或许会好奇，其他蜜蜂怎么知道朝哪个方向飞呢？答案十分简单：如果跳摇摆舞时，蜜蜂头朝上，那就是说："朝太阳的方向飞去。"如果头朝下则表示："背着太阳的方向飞。"

圆圈舞

摇摆舞

"振动"的信号

有些动物会通过"振动"来发送信息。振动是物体快速来回移动而产生的。当你拨一下吉他弦，然后把手轻轻地放在琴弦上，你就会感受到它在振动。毛鼹鼠是通过土壤来传递"振动"信号的。它们在地下打洞的时候，脑袋会经常碰到地洞的"屋顶"而产生振动，这是它们在告知附近的兄弟们："喂，我在这儿打洞呢，你们可不要把洞打到我家里来啊。"毛鼹鼠会用尖嘴抵住地洞壁，这样它们就能接收到土壤中传来的"振动"信号了。

有些雄性水黾（miǎn）是利用水来发送"振动"信号的。它们用中足敲击水面产生的细小波纹，不但能吸引异性，警告雄性竞争者，还能起到保护领地或食物的作用。那其他水黾怎么分辨出是哪种信息呢？只要看看水波纹振动的速度就知道了！

当一只草蛉对另一只草蛉"说话"时，它会飞到植物的茎上扭动身体，振动信号就会沿着植物茎干传递给对方。每一种草蛉都有自己独特的节奏，所以"振动"信号能表明草蛉的种类，并告知对方它是不是一个合适的伴侣。

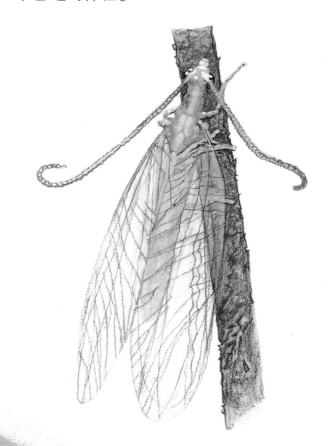

草蛉

雄性水黾

互动交流

　　如果你看过谍战剧，你一定会对里面的英雄主人公十分敬佩吧！如果你想用密码和朋友谈话，那就试试振动吧。你只需要准备一根细长的绳子即可。

1.把绳子的一端绑在一根桌子腿上，另一端可以绑在关闭的门把手或者另一张桌子腿上。确保绳子要绷紧。

2.用手指甲拨动绳子的一端，同时让你的朋友把手轻放在绳子的另一端感受传递过来的振动。用摩斯电码编写一个秘密的信息，或者也可以自创出一种你们的专属密码。

国际摩斯电码

点：拨动一下绳子，然后一个小停顿。

破折号：拨动一下绳子，然后一个长停顿。

A . _	H	O _ _ _	V . . . _
B _ . . .	I . .	P . _ _ .	W . _ _
C _ . _ .	J . _ _ _	Q _ _ . _	X _ . . _
D _ . .	K _ . _	R . _ .	Y _ . _ _
E .	L . _ . .	S . . .	Z _ _ . .
F . . _ .	M _ _	T _	
G _ _ .	N _ .	U . . _	

时间 . _ . _ . _ 　　　开始 _ . _ 　　　结束 . _ . _ .

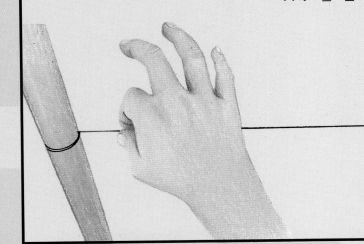

"发光"的语言

　　如果你有机会潜入深海，刚开始你会眼前一片漆黑，但不久你会突然看到忽明忽暗的亮光。这些亮光来自于鱼和其他一些海洋生物，它们可能正在用闪烁的亮光交谈呢。在一个温暖的夏夜，如果你来到河边，就会发现空气中漂浮着很多亮点，那也许是萤火虫们正在互相发送闪光信号呢。现在，让我们来看看这些用身体发光的动物是怎样发送闪光信号的吧！

如果你是一只
成年萤火虫……

- 你长着两对翅膀，一对用来飞行，一对用来保持平衡。

- 你的腹部末端下方长着可以发光的器官，叫做"灯笼"。

- 你会用"灯笼"发出一闪一闪的光，编成一段"密码"，来吸引异性。光是由你体内的两种化学物质与氧气混合发出的，我们称之为生物荧光。

- 你通常会在春天或夏初交配季节的夜晚发光。

在黑暗里发光

雄性萤火虫通过发光向雌性表达着爱意，就好像是在说："你愿意和我在一起吗？"每种萤火虫都有自己独特的发光节奏，有的萤火虫每0.5秒闪一串长光；有的每秒闪两下。雌性萤火虫通常会闪一下表示回应，好像在说："我在这呢！"。你知道雄性萤火虫如何知道雌性是不是它的同类的呢？看看雌性萤火虫等待多久才"回应"就知道了。

许多海洋生物也可以用身体发光。和小虾米差不多的种虾，雄性在大海里浮游时通过闪烁的绿光来吸引雌性，同时也保护自己。当鱼类想要吃它的时候，种虾就会闪绿光吓退敌人。

闪光鱼也会发出淡绿色的光，它的光源自脸上的小囊里生活着的细菌。闪光鱼遇到同类时，闪光的速度会变得非常快。因为它长着一层"眼睑"，附贴在发光器官的下面，可以自如地遮住或露出发光器。

和萤火虫说话

　　如果你扮成一只雌性萤火虫的话，没准会有一只雄性萤火虫飞到你的手上呢。你只需要准备一个小手电筒，然后耐心地等着。在春天和夏初太阳落山后，仔细观察闪光的萤火虫，找一种闪光的模式，比如说连续闪烁三四下，这是雄性萤火虫在"说话"呢。请你等一两秒钟就打开手电筒闪一下，这样重复几次。幸运的话，雄性萤火虫可能以为你是在回应它，说不定它就会飞到你的手上呢。

与人类对话

如果动物能和人类说话，那么它们会说些什么呢？为此，科学家们花了多年时间进行研究。既然人类不懂动物的语言，那么科学家就决定让动物学习一门人与动物都能懂的语言，这种语言就是手语。有些科学家教海豚学手语，有些科学家教黑猩猩和大猩猩学手语。那么现在，科学家能和这些动物交谈了吗？

让我们一起读下去，更多精彩的内容等着你呢。

如果你是一只海豚……

- 你和同伴交流时会发出嘀嗒声、呼噜声和口哨声三种声音。
- 别的海豚通过你特有的口哨声就能辨认出你，这是你的"身份哨声"。
- 你的声音是从头顶的呼吸孔中发出来的。
- 你也会花很多时间与其它海豚互相嬉戏打闹，交流感情。

与阿可、瓦苏、可可交谈

科学家们曾在夏威夷进行过一项试验，他们训练一只名叫阿可的海豚学习了大约四十种用手和胳膊发出的信号词。科学家用这些信号词给阿可下命令，当训练者做出"飞盘、取、球"时，阿可就会把飞盘带到球那里；但如果命令是"球、取、飞盘"的时候，阿可就会把球带到飞盘那里。这项实验表明，海豚不仅可以理解信号词，而且能理解语序。

尽管海豚在领会人类意思这方面取得了很好的成绩，但科学家却很难破译它们发出口哨、呼噜以及嘀嗒声的含义。科学家们发现，猿类，例如黑猩猩和大猩猩，

阿可

和人类沟通起来更容易。这是因为有的猿类可以"说"一种人类能明白的语言。也就是说，它们能学会使用手语。当老师训练一只名叫瓦苏的黑猩猩学习手语时，会先拿一个东西放在它面前，比如西红柿。接下来，老师会手把手地示范如何做出一个代表"西红柿"的手势。然后，瓦苏就会重复练习这个手势。只有瓦苏连续15次独自、正确地使用出该手势，科学家们才能确认它明白了这个手势的意思。到第4年的时候，瓦苏已经学会了大约130个手语，它会把所学的手语连起来用，告诉老师它想要什

瓦苏

么；瓦苏也会用手语给它从来没有见过的东西起名字。瓦苏第一次看见一只天鹅时，老师问它这是什么？瓦苏做了两个手语，一个表示水，另一个表示鸟。

大猩猩可可也学会了使用手语。因为大猩猩手的形状与黑猩猩不同，所以可可的老师不得不教给它一些特殊的手语。和瓦苏一样，可可也是通过物体学习手语的，但它还能用手语表达自己的情感，例如愤怒、悲伤以及好奇等。可可甚至会发明一些手语，比如它会自创一些动作来表示"温度计"和"听诊器"。可可还养了一只小猫当宠物，它给小猫起名叫团团。为什么给小猫起这么一个奇怪的名字呢？因为这只灰色的小猫没有尾巴，这可能让可可想起了一个毛线团吧。

虽然有了以上这些试验结果，但仍有些科学家认为黑猩猩和大猩猩没有真正学会运用语言进行交流，他们认为这些猿类只不过是在模仿它们的训练者罢了。

小朋友们，你们认为动物们和我们人类交流的怎么样呢？等你们掌握了更多的知识，就能和动物进行更多的交流啦！

团团

可可

索引

答案

P23

黑猩猩=我很生气

猎豹=我充满警觉，正在听周
围的声响

河马=我很饿

狗=我很放松

P28

1.招潮蟹

2.弹涂鱼

3.狼蛛

动物的感觉

动物如何感受世界

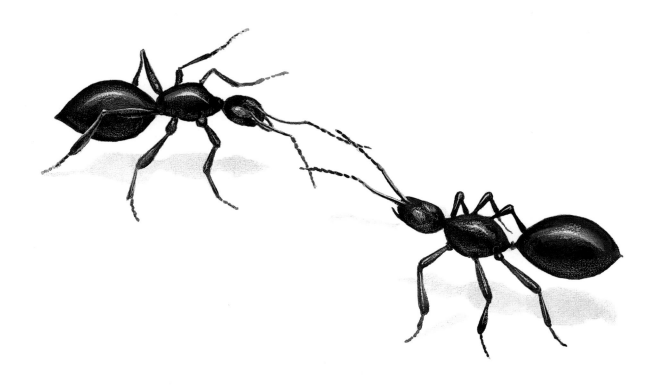

作者：派米拉·海克曼　　插图：帕特·史蒂芬斯

梁绪　吴晓帆　译

中国出版传媒股份有限公司

中国对外翻译出版有限公司

图书再版编目（CIP）数据

动物的感觉：动物如何感受世界/（加）派米拉·海克曼著；（加）帕特·史蒂芬斯绘；梁 绪，吴晓帆译. —北京：中国对外翻译出版有限公司，2012.10

（我的第一套动物行为体验书）

ISBN 987-7-5001-3471-8

Ⅰ.①动… Ⅱ.①海… ②史… ③梁… ④吴… Ⅲ.①动物行为—儿童读物 Ⅳ.①Q958.12-49

中国版本图书馆CIP数据核字(2012)第218857号

（著作权合同登记：图字：01-2012-4408号）

正文 ©派米拉·海克曼　　插图 ©帕特·史蒂芬斯

经Kids Can Press Ltd., Toronto, Ontario, Canada允许出版。

出版发行 / 中国对外翻译出版有限公司

地　　址 / 北京市西城区车公庄大街甲4号物华大厦六层

电　　话 / （010）68359827；68359101 （发行部）； 68353673 （编辑部）

邮　　编 / 100044

传　　真 / （010）68357870

电子邮箱 / book@ctpc.com.cn

网　　址 / http://www.ctpc.com.cn

总 审 定 / 张健旭

出版策划 / 张高里

策划编辑 / 吴良柱 郭宇佳

责任编辑 / 刘景卉 郭宇佳

印　　刷 / 北京盛通印刷股份有限公司

规　　格 / 889×1194毫米 1/16

印　　张 / 27.5

版　　次 / 2012年10月第一版

印　　次 / 2012年10月第一次

ISBN 978-7-5001-3471-8　　　　　　　全套定价：188.00元

中国对外翻译出版有限公司

目录

引言

想象一下，如果你的眼睛像蜗牛一样长在两根长杆上，能随意朝各个方向转动，往里翻就能闭上眼睛；如果你像蛇一样把舌头伸到嘴巴外去嗅空气中的气味；如果你像苍蝇一样，脚踩晚餐尝它的味道；如果你像海象一样，把脸贴在食物上，感受它的美味；或者如果你和蟋蟀一样，耳朵长在了腿上，诸如此类，会发生一些什么事呢？

这些事情听起来让人觉得不可思议，但是动物的感觉就是这么神奇！在这本书中，你将了解动物的视觉、听觉、嗅觉、味觉和触觉，以及动物感受环境的其他方式；你将探寻动物们特殊的感觉是如何帮助它们生存的，并和我们人类的感觉方式进行一番比较。你知道奶牛拥有的味蕾数量是你的四倍吗？你知道鹰的视力比你好十倍吗？本书安排了许多活动和实验，以帮助你发现为什么动物们有这些非同一般的感觉，你可以用蝴蝶的方式品尝食物，用臭鼬的眼睛观察世界，用兔子的耳朵聆听声音，等等。奇妙世界，等你探索！

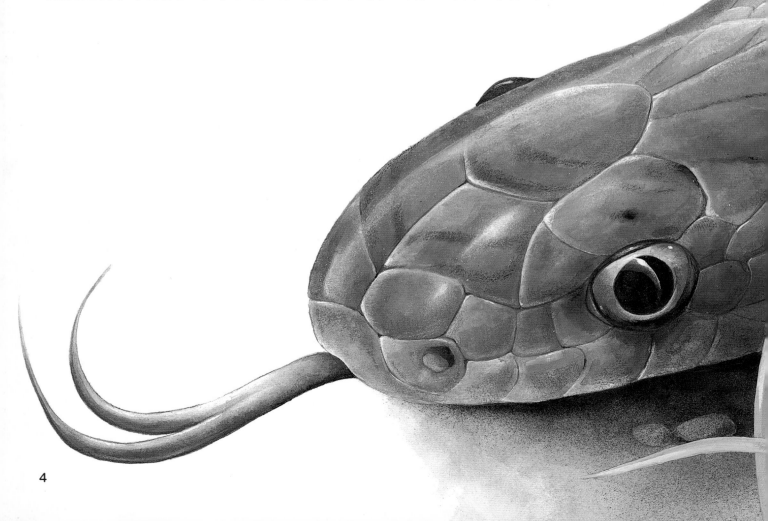

玉米锦蛇

四处看看

我们可以不动脑袋，只转转眼球，就能从一边看到另一边。但是鸟儿不行，它们的眼球不能转动，如果想四处看看，就必须转动它们的小脑袋。鸟类颈椎的骨头数量是你的两倍，所以它们的脖子可以很灵活地转来转去。比如猫头鹰的头可以转一圈，把脸整个转到背面去！还有一些动物，比如图中的这只青蛙，它们不用转头就能看见身后的东西。让我们一起继续读下去，来看看动物们是怎么做到的，原因又是什么吧！

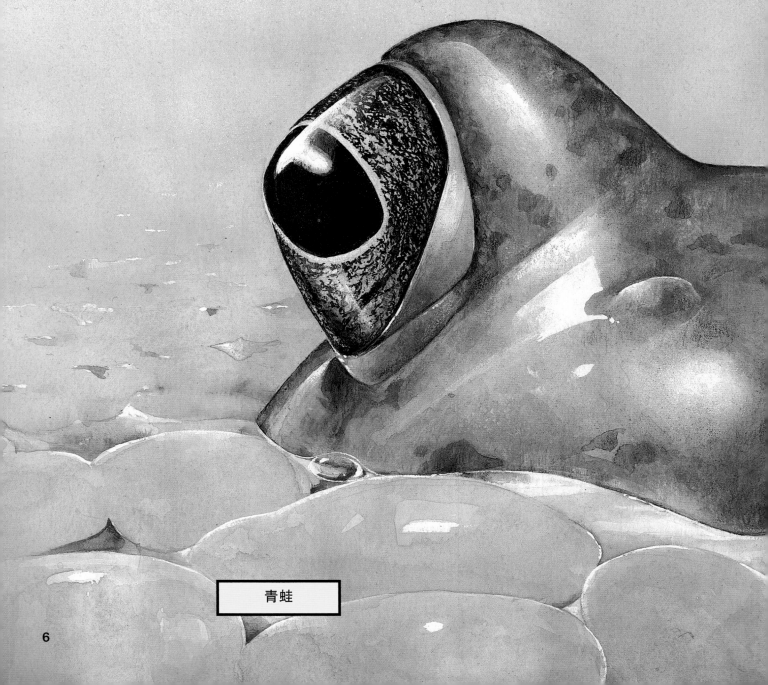

青蛙

如果你是一只青蛙……

- 你紧贴头部长着一双大眼睛。

- 你能把身体藏在水里，只把眼睛露在水面上。这样既能保证你的安全，还能让你隐蔽地捕食。

- 不用转动脑袋，你只需把眼睛转到一侧，就能看到四周的情况。这可以帮助你发现危险和寻觅食物。

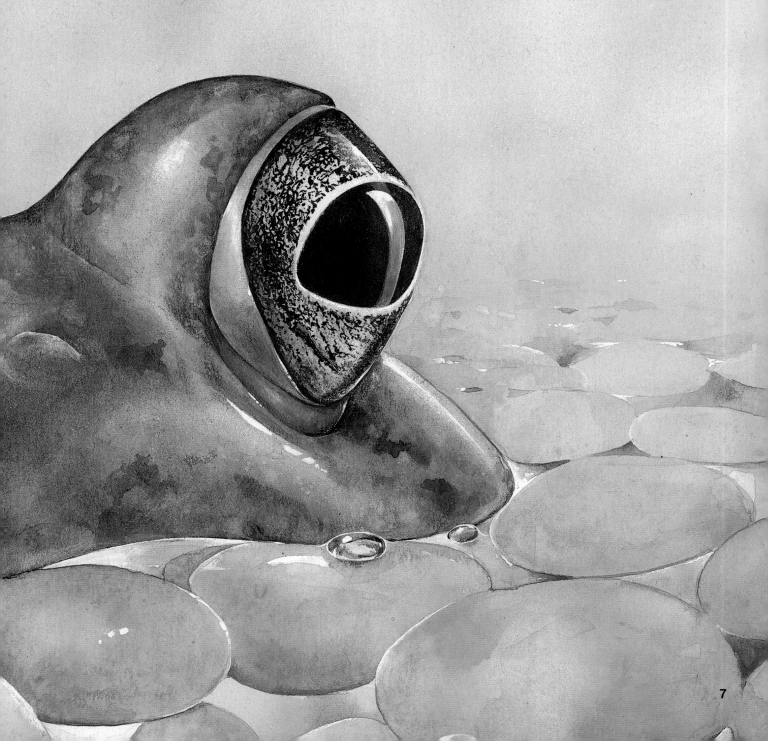

大眼睛

大王乌贼

你的眼睛大约在7岁时就停止生长了，而你身体的其他部位还要继续生长好多年。我们的眼睛直径大约2.5厘米，这样的大小对我们来说很合适。但是有些动物的眼睛相比起来就大得多了。大王乌贼的眼睛是世界上所有动物中最大的，它的每只眼睛都有这页纸那么宽。大眼睛能比小眼睛接收更多的光线，从而让大王乌贼在水下躲避捕食者或觅食时看得更清楚。

找出你的视野范围

不转动头部所能看到的周围距离就是你的视野范围。来试试通过以下几个步骤找到你的视野范围吧。

1. 正视前方，向前伸直手臂。

2. 继续正视前方，慢慢地向两边打开双臂，保持手臂水平。

3. 保持头部和眼球不动，当你看不到自己的双手时就停下，这时你就达到了静视野范围的极限。

你会发现，你的动视野范围就是你双臂在身体两侧水平伸展时那么大。

看下面的图，这是青蛙的视野范围。如果你站在青蛙的位置上，你只能看到两条白线之间的部分。鹿、松鼠、蜻蜓、兔子和许多鱼类的视野范围都很广，这有助于它们发现身后的捕食者。

用动物的眼睛看

　　有些动物的视力比人好，但是也有些动物几乎什么都看不见。试试用动物的眼睛来看世界，看看哪些是你看不到的。

1.站在屋子一边并看着对面的一个物体，然后再用双筒望远镜看看。很明显，物体被放大了许多倍。鹰看东西就像是我们用望远镜看东西，它看得比我们远8~10倍。鹰在高空飞翔时，绝佳的视力可以让它们看到地上的老鼠或者其他小动物。

2.去厨房拿一个漏勺贴在脸上，透过漏勺上的小洞洞往外看。通过每个小洞，你只能看见前面物体的一小部分。龙虾或其他昆虫看东西就像我们通过漏勺看东西。不同的是，你的每只眼睛只有一个水晶体，而这些动物的眼睛却有许多水晶体。这种眼睛叫做复眼。它们的每只眼睛被分成许多小部分，每个小部分都只能看到整个画面的一小部分。昆虫的眼睛不能聚焦，所以它们看什么都是模糊的。我们的视力比大部分昆虫要好80倍。但是复眼自有它得天独厚的优势，那就是对移动的物体非常敏感。运动的东西就是在提醒昆虫"有敌人"或"有好吃的"。

视野

　　大多数动物猎手和你一样，眼睛长在头部前面，双眼可以同时聚焦在一个物体上，这叫做双眼视野，能让猎手们瞄得更准。还有一些动物的眼睛长在头部两侧，这叫做单眼视野。单眼视野可以让动物用一只眼寻找食物，同时用另一只眼观察危险。

目击者

　　看看这些动物的眼睛，你能猜到哪些是捕食者吗？

猞猁

丘鹬

土拨鼠

狼

豪猪

熊

答案见第40页

10

测一测你的双眼视野

变色龙用可以灵活转动的眼睛，一边觅食，一边观察危险，一旦发现有好吃的就会双眼聚焦，这让它们不会漏掉食物。做下面这个实验，看看双眼视野对于变色龙是多么重要吧！

你需要：

一只小卷笛；

一个高一点的罐子，比如1升的酸奶瓶子；

一张小纸片。

1.把罐子倒扣在桌上。

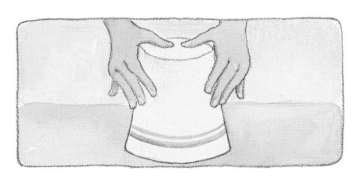

2.把纸揉成一个小球，放在罐子上。

3.蹲在离小纸球15厘米以内的地方，并和小纸球保持平行。把小卷笛放在嘴里，它就像是变色龙用来抓昆虫的长舌头。

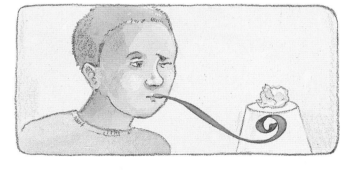

4.闭上双眼从一数到十。睁开一只眼，吹吹小卷笛，试着用它把小纸球撞下去。

5.重复第四步，但是这次要睁开双眼。

你会发现睁开双眼时更能瞄准目标——这就是双眼视野的好处。

夜间视力

　　夜幕降临，你若走在没有灯光的路上，很可能会撞到什么东西。但是对于许多动物来说，晚上出来散步是件十分惬意的事，它们完全不用担心会发生什么意外。这是因为它们的夜间视力比你好得多。许多动物，包括我们人类，眼睛里有两种细胞：视杆细胞和视锥细胞。视杆细胞能让你在黑暗里看见东西，视锥细胞则能让你看到多彩的世界。夜间活动的动物们眼睛里几乎都是视杆细胞，所以它们在光线很暗时仍能看得非常清楚。接下来就让我们看看夜间视力都有哪些特别之处吧！

条纹臭鼬

如果你是一只臭鼬……

- 你的眼睛里几乎全是视杆细胞，所以即使在夜间你也能看得特别清楚。
- 你眼睛里的视锥细胞很少，所以你分辨颜色的能力很低。你眼中的所有东西都是黑色、白色或是一片灰影。

- 你的眼球后部有一个镜面层。光线从镜面反射回来穿过眼睛，让你的眼睛因此而闪闪发光。同时，反射回来的光线也可以让你在黑暗中看得很清楚。

1.请你等到天黑时走到室外，或是在一个光线很暗的房间里，让你的朋友拿着一个有颜色的物体。你能看出这个物体的颜色吗？

2.在一个晴朗的夜里去户外看星星。找一颗暗淡的星星，直视它，然后再往旁边看。你发现了什么？

你会发现在漆黑的夜里你无法分辨颜色。那是因为你眼睛里的视锥细胞需要光线才能看见颜色。许多夜行动物看见的世界都是黑白的。

你会发现，当你不去直视这颗星星时，它显得更明亮。这是因为眼睛边缘比中心生长了更多的视杆细胞。当你看着星星的旁边时，星星的光亮穿过了你的视杆细胞，让你看得更清楚。夜行动物的眼睛比人类有更多视杆细胞，所以它们在夜间比我们看得更清楚。

红外线

紫外线

彩色的世界

你可以分辨出彩虹的七种颜色，许多动物也是如此，但还有一些动物却能看到我们看不到的颜色。比如，响尾蛇能看到红外线，也就是彩虹尽头红色条带上方的位置，这有助于它们捕食恒温动物，即使天完全黑了也没问题。有些昆虫，如蜜蜂，能看到紫外线，也就是彩虹紫色条带下方的位置，这能帮助它们根据花朵上的紫外线标记找到花蜜。

如上图所示，同样一朵花，在你的眼中看上去是黄色的，而蜜蜂看到的可能是另外一种颜色。

奇特的"眼睛"

有些动物长着大眼睛，却不是为了看东西。这些特殊的"眼睛"其实并不是真的眼睛，只是很像眼睛的图案。动物们用这些"眼睛"迷惑或吓跑敌人，或者吸引配偶。下面是一些有假眼或眼睛花纹的动物们，我们一起看看它们吧。

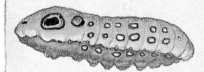

乌樟凤蝶毛虫

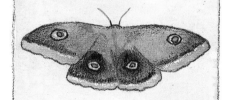

多音天蚕

孔雀

热带蛙

耳朵们

你的耳朵是大是小，是平贴着头部还是支在外面？动物们的耳朵大大小小奇形怪状，如鸟的耳朵是两个被羽毛覆盖的小洞，而大象的耳朵像两把巨大的扇子。不管动物们的耳朵长成什么样子，它们都帮了主人的大忙。有了耳朵，动物可以听见危险在靠近，可以循声找到食物和水，或者与其他动物沟通并找到配偶。许多动物的耳朵非常灵敏，能听到我们听不到的声音。动物们甚至还可以转动耳朵，以便听得更清楚。让我们继续往下读，去发现更多关于耳朵的奥秘吧！

小狐狸

如果你是一只小狐狸……

- 你会有双又大又尖的耳朵，它们能听到各种声音，让你即使在夜晚也能轻易地找到并抓住猎物。

- 你的耳朵可以朝各个方向转动，帮你判断出声音是从何而来，而且能让你听得更清楚。

- 当你呆在又热又干的沙漠之家时，你的长耳朵可以帮你保持清凉，这是因为从耳朵比从身体其他部分散发体热更快。

听听看你漏掉了什么声音

你有没有注意过，猫或狗在听声音时会把耳朵竖起来，然后转一转？它们的耳朵很大而且可以转动，能从空气中捕捉到更多声波，这让它们比你听得清楚得多。现在做个实验，给自己安上一对大耳朵，听听看你平时漏听了哪些声音吧。

你需要：

一张22厘米×27厘米大小的纸；

胶带；

音乐或其他声音。

1.把纸卷成圆锥形的纸筒，并用胶带粘好。窄的那头要能扣住你的整个耳朵。

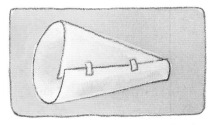

2.把纸筒窄的那头扣在你的一只耳朵上，并用手指堵住另一只耳朵。

3.先扣上纸筒听一些音乐或声音，然后放下纸筒再听一次。接着，把纸筒移到离声源较远的地方听听，再移到对着声源的地方听听。你发现了什么？

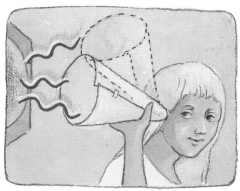

你会发现，用纸筒听见的声音更大。这是因为大耳朵能从空气中捕捉到更多的声波并把声波传递到鼓膜，我们是通过鼓膜听声音的。当把纸筒移开时，声音听起来就会小一点；而当你把纸筒正对着声源时，声音听起来就大得多。这和猫或狗朝着声源的方向转耳朵是一个道理。

除了听声音之外，耳朵还能……

在寒冷地方生活的动物，耳朵都是小小的。小耳朵散热更少，使得动物能保持体温。而大象的大耳朵能帮助它们保持凉爽，同时吓跑敌人。只要大象一扇动它们的大耳朵，别的动物就会吓得退到一边。

声音是从哪边传来的?

　　用两只耳朵比只用一只耳朵听声音的效果更好。声音先传进一只耳朵，再传进另一只，哪只耳朵离声音近，声音就先拜访哪只耳朵，因此你能分辨出声音来自哪边。动物循着声音寻找食物和伴侣并逃避危险，所以确定声音来源对它们的生存十分重要。下面这个实验，会帮助你了解你的双耳是如何配合着一起听到声音的。

1.闭上双眼，让一位朋友站在屋子里的某个地方拍手。

2.当你听到拍手声，请指出声音的来源。让你的朋友在屋子里到处走动，边走边拍手，你再指出声音的来源。多试几次。

3.现在用手指堵住一只耳朵再重复上面的实验。你发现有什么差别吗?

　　你会发现，当用两只耳朵听声音时，更容易分辨出声音是从哪边传来的。

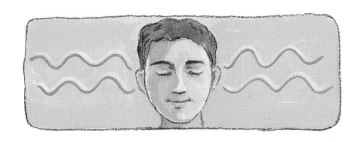

耳朵长在什么地方?

　　如果你认为动物的耳朵都长在头上，那么看到下面的文字，你会大吃一惊：蚱蜢的耳朵长在肚子上，蟋蟀和美洲大螽斯的耳朵长在腿上!

听——

你的耳朵能听见许多声音，不过还有些声音太高或太低，我们的耳朵就听不到了。猫可以听到一只躲起来的老鼠高频的吱吱叫，狗能对我们听不到的口哨声作出回应。别想偷听大象们在说什么，因为它们靠发出低低的隆隆声私语，这种声音我们是听不到的。对一些动物来说，能听见比能看见更重要。

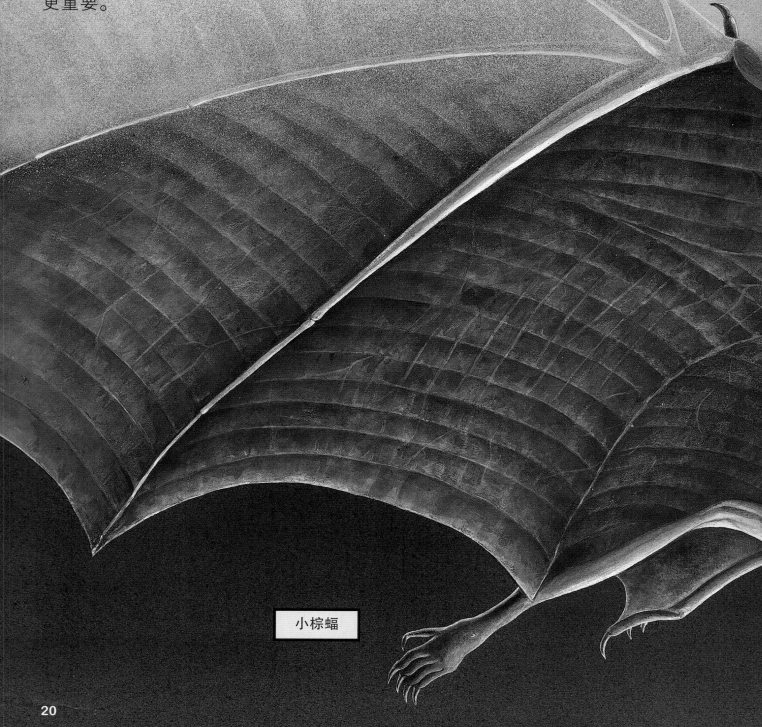

小棕蝠

如果你是一只蝙蝠……

• 你能发出人类听不见的高频叫声。这些声音会从附近的物体上弹回，作为回声反射进耳朵。回声能帮助你在黑夜中捕猎和躲避障碍物。这叫做回声定位。

• 你的大耳朵能听到回声，并判断出物体的大小、运动速度和位置。你能用不到0.5秒的时间，听见昆虫的声音，找出并抓住它们。

当一只蝙蝠

　　蝙蝠依靠将高频声音从附近物体上反射回来并听到回声来捕猎。你可以用一个小橡胶球或网球做个实验，看看蝙蝠是如何听声音的。

1.站在距离墙约两米远的地方，向墙抛球。这个球代表蝙蝠发出的声音。记录下球弹回你手里所用的时间。向墙迈近一大步，再用和刚才一样的速度向墙扔球。继续向墙靠近，并记录每次球弹回所用的时间。

2.请一位朋友拿着一块大木板放在他面前，站在离你约两米远的地方。然后，你向这个木板扔球，记录下球弹回你手里所用的时间。现在让这位朋友慢慢地、一小步一小步地向你靠近，同时你继续向木板扔球。你发现了什么？

你会发现，离墙越近，球弹回你手里就越快。蝙蝠可以依据回声返回耳中的速度判断它离物体有多远。同样，你的朋友离你越近，球就越快弹回。蝙蝠就是这样判断物体是否正在运动以及运动速度有多快的。一些蛾子能听到蝙蝠的高频声音，它们就会落在地上避免被吃掉。

水下的回声

　　鲸鱼和海豚利用回声定位法寻找食物和避免危险。它们发出的声音穿过水流，从障碍物、鱼和其他动物身上反射回来。靠听回声，这些哺乳动物可以安全地在水下游泳，发现并捕获猎物。

感受声音

有些动物没长耳朵，却也同样可以感觉到声音。和你不同，这些动物并不是"听"声音，而是"感觉"声音。比如，鼹鼠没长耳朵，但是它能在地下洞穴里感受到振动。振动可能说明附近有食物或有危险来临。让我们通过下面这个简单的实验，也来"感觉"一下声音吧。

你会发现，你的手可以感觉到木板的振动，耳朵可以听到锤子敲击的声音。即使你听不到声音，也还能感到木板的振动。如果你是只鼹鼠，或者是其他没有耳朵的动物，比如蛇或蚯蚓，你听不到向你靠近的动物的脚步声，但你会感觉到它们的脚步引发的振动。你能分辨出哪种振动代表美味降临，哪种振动则代表危险在靠近。

你需要：

一块木板和一把锤子。

把木板平放在地上。你按住木板的一头，让一位朋友用锤子敲击木板的另一头。你感觉到了什么？

23

生死攸关的气味

即使一只动物把自己藏起来，一声不出，它的敌人还是可以发现它，因为它的气味会随着空气传播而出卖它的行踪。许多动物只要闻一下风中散发的气味，就知道周围有什么动物。只要吸一口气，就可以判断出对方是敌人、家人、配偶还是猎物。敏感的嗅觉对于动物的生存来说是至关重要的。

白尾鹿

如果你是一头鹿……

- 在你出生一周之内，你身上没有任何气味，藏在树林或者高高的草丛里时不会被敌人发现。一周之后，在妈妈让你独立生活之前，会把你全身舔一遍，以除掉你的气味。

- 走路时，你蹄子上的汗腺会在地上留下气味。你也可以通过妈妈或者其他的鹿留下的气味找到它们。

- 闻一闻风中的气味，你就能知道附近有什么动物。特别是在你出发前往空旷的地方之前，一定要这样做，这样可以保证你的安全。

25

在风中吸一口气

风可以传播气味，动物吸一口气就能判断出上风口来者是谁。是风把上风口动物的气味带到下风口。让我们一起通过实验，了解处于上风口或下风口的重要性。

你需要：

晒干的草或树叶；

一瓶有瓶盖的醋。

1.约上两个朋友，在一个有风的日子里到户外去，向空中扔一些干草和树叶，看看它们往哪边飘，据此判断出风向。然后你背风站立，让风吹着你的后背。你扮演捕食者，你的朋友们扮演猎物。让一个朋友站在你身后2米的地方，另一个站在你身前2米的地方。

2.打开醋瓶的盖子，举着瓶子。这样可以使气味迅速发散。让第一个闻到醋味的朋友喊一声。

你可以发现站在你身前的那个朋友，或者说站在你下风口的朋友将会第一个闻到气味。猎物闻到捕食者的气味后会立即逃开。但是站在你上风口的朋友却闻不到气味，因此你能悄悄向他靠近。所以当动物捕食时，它们总是小心翼翼地站在猎物的下风口，这样就不会被猎物发现了。

超级气味专家

想象一下，像大象一样有一条两米长的鼻子会是怎样的感觉？大象的长鼻子不仅可以辨别气味，还有很多你意想不到的其他用处呢！它可以吸起并含住两个大饮料瓶的水，还能卷起像树干那么大的物体。雄性长鼻猴和北象海豹都有大鼻子，大鼻子让它们的叫声更大，更低沉，可以用来吸引异性，也可以用来恐吓敌人。

我们来做个简单的动作，看看鼻子的大小是如何影响我们的声音的。先正常说两句话，然后捏住你的鼻子，继续说话，你听到了什么？你会发现，夹住鼻子说话时，你的声音变高了一点。

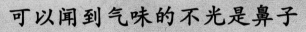

可以闻到气味的不光是鼻子

可以闻到气味对你来说是再平常不过的事情了，因为你有鼻子；那么那些没有鼻子的动物是如何闻到气味的呢？昆虫用它们的触角闻气味。鲶鱼用胡须和触须分辨河床或湖底的气味。章鱼用它的触角闻气味和尝味道。当蛇伸出舌头时，它是正在用舌头收集空气中的气味微粒呢！

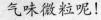

会说话的气味

当你的朋友说话时，听听她说了什么，同时看看她的表情，你就知道她现在心情怎么样。但是你能闻闻她的气味就判断出她是高兴还是难过吗？动物用声音和所见来交流，气味对于传递信息来说也同样重要。如果你闻过臭鼬发出的气味，你就会明白，它这是在大声而明确地表示：离我远点。读一读下面的文字，你会发现更多会说话的气味。

群居动物用气味来辨认自己的伙伴。比如羚羊妈妈不但能闻出自己兽群的气味，还能通过自己孩子的特殊气味就轻而易举地在兽群里找到它们。

当雌蛾准备交配时，它会释放出一种可以吸引雄性的特殊气味。雄蛾能闻到距离超过五个街区以外的雌蛾发出的气味。

如果人们想让别人离自己家远一点，会摆放一个"私人领地，不得进入"的标牌。如果你是一只狐狸，你会留下气味来警告他人不要靠近。狐狸会在地盘周围的树木或岩石上撒尿，以此告诉其他狐狸："这是我的地盘，离我远一点！"

当一只蚂蚁发现了食物，它会用触角传播气味，和伙伴们分享这个好消息。蚂蚁还会在巢穴和食物之间留下气味，这样，伙伴们就可以沿着气味轨迹找到食物了。

到底有多甜？

你是不是特别钟情于某些食物，而有些食物却从来都不吃？野生动物也有它们最爱的食物。许多毛虫只吃一种植物，而鸟类从不吃黑脉金斑蝶，因为它们觉得它很难吃。猫则完全尝不出甜的味道。你的味蕾长在舌头上，但是你会惊奇地发现，许多动物是用身体的其他部位来品尝味道的。

欧洲燕尾蝶

如果你是
一只蝴蝶……

- 你的味蕾长在脚上。当你在一朵花上徘徊时，其实是在品尝它是否美味。

- 你的舌头可以像小卷笛一样在你的头下卷起来。每当进食时，你的舌头就会像吸管一样伸直，吸食甜美的花蜜。

- 你对甜味的敏感度比人类高200倍。

味觉测试

通过一个简单的实验，比较一下你和蝴蝶对甜味的分辨能力。

你需要：

水；

一个2升的空瓶子；

一个干净的大桶或大盆；

糖；

一把大勺子；

一个碗。

你会发现桶里的糖水基本尝不出甜味，因为水太多，糖太少；而碗里糖水的味道却非常甜。对你来说很难尝出桶里糖水的甜味，但对于一只蝴蝶来说，这已经很甜了。它会觉得桶里的糖水和你尝到的碗里的糖水一样甜。

1.将6瓶水倒在桶里，加入15毫升的糖并搅拌均匀。

2.尝一尝，你可以尝到糖水的甜味吗？

3.现在在一个碗里倒入60毫升水，并加入15毫升糖，搅拌均匀，再尝尝甜味。跟桶里的糖水比较，感觉有何不同？这就是200倍甜度的差别。

用什么来品尝味道？

蝴蝶、蛾子和苍蝇用它们的脚来品尝，其他很多昆虫用它们的触须来品尝，贻贝和扇贝用它们的触角来品尝。如果你是一条鲶鱼，你游到某个物体旁边就能尝出它是否好吃，因为你的身体上长满了味蕾。

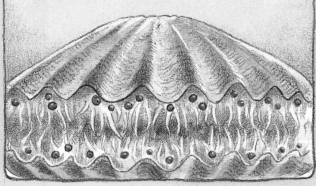

聪明的舌头

　　把牛奶倒在一个小碟子里，并尝试像猫一样去舔牛奶，这听上去很简单，可做起来就不容易了。猫之所以能喝到牛奶，是因为它的舌头非常粗糙，可以留住牛奶。除此之外，猫还能用舌头来清洁和整理它的毛。

　　我们来看看本页还有哪些聪明的舌头吧！

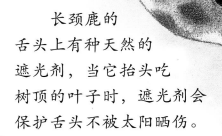

长颈鹿的舌头上有种天然的遮光剂，当它抬头吃树顶的叶子时，遮光剂会保护舌头不被太阳晒伤。

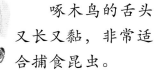

啄木鸟的舌头又长又黏，非常适合捕食昆虫。

蜗牛的舌头上有很多小牙齿，可以先把植物舔碎了再吃到肚子里。

蜥蜴能够用舌头清理它的眼睛。

蟾蜍的舌头卷在它嘴巴的前端，可以弹射出很远去捕食美味的苍蝇。

摸一摸

当你坐在餐桌前吃晚餐时，你可以看到自己正在吃什么。但是如果只让你摸一摸，你能判断出盘子里的东西能不能吃吗？许多动物就能够通过触觉觅食，并在吃掉食物之前判断出它们能不能吃。触觉对于动物在黑暗中四处走动、寻找庇护所和伴侣，以及避开危险都是十分重要的。

海象

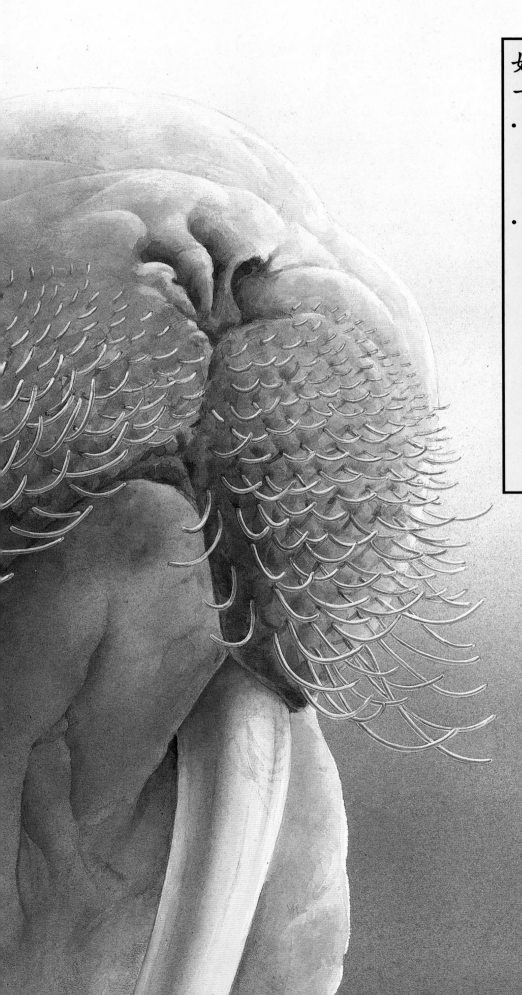

如果你是
一只海象……

- 你的嘴巴周围长着一排排粗壮的用来感觉事物的胡须。

- 你可以将胡须探入海底的泥巴里去寻找食物。当你感觉到有些东西的形状和纹路恰好和你记忆中的美食相吻合时，比如蚌或螃蟹，就会用你的长牙把它们挖出来吃掉。

感觉你的食物

邀请一个朋友来吃午餐，并让他像海象那样感觉食物。

你需要：

一只大碗或大桶；

一把泥铲；

沙子或土；

能吃的东西和不能吃的东西：例如一根没剥皮的香蕉、带壳的花生、没削皮的胡萝卜、勺子、玩具、海绵；

一块大手帕或蒙眼布。

1.在大桶或碗里倒满沙土。

2.把上面提到的东西埋进去。

3.蒙住朋友的双眼，让他把手伸进土中，分辨他摸到的物体。他可以像海象那样只把能吃的东西拿出来。

4.请你的朋友把别的东西埋进去，并蒙住你的双眼，让你来分辨。

你的手指就像海象的胡须去感觉你看不到的食物。你会发现，那些常见的东西很容易就能分辨出来，但是有些食物会很难分辨，因为你不习惯光摸不看。

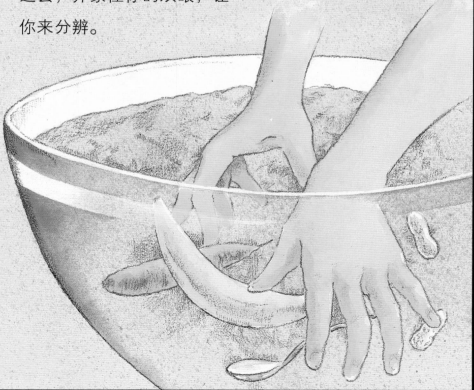

36

感到安全

你的手指尖是全身最敏感的部位。动物们的敏感部位会各有不同。比如，猫的胡须有着超强的感觉能力，昆虫有非常敏感的体毛，鸟儿则用它们的羽毛去感觉。但无论用什么部位去感觉，动物们总是依靠触觉来躲避危险。鼻涕虫和蜗牛依靠触觉去避开高温、锋利和干燥的表面，因为那会使它们的身体变干，或划伤它们柔软的脚。星鼻鼹鼠的口鼻周围长着触角，这就是它的感觉器官，可以帮助它在夜间和地下隧道中找到路，避免不小心走出去，被敌人发现。

一些动物和植物仿佛天生就贴上了"别碰我"的标签，并靠这个标签而生存。比如豪猪的刺可以让大多数捕食者对它敬而远之；蜜蜂和黄蜂的刺也让捕食者不敢靠近；带刺的植物对很多食草动物来说也难以下咽。

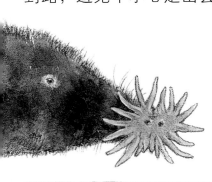

失去触觉

当你早上起来穿衣服的时候，会感到衣服贴着你的皮肤，但是几分钟之后你就不会去注意它们的存在了。因为你的触觉已经习惯了同一事物带来的持续的刺激。能够忽略这种持续的触感可以帮助动物专注于新的感觉，这些新感觉可能意味着危险，也可能意味着食物。

令人大吃一惊的感觉

除了视觉、听觉、嗅觉、味觉和触觉这五种基本的感觉之外，有些动物还有特殊的感觉能力，能感觉到人类感受不到的事物。想象一下，如果你天生体内就有一个指南针，你就永远都不会迷路了。再想象一下，如果你能接收到一个向你靠近的朋友所释放出的电波，那又会怎样呢？继续读下去，你会了解更多动物特殊的感觉。

响尾蛇用它面部的热敏颊窝来寻找恒温猎物。即使它们的眼睛看不见猎物，也能靠猎物发出的热信号所形成的红外图像来确定攻击方向。

鲨鱼、鸭嘴兽和鳐鱼可以感觉到周围动物所发出的电波。这种感觉能力令它们的捕食变得很轻松。

候鸟体内有一个指南针，能检测到地球磁场，为它们的飞行指明方向。

吸血动物，例如蚊子和吸血蝙蝠，体内都有热感受器，帮助它们定位恒温动物并捕猎。

有了先进技术，我们也会有神奇的感觉

你也许不能像响尾蛇那样看到热图像，但是使用红外线摄像技术，就能拍摄出那些藏起来的恒温动物。人类发明了很多神奇的工具，比如显微镜、望远镜、X光机、超声波、激光和金属探测器等，可以帮助我们突破我们的自然极限，让我们也能体验到神奇的感觉。

索引

答案

P10

捕食者包括：猞猁、狼和熊。

动物的进食

动物美食家

作者：派米拉·海克曼　　插图：帕特·史蒂芬斯

梁绪　周晓星　译

中国出版传媒股份有限公司

中国对外翻译出版有限公司

图书再版编目（CIP）数据

动物的进食：动物美食家/（加）派米拉·海克曼著；（加）帕特·史蒂芬斯绘；梁 绪，周晓星译.
—北京：中国对外翻译出版有限公司，2012.10
　（我的第一套动物行为体验书）
　ISBN 987-7-5001-3471-8

　Ⅰ.①动… Ⅱ.①海… ②史… ③梁… ④周… Ⅲ.①动物行为—儿童读物 Ⅳ.①Q958.12-49

中国版本图书馆CIP数据核字(2012)第218859号

（著作权合同登记：图字：01-2012-4411号）
正文 ©派米拉·海克曼　　插图 ©帕特·史蒂芬斯
经Kids Can Press Ltd., Toronto, Ontario, Canada允许出版。

出版发行 / 中国对外翻译出版有限公司

地　　址 / 北京市西城区车公庄大街甲4号物华大厦六层

电　　话 / （010）68359827； 68359101 （发行部）； 68353673 （编辑部）

邮　　编 / 100044

传　　真 / （010）68357870

电子邮箱 / book@ctpc.com.cn

网　　址 / http://www.ctpc.com.cn

总 审 定 / 张健旭
出版策划 / 张高里
策划编辑 / 吴良柱　郭宇佳
责任编辑 / 刘景卉　郭宇佳

印　　刷 / 北京盛通印刷股份有限公司

规　　格 / 889×1194毫米 1/16
印　　张 / 27.5
版　　次 / 2012年10月第一版
印　　次 / 2012年10月第一次

ISBN 978-7-5001-3471-8　　　　　　　　全套定价：188.00元

目录

引言

你能想象一年只吃一顿大餐，之后这一年便不用再吃东西了吗？这就是蟒蛇的饮食习性。如果你和更格卢鼠一样，生活在沙漠里，但是不用喝一口水，你还能生存下来吗？或许你会像吸血蝙蝠一样，仅靠吸食血液为生，你能接受吗？要是你像变色龙一样用舌头捕食，或者像蟾蜍一样用眼珠来帮助你吞咽食物，又会发生什么呢？在这本书中，你会了解到动物在进食过程中的奇闻轶事。

动物们有的是素食者，有的是肉食者。有的动物只吃一种食物，而另外一些动物会吃各式各样的食物。当一只动物吃掉了一棵植物，然后又被另一种动物吃掉时，一条食物链就形成了。在自然界中，所有的植物和动物都是许多食物链中的一个环节。在一个平衡的自然环境中，无论是食草动物还是食肉动物，都会有充足的食物。

在这本书中，你可以了解到更多关于食物链的知识。在阅读本书的过程中，你将会认识一些神奇的动物，请你试着比较一下你和它们的饮食习惯有哪些不同吧！你还可以参观一下非洲平原上动物们的"水吧"，观察不同的动物饮水习惯有什么差异。让我们一起动手尝试完成书里设置的一些活动和实验吧！学一学如何通过观察动物的牙齿就能知道它爱吃什么，看一看鸟的砂囊是如何工作的，了解苍蝇是怎么吃东西的，等等。还有更多有趣的知识等你来发现呢！

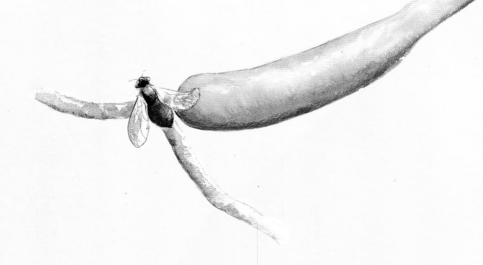

变色龙

5

食物链

　　大自然就像一张巨大的自助餐餐桌，桌上摆着每种生物需要的食物。食草动物吃植物，食肉动物吃肉，杂食动物既吃植物又吃肉，食腐动物吃动物腐烂的尸体——什么都没有浪费。食物链是生物之间联系的链条，每种植物和动物都是食物链的一部分。例如，一只老鼠可能会啃食一些种子，一条蛇可能会吞下这只老鼠，而一只猫头鹰也许会捉住这条蛇。每条食物链都是从一种植物开始的，由于动物通常不仅只吃一种食物，因此许多食物链会部分重叠在一起，有时也称为食物网。

动物们吃什么

- 蜜虻（méng）和雄蚊子以花朵为食。
- 雌蚊子以吸恒温动物的血为食，例如鸟类和驼鹿。
- 驼鹿以植物为食。
- 蜻蜓吃蚊子。
- 青蛙吃昆虫。
- 鹭吃青蛙和鱼。
- 鱼吃青蛙和昆虫。
- 鹗吃鱼。

寻找食物链

让我们在爸爸妈妈的帮助下，制作一个沼泽地的食物网模型吧！

你需要：

一块约40厘米×25厘米大小的木板，至少1厘米厚；

油漆颜料和画笔（可选）；

一支能在木头上画标记的广告笔；

一些4厘米长的平头钉子；

一把锤子；

不同颜色的线；

一把剪子。

1.首先请你按照第6页的插图，把植物和动物的名字写在木板上，位置要与图中大致相同。你还可以按照喜好用颜料把木板染成沼泽地的颜色。

2.在每个名字旁边钉一个钉子，将约2.5厘米的钉子长度露在木板外面。

3.选定一种颜色的线，用它开始标记第一条食物链。把这根线的一端系在一种植物名字旁边的钉子上。现在拿着线松开的一端，找到吃这种植物的动物（根据第6页来判断）。在这个动物名字旁的钉子上绕几圈线，然后把线再连到这条食物链中下一个会出现的动物名字旁的钉子上。就这样继续找下去，直到到达食物链的末端。请你把线在最后一个钉子上缠紧，打一个结，然后把线剪断。

4.再用一根其他颜色的线，沿着另一条食物链按顺序寻找钉子。每条食物链都用不同颜色的线连接。一种动物不只吃一种食物时，食物链会有所重叠。

你会发现，各种颜色的线错综复杂。你知道吗，在一个真正的沼泽环境中，会有更多的生物和几百种相食关系呢！

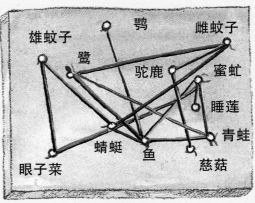

不可思议的嘴

　　动物的嘴是食物进入动物体内的第一站。动物的嘴形状各异，大小不同，大多数动物的嘴都很适合它所吃的食物种类。一些以昆虫为食的动物有着特别长的舌头，可以抓住昆虫拖进嘴里。蛇的上下颌十分特殊，当它张开血盆大口时，能吞下比自己的头还大的食物。食肉动物都长着十分锋利的牙齿，能够杀死和撕咬猎物。

如果你是一条鳄鱼……

- 你有大而有力的上下颌和锥形的尖牙，用来抓住猎物并把它拖到水下。

- 当你嘴里咬着食物潜水时，长在咽喉里的瓣膜会防止水灌进去。

- 在你的一生中，能够长出3000颗牙齿。

- 你的胃液消化能力很强，即使是骨头、兽蹄和鹿角也不在话下。

- 你的胃里会有一些石块来帮你把食物磨碎。当你悄悄地捕猎时，石头的重量可以帮助你把身体藏在水下。

- 你爱吃鱼、哺乳动物（包括人类）和其他爬行动物，即使6个月不吃东西，你也能活下来。

9

伸缩自如的舌头

你能把舌头伸得多长呢？想象一下，如果你能像变色龙一样，把舌头伸得和你的身体一样长，那将会怎样？变色龙的管状舌头是空心的，在它嘴里一个长长的骨质支架的配合下，变色龙可以把舌头叠起来。当变色龙看到一只昆虫时，它的舌头、上下颌与脖子上的肌肉会使它的舌头向前弹出，舌尖的黏液能粘住猎物。变色龙伸出舌头抓住猎物并缩回嘴里，这一全套动作的速度比你眨一下眼睛还快呢！看看下面的介绍，我们会了解到一些更加奇异的舌头。

蟾蜍

如果你是一只蟾蜍，你的舌头会长在下颚靠近嘴巴而不是咽喉的地方。当蟾蜍看到一只苍蝇飞近时，舌头就会向前弹出来，伸到嘴巴外面去。舌尖的黏液会让这只苍蝇动弹不得。

毛发啄木鸟会把舌头伸进腐烂树木中的昆虫洞穴里舔来舔去。它的舌头上有黏液，舌尖很硬，上面长着的小钩一样的毛可以刺中蚂蚁和甲虫。

毛发啄木鸟

食蚁兽长着樱桃小口，刚好容得下它那条黏黏的像虫子一样蠕动的舌头伸出去和缩回来。食蚁兽一天可以捕食三万只蚂蚁和白蚁。南美洲食蚁兽的舌头要比这页纸还长两倍呢！

食蚁兽

舌头捕捉器

让我们一起制作一个青蛙舌头的模型，看看它能瞄得多准吧！

你需要：

一根粗橡皮筋或者一条大约10厘米长的松紧带；

一把剪刀；

一根比较结实的塑料棒或木棍；

一个图钉；

一把锤子；

一个订书机；

一个约2.5厘米长的尼龙黏扣（一面有钩，一面没钩）；

一块约5厘米x5厘米大小的毛毡布。

1.剪断橡皮筋，将橡皮筋的一端用图钉钉在木棍的一端，让橡皮筋可以沿着木棍拉平。

2.剪下一块1厘米x2厘米大小的有钩面的尼龙黏扣，用订书机钉在橡皮筋没被固定的那一头。

3.用订书机把没有钩面的尼龙黏扣钉在毛毡布上，把毛毡布放在桌上。

4.把木棍钉着橡皮筋的一端向前，对准毛毡布平放在桌上。一只手固定住木棍，另一只手轻轻把橡皮筋往回拉，然后松手，让橡皮筋弹出去。如果你没能瞄准目标或者没能找准速度，你可以调整一下木棍的位置再试一试。

5.这个橡皮筋模拟的就是青蛙把舌头从嘴里弹出去的样子。橡皮筋末端的尼龙黏扣就像青蛙舌头上的黏垫一样。如果有钩一面的尼龙黏扣击中毛毡布或是没有钩面的尼龙黏扣时，就会被粘住，这模拟的就是青蛙舌头粘住昆虫的方式。

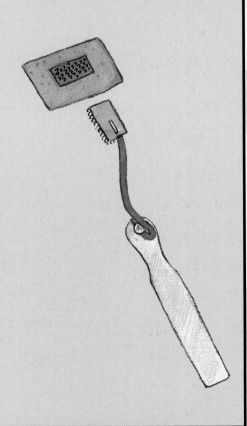

鲸须宴会

　　不同种类动物的牙齿各不相同，但都是它们吃东西时的好帮手。蓝鲸没有牙齿，取而代之的是从上颚垂下来的坚硬的黑色角质板片，叫做鲸须。当蓝鲸进食时，首先会张开大口，将大量海水吞入口中，其中有蓝鲸赖以维持生命的小生物。然后蓝鲸闭上嘴，向上抬起巨大的舌头顶住上颚，将口中的海水经过鲸须压出口腔。鲸须就像一张筛子，将食物留在了蓝鲸的口中。蓝鲸再用舌头把鲸须里的食物舔干净，然后把食物吞掉。

如果你是一头蓝鲸……

- 你出生时的体重就超过了2吨。
- 当你还是个婴儿时，你每天要吃超过200升的奶水，你的体重会以每天90千克的速度增加。
- 你没有牙齿，但会长出鲸须。成年后，你每天要吃掉6~8吨的磷虾。
- 你会长得比一个篮球场还长，体重比已知的最大的恐龙还要重4倍。

牙齿在说话

请你照着镜子，把嘴张大。仔细观察，看看你都有哪些不同形状的牙齿，并想一想这些不同形状的牙齿各自有什么功能。

当你吃东西的时候，有四种不同的牙齿在为你工作。前牙，或称门齿，用于切断和咬下食物；犬齿用来撕碎坚硬的食物；你的前臼齿和臼齿用来磨碎和咀嚼食物。

其他哺乳动物的牙齿也分为这几种，但是它们的牙齿特别适合于吃某些特定的东西。例如，美洲狮和其他大型食肉动物的犬齿很大，可以刺伤猎物；它们的前臼齿，称为裂齿，有非常锋利的边缘，能像剪刀一样剪碎食物。以植物为食的羊，门齿和犬齿就很小；它们有大而扁平的前臼齿和臼齿，用于把植物磨碎。啮齿动物，比如海狸，则一颗犬齿都没有，最有名的是它们的四颗大门牙，是专门用来啃咬食物的。啮齿动物的门齿一直在生长，当它们吃东西时，门齿就会渐渐磨出尖锐的边缘。

对于有些动物来说，一些特殊的牙齿已进化得看起来都不像是牙齿了。大象的长牙实际上是它的门齿，而海象的长牙则是它的犬齿。这些"特殊"的牙齿除了用于进食还能防御敌人。

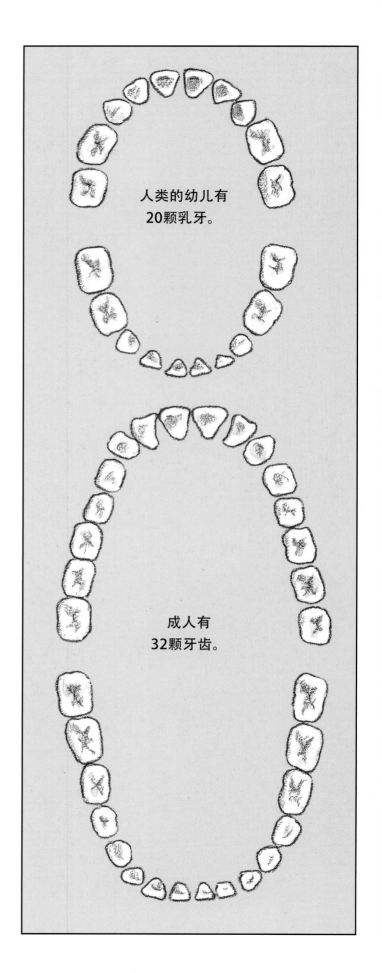

人类的幼儿有20颗乳牙。

成人有32颗牙齿。

从马的牙齿上看出……

如果你想知道一匹马有几岁，那可以看看它的牙齿。马的门齿的形状会随着时间而变化：马的岁数越大，它的门牙就会越长，而且越往外倾斜。有时用"年齿渐长"这样的表达方式来形容一个人年纪大了。

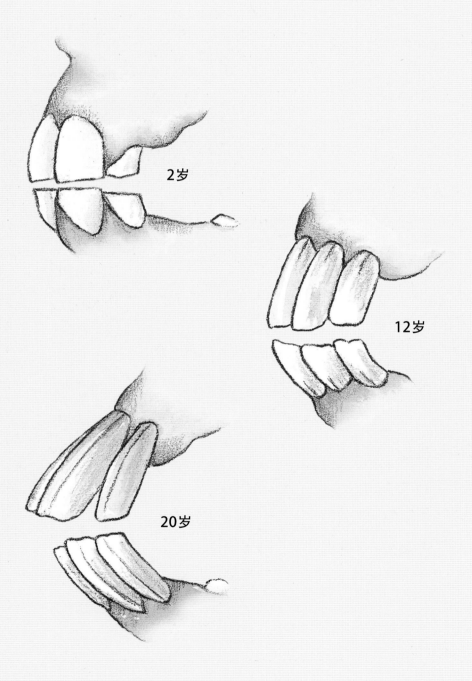

2岁

12岁

20岁

分辨牙齿

你能把这些牙齿和它们的主人匹配起来吗？
A 啮齿动物（豪猪）
B 食草动物（鹿）
C 食肉动物（狼）
D 杂食动物（人）

1.

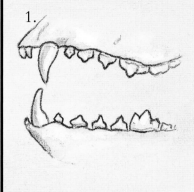

2.

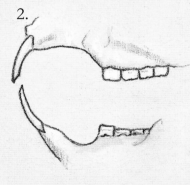

3.

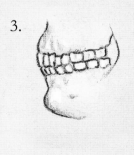

4.

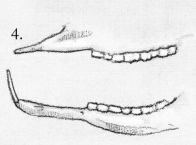

答案见第40页。

请把植物递给我

　　地球上绝大多数植物的最终命运都是被吃掉，植物的敌人既有小小的昆虫，也有体型威猛的大象。许多植物不止被一种动物吃掉。例如，兔子会啃食植物的叶子，昆虫会吃掉植物的根茎，蜂鸟会舔食花蜜，而老鼠会咀嚼种子。只吃植物的动物叫做食草动物。许多以植物为食的动物都有特殊的适应能力，以帮助它们觅食并消化食物。有些食草动物被称作反刍（chú）动物，它们只有反复咀嚼，才能把食物消化掉；而有些动物只吃某一种植物。让我们一起读下去，找出这只长颈鹿有什么特别之处吧。

如果你是一只长颈鹿……

- 你是地球上最高的动物。
- 你长长的腿和脖子会帮助你够到别的动物够不到的食物。
- 你长长的灵活的舌头能缠绕住相思树树冠上的叶子和嫩枝条，并把它们扯进嘴里。
- 你的舌头表面有一层天然遮光剂，能够保护舌头不被灼热的阳光晒伤。

把种子当零食吃

　　所有开花的植物都会结出种子，这些种子是很多动物的食物。如果你有一个喂鸟的容器，你会发现有各种鸟儿来吃你放进去的种子，而每种鸟儿吃种子都各有一套绝活儿。冠蓝鸦会用脚趾头踩住一颗大种子，并用它长而尖的嘴像用锤子一样敲打，直到把种子敲开；松雀会用它厚而锋利的嘴把种子压碎；小五子雀会把种子楔入树皮的沟槽里，然后用它窄而尖的嘴砰砰地重击种子，直到种子裂开；交喙鸟的嘴又尖又弯，闭合时上下交错，可以方便地切开松球果坚硬的种鳞，把种子从球果里撬出来。

　　为了帮助消化胃里的食物，鸟的胃里有一个肌肉壁厚而有力的砂囊。砂囊里的沙砾和小石子可以把食物磨碎。在鸟的喉咙里有一个小口袋，鸟儿可以把采集到的种子都装在里面带走，这个小口袋叫做嗉囊或嗉子。

胖乎乎的脸颊

　　啮齿类动物，比如欧洲仓鼠，两颊有大大的颊囊，这样它们就能把种子存在颊囊中带回自己的地洞里，为冬天储备粮食。除此之外，颊囊还有别的用处。如果受到攻击，仓鼠会向敌人的脸上喷出一些储存在颊囊中的种子，自己就可以趁机迅速逃跑了。还有些仓鼠甚至会用颊囊含住空气，让自己像气球一样漂浮在水上。

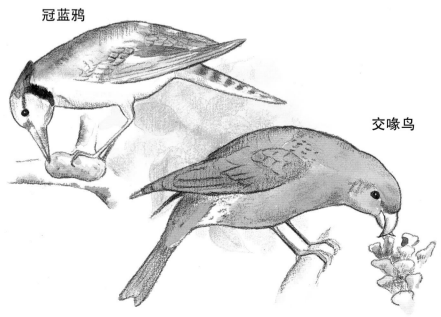

冠蓝鸦

交喙鸟

18

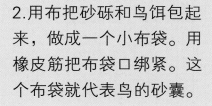

鸟的砂囊

让我们一起做一做下面这个实验，看看鸟儿胃里的砂囊是如何磨碎种子的。

你需要：

一块约25厘米x25厘米方形的厚布；

50毫升小砂砾；

125毫升鸟饵；

一根橡皮筋。

1.把砂砾和鸟饵放在方布中间。

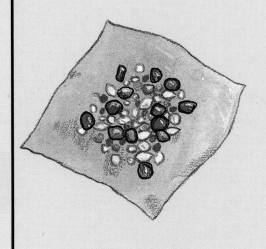

2.用布把砂砾和鸟饵包起来，做成一个小布袋。用橡皮筋把布袋口绑紧。这个布袋就代表鸟的砂囊。

3.用你的手指挤压碾碎布袋里的东西，持续五分钟左右。感受一下，你手指所起到的作用就像砂囊壁的肌肉一样。

4.打开布袋，看看里面的种子变成什么样了？你会发现，种子都被碾成小块了，鸟儿胃里的砂囊就是这样工作的。种子被砂囊磨碎之后会进入肠子，由消化液进行更进一步的消化分解。

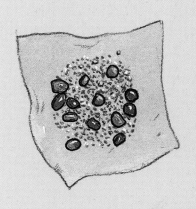

再吃一遍

　　想一想，你在吃饭的时候，是喜欢细嚼慢咽呢，还是狼吞虎咽呢？反刍动物，比如野牛、奶牛、鹿和羊进食时总是一口没嚼就直接吞下去。它们要抓紧时间往胃里塞吃的，没空咀嚼。人类只有一个胃，而反刍动物却有四个胃！当它们吞下草和其他植物时，食物先进入到第一个和第二个胃中，在这里，食物被细菌分解成浆糊。当动物休息时，又会把这些浆糊送回嘴里再嚼一遍。最后，动物们把浆糊吞下，进入到第三个和第四个胃里，在这里，反刍的食物会被强大的胃液完全消化。反刍动物完全消化牧草需要整整一天时间；对于更粗糙的食物，比如树皮，则需要七天时间才能消化完！

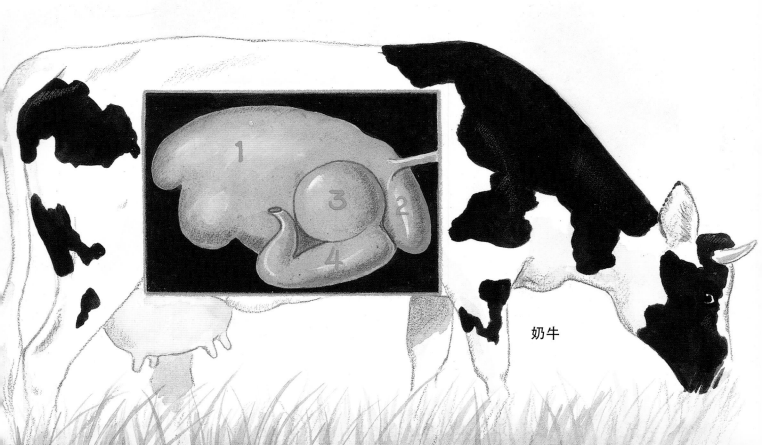

奶牛

1. 瘤胃（反刍动物的第一个胃）　　2. 网胃（反刍动物的第二个胃）

3. 重瓣胃（反刍动物的第三个胃）　　4. 皱胃（反刍动物的第四个胃）

野牛是北美最大的陆地动物。它是一种反刍动物，胃里分为四个"房间"。它一年到头都在吃草。在冬天，野牛用它大而扁平的鼻子像雪犁一样把草找出来。

21

挑食的动物

如果你只吃一种食物，可是你的食物来源被完全破坏了，你会怎么办呢？你不得不改变你的饮食习惯，开始吃别的食物；不这样的话，你就会因为缺少食物而面临死亡。不幸的是，有些动物并不习惯更换自己的菜谱。因此，当一种动物的栖息地被破坏导致食物短缺时，这种动物就会濒临灭绝。卡纳蓝蝴蝶的毛虫只吃野生蓝羽扇豆。当加拿大南安大略湖蓝羽扇豆的产地被兴建城市和开发农业破坏时，那些地方的卡纳蓝蝴蝶也随之消失了。如果环境继续恶化，会有更多的动物因为生态破坏而缺少食物，最终面临灭绝的危险。

大熊猫

中国的大熊猫只吃竹子的嫩枝条。

树袋熊

食物决定命运

　　如果你是一只蜜蜂，你的未来就取决于你孵化出来后吃的东西。在蜜蜂出生后的前三天，所有幼虫都吃蜂王浆，蜂王浆可以让它们快速成长。在接下来的三天里，只有未来的蜂后才可以继续吃蜂王浆。其他的蜜蜂幼虫则只能吃蜂蜜和花粉的混合物，这种混合物被称作蜜蜂食料。吃食料长大的蜜蜂幼虫将成为工蜂。

蜜蜂

澳大利亚的树袋熊只吃桉树叶。

肉食主义者

　　要知道，在野外可是没有食品商店的。吃肉的动物被称为食肉动物，它们要想吃肉就需要花大量时间去寻找并杀死猎物。许多捕食者都具有敏锐的视觉、听觉和嗅觉，能帮助它们发现猎物的踪迹。它们拥有有力的上下颌、锋利的牙齿或钩嘴，以及强有力的爪子来杀死并撕碎猎物。每种捕食者都有自己的攻击计划。有些动物，比如蛇，会偷袭猎物；狼会成群地跟踪和追捕猎物；水貂则喜欢独自捕猎。食肉动物通常只吃最容易捕获的猎物，所以兽群里那些行动最缓慢的老弱病残的动物往往会成为最佳目标。

如果你是一只长尾黄鼠狼……

- 你的嗅觉十分敏锐，利于捕猎。

- 你强有力的上下颌和尖利的犬齿会帮你抓住和杀死老鼠、田鼠、松鼠、鸟、兔子和大一点的昆虫。

- 你每天要吃的食物相当于你体重的一半。

- 你会把吃不完的食物储存在地洞里留着过冬。你还会在储备粮上喷洒麝香，令其他动物离远一点。

- 在北方的冬天里，你的毛会从棕色变成白色。这样你就可以用雪来掩护自己，对猎物发起偷袭。

- 你的身材苗条修长，因此你行动敏捷，并且能很容易钻进猎物的洞穴里。

张大嘴巴

　　你可以把一个李子全部塞进嘴里，但是如果是一个没有切开的大西瓜呢？你恐怕就无法整个吃掉了。人们在吃东西之前要把食物切碎或者咬成小块儿以便于吞咽，而蛇却可以毫不费力地把大型猎物整个吞下去。让我们看看它们是如何做到的吧！

　　把你的手指放在脸颊上接近耳朵根的位置。现在尽可能张大你的嘴。你能感觉到你的下颌移到和上颌相交的位置。你的嘴巴只能张开到一定程度，就是因为这个连接点。蛇同样也有一个连接点，但是蛇可以拉开上下颌的连接点，因此下颌就能完全打开了，所以蛇能吞下比自己头还大的食物。

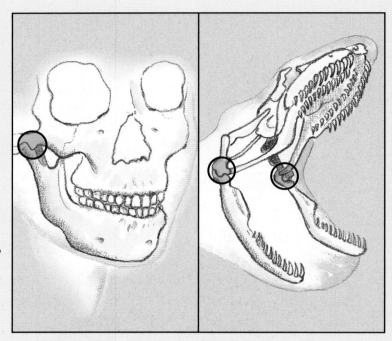

人类的上下颌　　　　　　　蛇的上下颌

　　如果你摸一摸下巴，会发现下巴有一块坚实的下颌骨。而蛇的下颌是由两块骨头组成的，这两块骨头由它的"下巴"位置上一个有弹性的组织连接起来。当蛇在吃东西的时候，这两块骨头能左右拉开，这样蛇就可以把嘴张得更大。

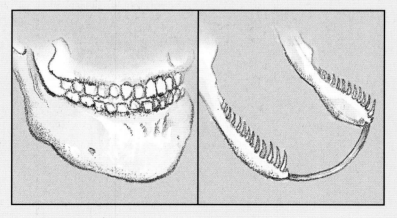

人类的下颌　　　　　　　蛇的下颌

巨蟒和水蟒是世界上最大的蛇，它们可以捕捉和扑杀比它们自己更大的动物。它们用强壮有力的身体将猎物缠住，挤压使其窒息而死。一旦猎物死了，蟒蛇便会张开上下颌，把猎物完整地吞下去。像这样一顿大餐需要消化好多天，因此蟒蛇一年之内可能都不用再吃饭了。

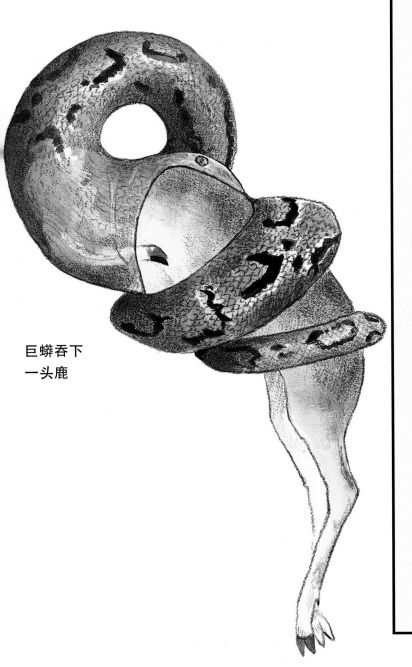

巨蟒吞下
一头鹿

快餐

蛇的两顿饭之间的间隔时间可以很长，但是你一天要吃三顿饭，还得吃点零食。你越爱运动，身体就需要你吃更多食物来补充能量。有些动物，例如蜂鸟和鼩鼱（qú jīng），必须一直吃东西来维持生命。它们身体的代谢很快，能量消耗也比大多数动物要多，所以它们必须要不断吃东西来补充身体所需的能量。

生活在北美的姬鼩鼱每3小时就要吃掉相当于自己体重的食物。如果你也要每3小时就吃掉相当于你的体重的食物，那么你每天要吃掉多少食物呢？让我们一起算算吧！

1.测量你的体重。

2.你的体重（千克）×8＝你一天所需要吃的食物总量（千克）。

看到这个数字，你会不会大吃一惊呢？

精打细算，不愁吃穿

　　你喜欢吃剩菜吗？或许你会摇头。在大自然中，那些吃其他动物"剩饭剩菜"的动物叫做食腐动物。秃鹫和其他食腐动物通常都等到捕食者杀死猎物后，再钻进猎物尸体内吃点剩肉。

　　如果你在乡间的路上看到有被车撞死的动物，请你看看它的周围，你有可能会看到一群鸟，比如乌鸦或鸥，它们正忙着吃动物的尸体呢。尽管这些鸟平时以很多食物为食，但是当它们看到动物尸体时，就会很快瞄准这顿美味大餐。生活在加拿大南部到南美洲的土耳其秃鹫是清理动物尸体的专家。

如果你是一只土耳其秃鹫……

- 你以吃动物的尸体（也叫腐肉）为生。
- 你的视觉和嗅觉都十分敏锐，能让你发现远处的食物。
- 你用长长的、钩状的嘴和锋利的爪子来撕扯动物尸体上的肉。
- 你强大的消化系统会杀死腐肉上大量的细菌，所以你不会生病。
- 如果你一次吃得太多，那么就会因为身体太重而飞不起来。你只能等食物消化了一些后再起飞离开。

排队享受

每到开饭的时候，你都会和家人共享餐桌上的美食。群居的野生动物，比如狼和狮子，也会分享它们的食物。每当杀死猎物后，狼群的头领可以先吃，然后其余的狼才能吃。尽管通常是母狮杀死猎物，但是公狮会先吃猎物，母狮和幼狮会等在一边，轮到它们的时候再吃。如果还有吃剩的食物，食腐动物，如秃鹫或鬣（liè）狗会过来把剩下的打扫干净。科学家过去一直认为鬣狗总是吃狮子所剩的食物。但新的研究表明，鬣狗通常会自己杀死猎物，而狮子有时会接着吃鬣狗吃剩下的食物。

狼

团结互助

吸血蝙蝠家族总是成群地生活在一起，似乎很有团队互助精神，它们也会分享食物。每只吸血蝙蝠每晚都需要从牛或马的身上吸取相当于自身体重的血液。如果一只吸血蝙蝠没有找到食物就回到栖息地，别的蝙蝠会把它们吸到的血吐出一部分，匀出来给这位饥饿的伙伴。通过分享食物，蝙蝠家族才能越来越壮大。

谁的储备粮？

如果午餐时你的三明治没吃完，你也许会把它包起来，留着一会儿再吃。许多野生动物也会保存食物，有时会贮存几个月。当食物充足时，它们会为缺乏食物的冬季或干旱季节提前采集和储藏食物。你能把动物与它们的储备粮用线连起来吗？

答案见第40页

动物

红松鼠　　　　　　　鼹鼠　　　　　　　蜜蜂

蜜蚁　　　　　　　豹　　　　　　　鼠兔

贮备的食物

蜂窝　　　　　　　蚯蚓　　　　　　　贮藏蚁

羚羊　　　　　　　小型干草堆　　　　　　　蘑菇

解渴

　　所有生物体内都含有水分，只有这样，生物才能存活下去。你知道吗，你的体重中有一多半都是水的重量呢！你会感到口渴，是因为身体在向你发出信号：你需要补充水分了！对于许多动物来说，它们"喝上一杯"和我们喝水是两回事。例如，青蛙和蟾蜍并不是用嘴来喝水的，它们用自己特殊的皮肤来吸收水分。澳大利亚的树袋熊从来都不喝水，这是因为它们从所吃的桉树叶中获得了所需的全部水分。沙漠动物是保存体内水分方面的专家。许多动物避开白天的炎炎烈日，在凉爽潮湿的晚上出动捕食。美国西南部和墨西哥北部的树形仙人掌不仅是沙漠动物的水源，同样也是这种体态小巧的姬鸮的栖身之所。

如果你是一只姬鸮……

- 你是世界上最小的猫头鹰，你的身高只有15厘米。
- 在炎热的沙漠中，白天时你会躲在树形仙人掌废弃的啄木鸟窝里，避开阳光会帮助你保持体内的水分。
- 当凉爽的晚上来临，你才会出来捕猎。你不需要喝水，因为你会从吃掉的昆虫和蜘蛛的体内获得你所需要的水分。

一饮而尽

对你来说，喝水是一件很容易的事情，但是如果你像长颈鹿一样，不得不把脖子弯下四米多才能喝到水，或者像狮子一样只能用舌头来饮水的话，你该怎么办呢？在非洲平原的旱季，成千上万的动物会结伴迁徙，寻找水源。"水吧"——动物的饮水洞总会迎来熙熙攘攘的顾客，特别是在黎明和黄昏时分。当然，有的动物不只是来饮水，还会伺机捕食猎物，狮子就是其中之一。当狮子来到饮水洞时，其他动物就会四散逃开。看看这些在饮水洞旁的动物，了解一下它们是如何喝水的吧！

火烈鸟

大象

像大多数鸟类一样，火烈鸟在饮水时必须把头往后仰，这样水才能流进喉咙里去。

大象长2米的象鼻是它的鼻子和上唇延长的部分。象鼻可以一次性把4升的水吸进嘴里。

狮子的舌头像砂纸一样粗糙。当狮子饮水时，水会吸附在舌头表面，再被带进嘴里。

狮子

长颈鹿

为了够到水，长颈鹿不得不把前腿向外侧伸开并且慢慢低下身子。万一遇到危险，这个姿势很不利于长颈鹿逃跑。

豺

像狗家族的成员一样，豺饮水的方式是把舌根卷成杯子的形状，把水舀进嘴里。

流食

对于某些动物来说，喝下去的不光是水，它们也会把食物喝下去。当蜘蛛在网里抓住一只苍蝇时，它实际上并不是要吃掉苍蝇，而是要喝掉苍蝇体内的液体。吸血蝙蝠是以喝动物的血为生的，它们用微小锋利的牙齿在哺乳动物或者鸟类的皮肤上咬一个小口子，然后用舌头贪婪地吸吮和舔食流出的血液。八目鳗的身体结构就为它吸食其它鱼类的血创造了有利的条件。

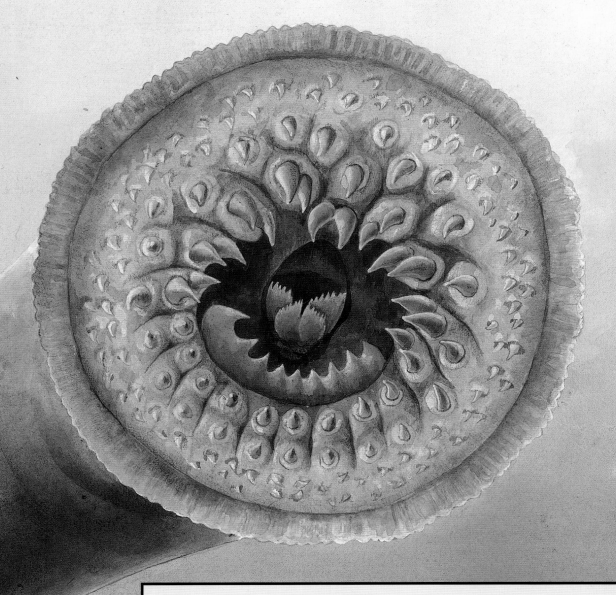

如果你是一条八目鳗……

- 你没有上下颌，取而代之的是一个圆形的吸盘嘴巴，可以吸附在猎物身上。
- 你的嘴里有125颗锋利的牙齿。你用牙齿来来回回地在猎物身体上咬，直到咬出一个洞。
- 你嘴里的腺体会分泌出一种液体，能够保持猎物的血液流动。
- 你不会杀死猎物，但你会使猎物变得虚弱。通常被八目鳗多次攻击之后，鱼就会死去。

甜食爱好者

喜欢吃甜食的可不光是孩子们。许多植物是通过蝙蝠、昆虫和蜂鸟这些花蜜爱好者来传授花粉的。以花蜜为食的蝙蝠和蜂鸟都有很长的舌头，可以伸到花心舔食花蜜。它们也会在花朵上方悬停飞行，这能帮助它们从任意角度接近花朵，不用落到脆弱的花朵上就可以吃到花蜜。

吸汁啄木鸟同样是以甜汁为食，但它们舔食的是树液，而不是花蜜。像其他种类的啄木鸟一样，吸汁啄木鸟也会用它们坚硬的尖嘴在树干上啄洞，然后用长长的舌头舔食树洞里甜甜的树液。

吸汁啄木鸟

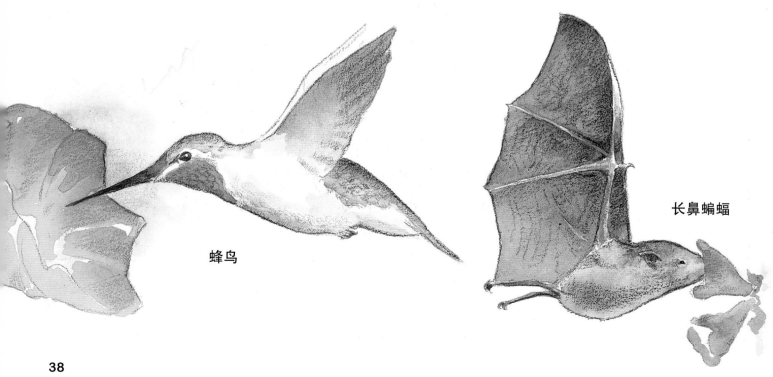

蜂鸟

长鼻蝙蝠

吸管与海绵

试着做一做下面这个小实验，看看蝴蝶和苍蝇这两种不同的昆虫是如何吸食液体的。

你需要：

两个浅碟；

糖；

一根吸管；

一块海绵；

一把勺子。

1.请你往一个碟子里倒一些水，再往另一个碟子里加些糖。

2.现在用吸管从碟子里吸一些水上来，这就如同蝴蝶在吸食液体。蝴蝶的一部分口器连接在一起，形成了一根像吸管一样的小管，可以把花朵里的花蜜吸吮出来。当蝴蝶吃完花蜜，舌头会在头下面卷起来。不久，花蜜的香味又会使蝴蝶的舌头变硬，于是它又会伸出口器变成吸管享受美食。

3.用一块干燥的海绵蘸一下糖。有些糖会附着在海绵的外表面，但是不会被吸收到海绵内部。现在往糖里加一些水，用勺子搅拌直到糖溶解。用海绵蘸一下糖水，这次海绵会吸收水中的糖分。苍蝇的下唇就像海绵一样，只能吃流质食物。苍蝇无法吃固体的糖，因此当它飞落在甜食上时，它会首先往食物上吐口水，用唾液来溶解其中的糖分，然后用它海绵一样的嘴来吸食糖水。

索引

答案

P15
1—C 食肉动物 （狼）
2—A 啮齿动物（豪猪）
3—D 杂食动物 （人）
4—B 食草动物 （鹿）

P31
红松鼠— 蘑菇
鼹鼠　— 蚯蚓
蜜蜂　— 蜂蜜
蜜蚁　— 贮藏蚁
豹　　— 羚羊
鼠兔　— 小型干草堆

动物的运动

动物"运动会"

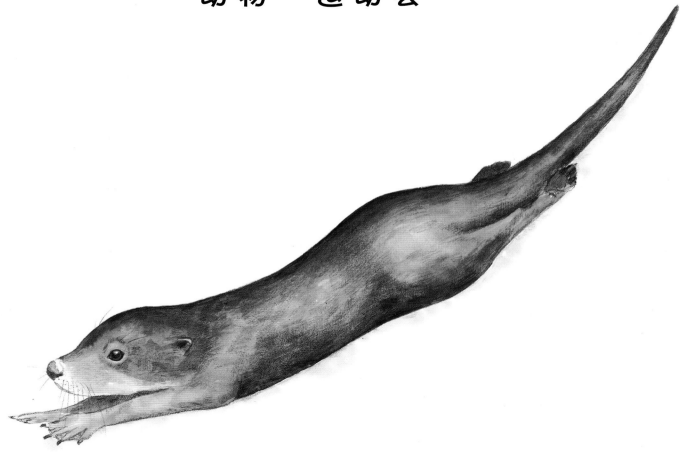

作者：派米拉·海克曼　　插图：帕特·史蒂芬斯

梁 绪　吴晓帆 译

中国出版传媒股份有限公司

中国对外翻译出版有限公司

图书再版编目（CIP）数据

动物的运动：动物"运动会" /（加）派米拉·海克曼著；（加）帕特·史蒂芬斯绘；梁 绪，吴晓帆译.—北京：中国对外翻译出版有限公司，2012.10

（我的第一套动物行为体验书）

ISBN 987-7-5001-3471-8

Ⅰ.①动… Ⅱ.①海… ②史… ③梁… ④吴… Ⅲ.①动物行为—儿童读物 Ⅳ.①Q958.12-49

中国版本图书馆CIP数据核字(2012)第218858号

（著作权合同登记：图字：01-2012-4413号）

正文 ©派米拉·海克曼　　插图 ©帕特·史蒂芬斯

经Kids Can Press Ltd., Toronto, Ontario, Canada允许出版。

出版发行 / 中国对外翻译出版有限公司

地　　址 / 北京市西城区车公庄大街甲4号物华大厦六层

电　　话 / （010）68359827； 68359101 （发行部）； 68353673 （编辑部）

邮　　编 / 100044

传　　真 / （010）68357870

电子邮箱 / book@ctpc.com.cn

网　　址 / http://www.ctpc.com.cn

总 审 定 / 张健旭

出版策划 / 张高里

策划编辑 / 吴良柱 郭宇佳

责任编辑 / 刘景卉 郭宇佳

印　　刷 / 北京盛通印刷股份有限公司

规　　格 / 889×1194毫米 1/16

印　　张 / 27.5

版　　次 / 2012年10月第一版

印　　次 / 2012年10月第一次

ISBN 978-7-5001-3471-8　　　　　　　全套定价：188.00元

目录

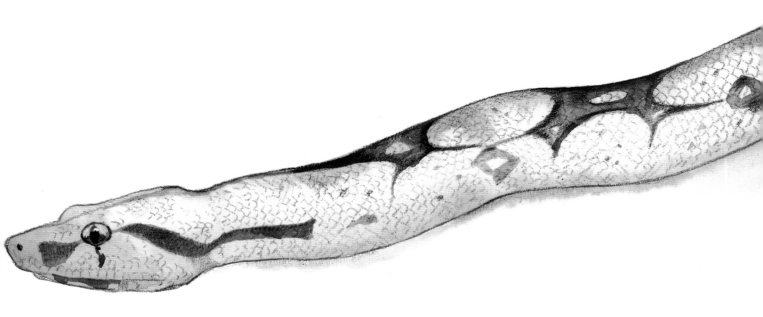

引言

你能想象自己在公路上像猎豹那样奔跑,速度甚至比一辆疾驰的汽车还快吗?或者像袋鼠一样,轻松一跳就能跨过一个高围栏?如果你能像信天翁一样,连续几个小时在大海上滑翔,或像蜂鸟一样倒着飞,你会不会觉得很奇妙呢?动物们的体型大小各不相同,它们身体的适应能力或一些运动方式也有所不同。无论是像蛇一样滑动留下一道黏糊糊的轨迹,或是像鱼一样在水里飞快地游泳;无论是寻找食物或伴侣,还是找寻避难所并逃避危险,动物都保持着运动的状态。

人类为了行动更加便捷,有时会使用一些特殊的装备。读完这本书,你会发现动物们天生就长着脚蹼、带着潜水镜、穿着雪鞋和防滑钉。本书还设置了一些活动和实验,请你和动物们比一比,看看谁的速度更快,谁的弹跳能力更强!在本书里,你将会看到一些奇特的动物脚印,看看它们最近是否来拜访过你。你还能近距离观察一些很少见的动物,比如会飞的鱼和会爬树的青蛙等等。奇妙的动物世界,等你来发现!

蛇怪蜥蜴

游泳健将和漂浮高手

如果你想游得更快，只要穿上脚蹼就可以了；而为了方便在水下呼吸，人们会使用通气管或水下呼吸器；为了在冰冷的水中保持体温，潜水员会穿上特殊的潜水服。这些辅助设备的制造灵感都来源于奇妙的动物世界。在水中生活的动物已经进化出适应它们生活环境的器官和"秘密武器"，以帮助它们在栖息地自由徜徉。如果动物会游泳或潜水，它们就更易捕猎、躲开捕食者和吸引异性；一旦它们的栖息地遭到破坏，它们还能搬到其他地方去。海狸以超强的筑坝能力而闻名，不过它们更是优秀的游泳健将和潜水健将。

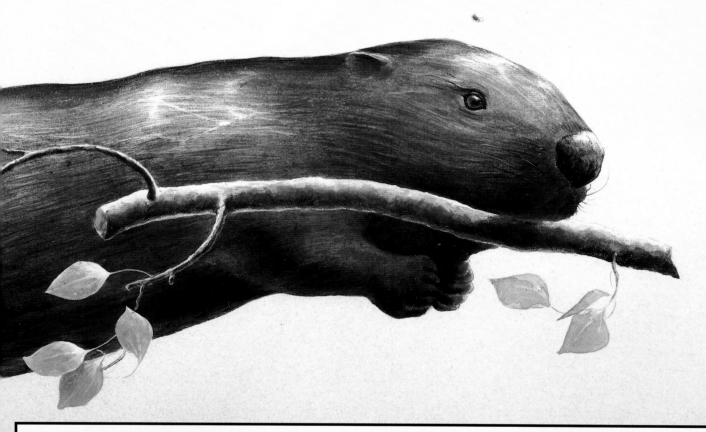

如果你是一只海狸……

- 你的后足长有蹼，这可以帮助你游泳。
- 你的尾巴宽大扁平，能帮助你在水中掌舵。
- 当你潜水时，你会把鼻子和耳朵里的瓣膜关上，以防止进水。
- 你长着透明的眼睑，就像一副护目镜，当你在水下时，闭上眼睑就能保护眼睛。
- 你的身体会分泌一种特殊的油脂，覆盖在你的毛上，所以你总是穿着"防水服"。

像鱼一样游

　　试试在一盆水中推动你的手掌；现在把手侧过来再在水中摆动看看。你会发现当你把手掌侧过来时，手掌更容易在水中滑动。当物体在水中穿行时，必须把水推开。手的侧面要比手掌窄，需要推向两边的水更少，因此就能"游"得更省力。鱼的身体一般都长着窄窄的脑袋和尾巴，身体中间部位就会稍稍厚一点。当鱼游动时，它的头会从一边摆向另一边，把前进路上的水推开。被拨开的水向后流动，在鱼身后汇拢，帮助推动鱼的前进。

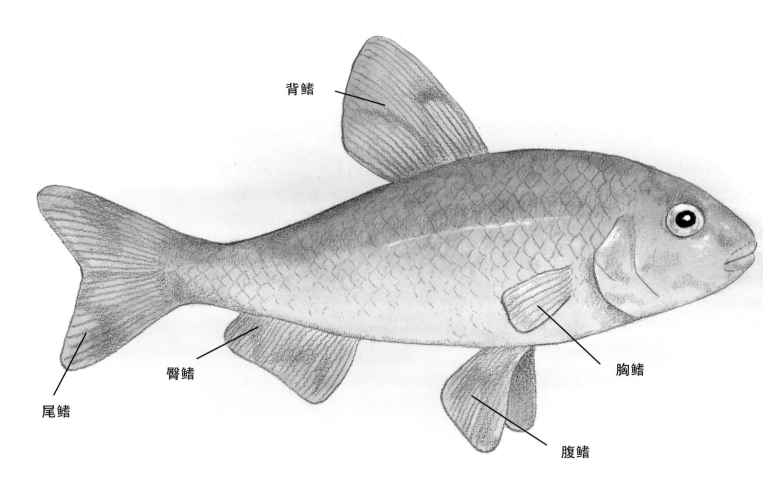

背鳍

尾鳍

臀鳍

腹鳍

胸鳍

　　鱼鳍能帮助鱼在水中游动，每个鱼鳍都和肌肉相连。背鳍和腹鳍的作用是让鱼的身体保持侧立，胸鳍帮助鱼在水中转向和保持平衡，尾鳍则起到了在水中穿行时掌舵和提供动力的作用。

水母

水母不是鱼，它更接近于海葵和珊瑚。水母果冻状体囊的形状就像一把伞，在风和水流的作用下，通过放松和收紧它们的肌肉，在水中缓慢地上下移动。除此之外，它们还能通过快速移动来躲避水下的危险，让我们看看它们是如何办到的吧！

1.当水母收紧它身体外侧边缘上的一圈肌肉时，看起来就像伞合拢的样子。

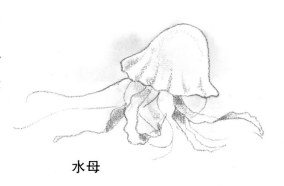

水母

2.当水母放松肌肉时，水就会被吸进嘴里，并灌满它的胃。

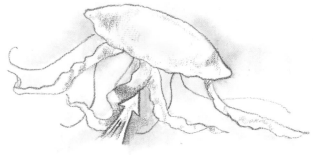

3.然后，水母再次快速拉紧它的肌肉，把水从它的胃里排出，快速的水流会把水母向上推，如同发射火箭一样，水母就能迅速地逃走了。

好大的冲击波！

试试用一个胶头滴管或者一个空的塑料眼药水瓶来模仿水母游泳时的身体状态吧。

首先把滴管开口的一端插入一碗水中，同时拿住滴管或眼药水瓶的胶皮头。使劲捏紧胶皮头，就像水母在缩紧它的肌肉；现在再松开手，你会发现水冲进了滴管或眼药水瓶里。这是因为你挤出了管中的空气，管内形成了真空。当你松开手时，水就会冲进来填满空间。

再次挤压胶皮头，观察水像冲击波一样冲出滴管。这就是水母能够迅速逃走的原因啦！

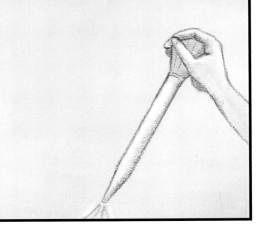

在水下飞行

　　鱼儿的体型各不相同。蝠鲼生活在海底，它们的身体就像一张大煎饼，捕食时能轻易穿过水流。身体两侧从头至尾都长着翅膀一样的胸鳍，像波浪一样起伏，当它游动的时候就像是在水里飞行，它那鞭子状的尾巴是用来掌舵和防御的。

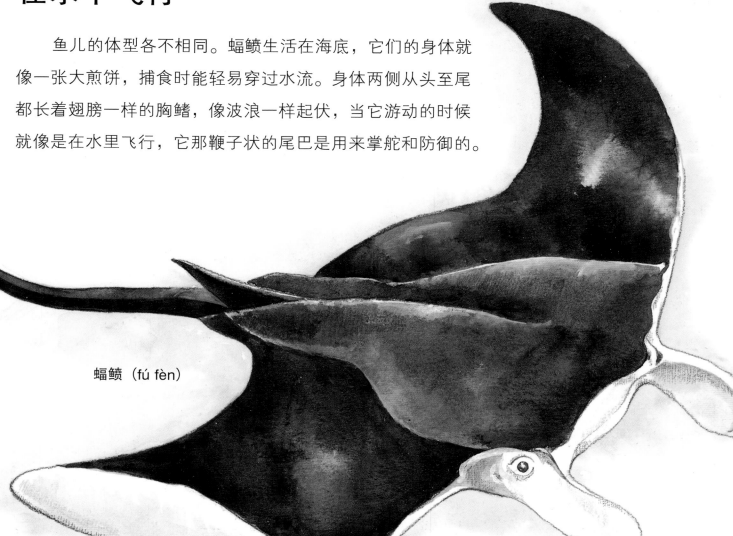

蝠鲼（fú fèn）

　　你或许知道，企鹅虽然长着翅膀，但是不会飞；不过你知道吗，企鹅的翅膀也是大有用处的，它们又窄又尖的翅膀起着水下脚蹼的作用，能够帮助它们游泳和潜水呢。角嘴海雀的翅膀虽然很短，但丝毫不影响它们在空中飞行和在水下游泳。

企鹅

角嘴海雀

我们都有大脚蹼

戴水肺的潜水员与鸭嘴兽的共同点是什么呢？答案是都有脚蹼。人们穿上脚蹼是为了在水里得到更大的动力和达到更快的速度。许多在水里生活的动物都有天生的脚蹼。如鸟类中的企鹅、角嘴海雀、鸭子和鹅，宽宽的脚会帮助它们在水中穿行。哺乳动物中青蛙的大脚蹼赫赫有名，而其他一些生活在水中的哺乳动物像水獭、海狸，也都有脚蹼来帮助它们在水中游动。

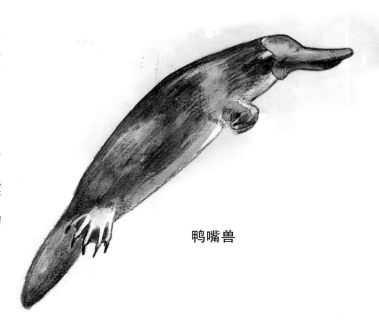

鸭嘴兽

长距离游泳能手

曾有人类游泳横穿了五大湖和英吉利海峡，可这没什么了不起的，一些鱼儿能游泳横穿整个大西洋呢！生活在北美和欧洲的淡水鳗鱼在5~8岁时，会迁徙到马尾藻海去产卵。孵化的小鱼再游回北美或欧洲，在那儿它们将生活下去，直至长到迁徙产卵的年龄。

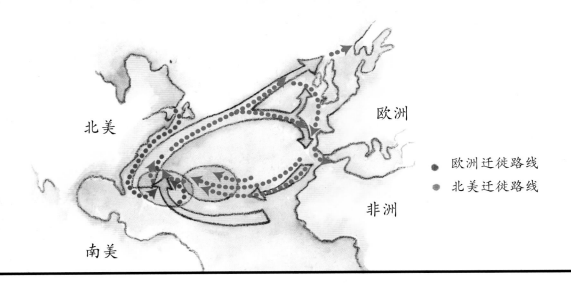

北美

欧洲

非洲

南美

● 欧洲迁徙路线
● 北美迁徙路线

飞行家和滑翔家

如果让你在花朵上盘旋，在云端翱翔，或是在寂静黑暗的树林间自在滑翔，这种感觉是不是很棒呢？许多动物可以在空中穿行，但是拥有翅膀才算得上真正的飞翔。让我们一起观察一下那些有翅膀的动物吧，它们的翅膀或是长着羽毛，或是长着鳞片，或是包覆着皮肤。我们还可以一起看看那些没有翅膀的滑翔家，比如飞蜥和袋鼯（wú）是如何在空中长距离滑翔的。

会飞行可以让一些动物进行长距离的迁徙。下图中这种赤褐蜂鸟每年在阿拉斯加和中美洲之间双程飞行，旅程超过了8000公里。

如果你是一只
蜂鸟……

- 你可以上下前后地飞，甚至可以侧飞，还可以秀一下倒着飞的技术。
- 你大大的胸肌给翅膀提供了动力。
- 你不断拍打翅膀，可以在一个地方悬停。
- 你飞快地拍打翅膀时，会发出嗡嗡的声音。

飞翔吧

当鸟儿飞翔时，可不只是上下扇翅膀那么简单。鸟儿飞翔的动力来自于它同时向下和向前拍动翅膀。当向下拍动翅膀时，羽毛是伸平的，好使翅膀更结实，承受住更大的力。翅膀越大，反推的空气就越多，鸟儿就有更大的动力。当翅膀向上扇时，鸟儿翅膀上的羽毛会扭转并分开，空气从缝隙中穿过，这样翅膀更容易回到竖直的位置。

蝙蝠没有羽毛。它们的翅膀就是一层很薄的皮膜，由长长的指骨支撑着。虽然蝙蝠的翅膀看上去和鸟的翅膀很不一样，但是它们和鸟儿的飞行方式是相似的。

与鸟和蝙蝠都不同，昆虫的翅膀里没有骨头作为支撑，它们的翅膀靠厚厚的血管层支撑。有的昆虫有两对翅膀，比如蜻蜓。当它的前翼向上扇动时，后翼就向下扇动。蜜蜂、蛾子和蝴蝶也有两对翅膀，但它们的前翼和后翼是同时向上或向下扇动的。苍蝇只用一对前翅飞行，它们的后翅已经退化成一对平衡棒，可以帮助苍蝇保持平衡。

蝙蝠

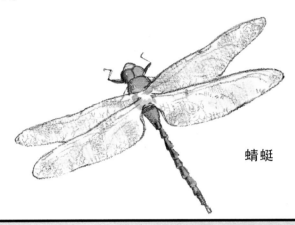

蜻蜓

拍拍翅膀

举起胳膊，再放下，数一数一秒钟内你能重复多少次？如果你是一只蜜蜂，你的答案会是250次。一只蜂鸟能在一秒钟内拍打翅膀75次。拍翅膀要消耗很多能量，所以蜜蜂和蜂鸟大部分时间都在觅食，以补充自身消耗的能量。为了保存能量，信天翁借助风的力量滑翔，它们可以在海面上飞翔几个小时而不用动一下翅膀。信天翁的双翼又窄又长，从一只翅膀顶端到另一只翅膀顶端的距离最长可以达到3.3米，这相当于一辆小汽车的长度！

信天翁

优雅的滑翔家

有了降落伞，人们可以在空中降落得更慢。许多动物，比如袋鼯、狐猴、蜥蜴和青蛙，则拥有天生的降落伞。当袋鼯想从一棵树移动到另一棵树时，它会跳向空中，分开双腿。它的前后肢之间有皮褶，称为飞膜，就像一个小降落伞，可以减慢它的降落速度。袋鼯用尾巴控制方向，最多可以降落45米。飞蜥的身体两侧也有巨大的皮褶帮助它们在空中滑行。而生活在亚洲的飞树蛙则展开它超长的脚趾之间的蹼膜，以在跳跃中减速。

会飞的鱼

如果你有过出海坐船的经历，也许会看到过一些又像鸟又像鱼的动物。飞鱼的尾巴像发动机一样有力，可以帮助它们从水面跳向空中。一旦跳起来，它们就会伸开自己长翼状的胸鳍，来帮助自己在空中滑行。一些飞鱼还长着一对大腹鳍，就像第二对翅膀。如果顺风，飞鱼可以飞出水面3米高。在空中滑行可以让飞鱼避开水下的危险。

飞鱼

袋鼯

制作一只"短头袋鼯"

短头袋鼯类似袋鼯，它们的腿间长着大大的皮褶，用来帮助它们在空中滑行。你可以用冰棒棍和塑料袋制作一个简单的短头袋鼯模型。

你需要：

3根冰棒棍；

2股细麻线，每股20厘米长；

一角钱硬币或相似大小和重量的东西；

一个塑料袋；

胶带。

1.如图所示，把三根冰棒棍绑起来。把一角钱硬币或相似重量的东西绑在冰棒棍中间保持模型平衡。

2.小心地站在一把椅子上，松手让模型落下。记录模型触到地面的时间。

3.从塑料袋上剪下一块薄膜，大约15厘米×15厘米大小。

4.如图所示，把冰棒棍做的架子放在剪下的薄膜上，有硬币的一面朝上。把薄膜的边缘贴在每个冰棒棍顶端。不要拉紧薄膜，让它稍微松弛些，与棍子间留点距离。

5.手握模型，把有硬币的一面朝下，小心地站在椅子上，松手让模型落下，再次记录落地所需要的时间。

你会发现贴上薄膜的模型降落的速度慢了很多。这层塑料薄膜的作用就像动物身上的皮褶一样，可以兜住空气以减慢速度。

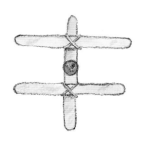

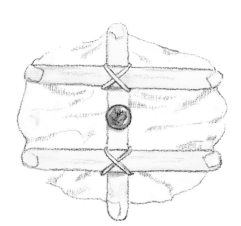

跑步能手和漫步者

脚的大小和形状会帮助动物在栖息地安全地到处行走。当你走路时，整个脚底都会触及地面，但如果你是一只鸟、猫或者狗，你只用脚趾头走路。而马、羚羊和其他有蹄动物只用脚尖走路。一般来说，脚与地面接触的面积越大，行进的速度就越慢。北极熊大而平的脚可以非常好地抓住滑滑的地面，但这样会让它们走得很慢。马在平坦的地面上跑得非常快，但是很容易在冰面上跌倒。猎豹在野外捕猎时，必须在猎物逃跑前迅速加速，向猎物发动攻击。

如果你是一只猎豹……

- 你比地球上任何生物跑得都快，并能在短距离中达到每小时112公里的时速，这比人类100米冲刺跑的世界纪录还快3倍。
- 你有长长的腿，后腿肌肉非常有力。
- 你可以用连续的跳跃来奔跑。
- 你的长爪子就像鞋上的防滑钉，可以帮你抓住地面。

奇特的脚

当你在夏天走过沙滩时，或冬天走在深雪中时，会感到格外费力，这是因为你会边走边往下陷。有些动物拥有"特殊"的脚，能阻止下陷。因为宽宽的脚会把动物的体重分散到较大面积上，使它们能够轻松地站在雪和沙子上面，就像穿了雪地鞋。让我们一起看看下面这些奇特的脚吧。

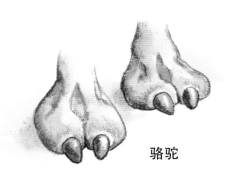

沙漠骆驼的脚底长有宽而平的肉垫，可以帮助它们在沙漠行走时不至于陷进沙子里。厚厚的脚底还能保护它们的脚不被热沙子烫伤。

骆驼

边缘趾蜥蜴长长的后脚趾边缘长着一排排鳞刺，让它们可以在撒哈拉沙漠里的流沙上奔跑。

蜥蜴

披肩榛鸡的脚爪会在冬天长出特殊的鳞，就像穿上了雪地鞋，让它们不会陷进雪地里。

披肩榛鸡

跟着脚印走

无论你生活在城市还是乡村，只要你在自家楼下或院子里仔细检查那些泥泞痕迹或新鲜积雪，你都会找到动物们的足迹。学习分辨这些更为常见的足迹，并试着找出它们源自哪些动物。你是否能从脚印之间的距离分辨出动物们是走着还是跑着呢？看看以下这些脚印，你都认识吗？

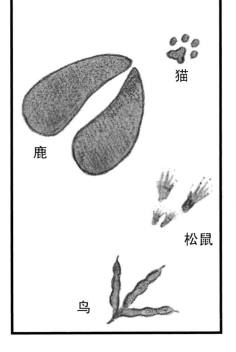

猫

鹿

松鼠

鸟

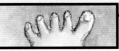

大脚

通过下面这个简单的实验，让我们一起体会一下大脚的作用吧！

你需要：

一个平放着的装着沙子的箱子；

一把皮尺或塑料尺；

一张厚纸板或薄木板，约61厘米×61厘米大小。

2.走出沙箱，测量一下你的脚在沙子里陷进去的深度。

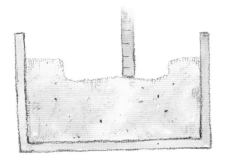

4.踏出沙箱，再测量一下纸板在沙子里陷进去的深度。

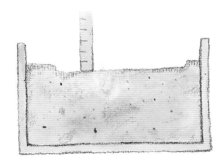

1.站进沙箱里，这样你就在平滑的沙子上留下了脚印。

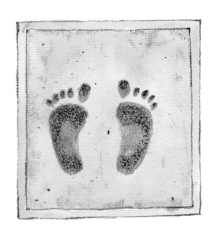

3.把沙子抹平。把厚纸板或薄木板轻轻放在沙子上，然后站在上面。

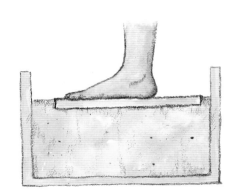

你会发现，当你站在厚纸板或木板上时，你并没有下陷得很深。这是因为宽宽的纸板把你的体重分散了，大脚的作用就在于此。

水面上行走

如果从侧面看一杯水，你会在水与空气接触的地方看到一层厚厚的切面。这层切面是由紧紧连接在一起的水分子组成的，就像水上的一层有弹性的皮肤，这种现象被称作表面张力，就是它帮助动物在水面上行走的。你或许看到过鸟儿在水中游动，但是你看到过有些鸟儿在水面上行走吗？白骨顶的脚趾上长着宽而分离的瓣蹼，能够帮助它们在水面上分散自身的体重。水雉、秧鸡和黑水鸡常常伸展它们长长的脚趾头，走在漂浮在水中的植物上。一些小的蜥蜴在沉到水里游泳之前可以在水上行走一段非常短的距离，这可以帮助它们在遇到危险时快速逃脱。

水雉（zhì）

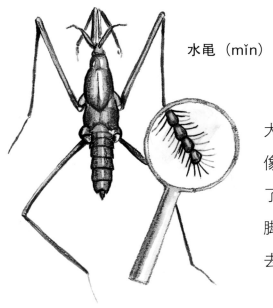

水黾（mǐn）

水黾看上去是滑过水塘或沼泽表面的。但如果通过放大镜看它们的脚，你会发现它们的脚上长着一簇簇绒毛，就像滑雪鞋一样把昆虫的体重分散开来，这样它们就不会下沉了。和大多数昆虫不同，水黾的爪子长在腿上，而不是长在脚上。如果爪子长在脚上，就会划破水面，让它们沉到水里去了。

它会漂起来吗？

这里有一个简单的方法，可以检测水的表面张力的强度。

1.把一根针竖着扔进水里，看看会发生什么。

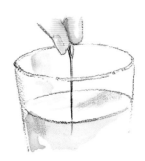

你会发现，第一次试验时，针会沉到水里，因为它的重量比水更重；而且当你把针扔进水中时，针尖刺穿了水的表面并打破了表面张力。但在第二杯水里，针会浮在水面上，这是因为水的表面张力在支撑着它。因为水的表面张力并没有被破坏，所以那根针就像那些能够在水面上行走的动物一样不会下沉。

2.在第二杯水里，小心地将针横着放在水面上。不要让针破坏水的表面。

跳跃能手

如果你去哪里都是跳着而不是走着的，那么你很快就会累了。但是如果你是一只跳蚤，你一小时可以跳一万多次，仍然精力充沛。许多动物会跳着快跑来逃离危险。接着往下读，你会发现，它们跳过沙漠、越过植物或穿越动物皮毛的本领得益于它们特殊的身体构造。你还可以与一只更格卢鼠比一比跳跃能力，或和一只小动物来场比赛。看上去你可能跳得比小动物远，但是如果对比一下你的身高，请你猜猜谁会是最终的赢家呢？

如果你是一只更格卢鼠……

- 你会有长长的、强壮的后腿，这非常适合跳跃。
- 你一跳就能跳出相当于你身体长度48倍那么远的距离。
- 你有一条长尾巴，尾巴尖上长着一撮毛；这条尾巴可以保持身体平衡，并使你能够在空中快速转向。
- 你有一双大大的毛茸茸的后足，有了它们你就不会陷进沙子里了。
- 你可以以每秒6米的速度，呈Z字形跳着躲开捕食者。

弹来弹去的动物

　　如果你可以像蚱蜢那样跳，那么你只需跳三下就可以跳过一个足球场。蚱蜢、叶蝉和跳蚤这样的昆虫可以跳得非常远，因为它们有强壮的腿肌，还有小而轻的身体。跳蚤的身体非常瘦小，这让它们可以在动物的毛发中轻松自如地穿梭跳跃。跳虫则与生俱来拥有一个助跳的装备。在它的腹部下面有一条折叠起来的叉状"尾巴"，当"尾巴"弹开的时候会像弹簧一样把跳虫推到空中去。

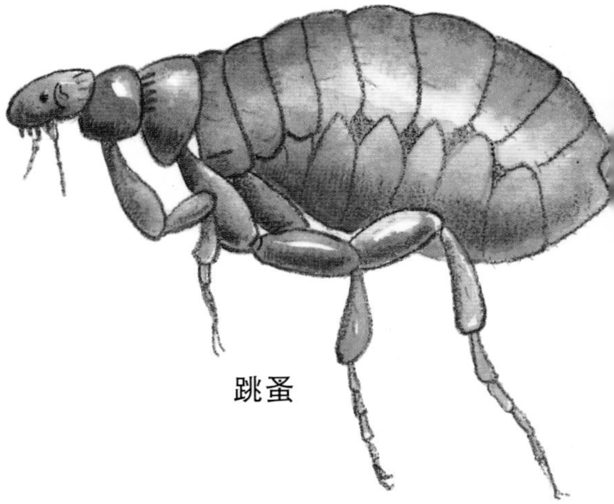

跳蚤

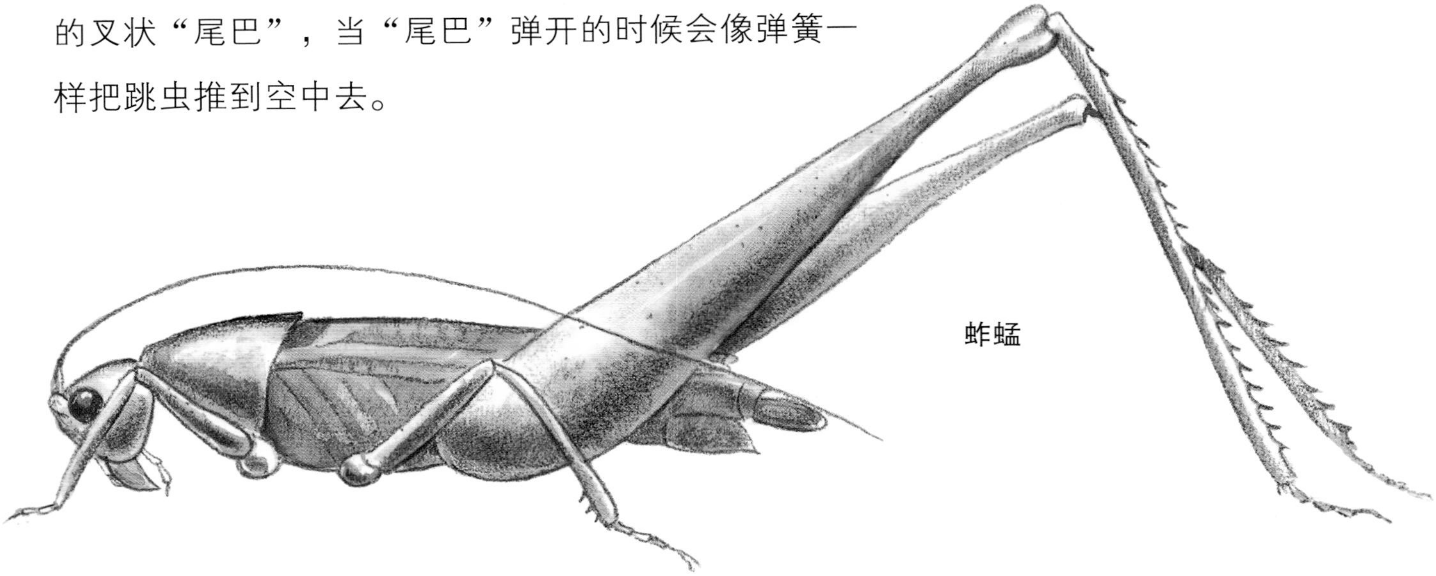

蚱蜢

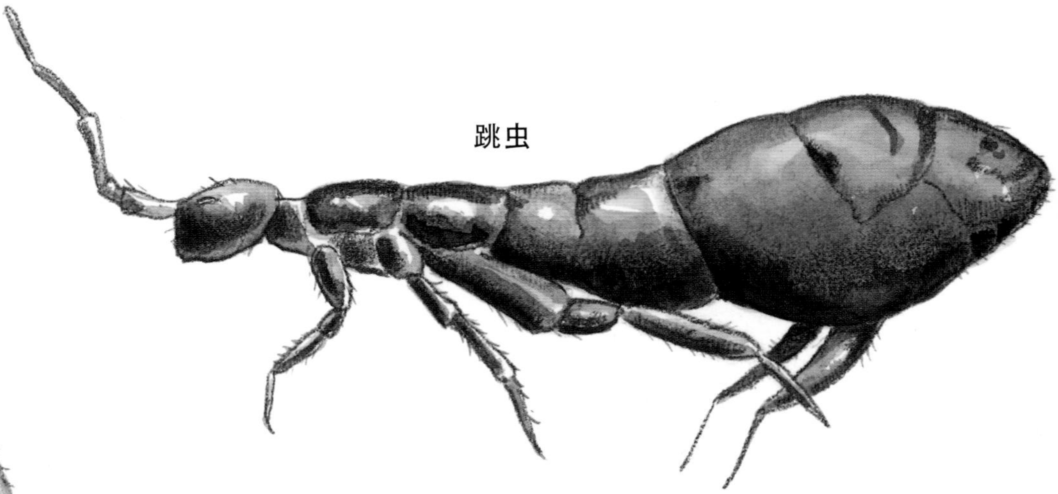

跳虫

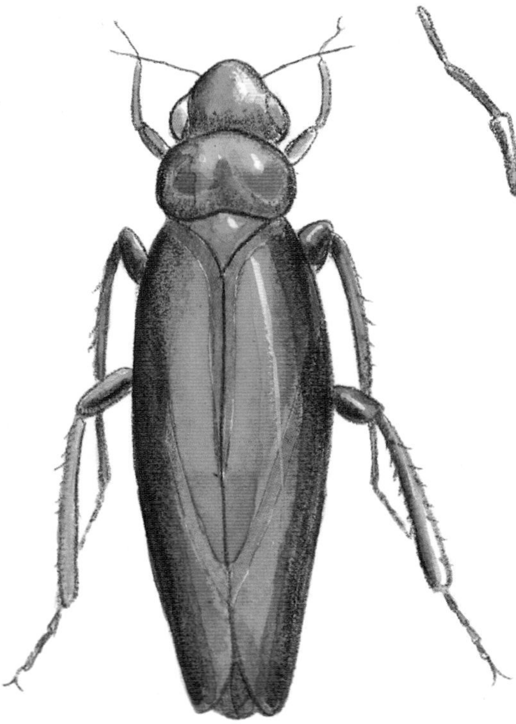

叶蝉

量一量

测量一下你能跳多远，来和这些迷你"奥运选手"比一比吧！

你需要：

一根1米长的线；

一个卷尺；

胶带；

计算器。

1.在一个开阔的地方，展开长线并用胶带粘住两端，把线固定在地上。

2.站在线上，保持脚趾刚刚压线，用力跳出，然后落地。

3.请一个朋友量出从起跳线到你脚趾落地的这段距离的长度。

4.光脚量身高。

5.用下面的公式，算一算相对于你的身高，你跳了多远？你处于下图中的什么水平呢？

跳跃距离（厘米）÷身高（厘米）
=长度和身高比值

长距离跳跃能手

蚱蜢	跳蚤	叶蝉	跳虫

30	40	100	200

长度和身高比值

跳跃吧

想一想什么动物能比飞驰的自行车速度更快，并仅凭一跳就能跨过高高的围栏呢？答案是袋鼠或野兔。袋鼠和野兔都有着大大的强壮的后腿和大脚，能跳得又高又远，帮助它们快速逃离捕食者。红袋鼠在短距离内的跳跃速度能达到每小时48公里；雪兔甚至能轻松达到每小时80公里，速度就像公路上的汽车那样快！为了不让敌人抓到它们，野兔和袋鼠会呈Z字形跳跃。

袋鼠

你能跳多高？

请一位朋友拿着量尺或皮尺蹲在你身边，你尽量往高处跳，让朋友帮你量出你跳的高度吧。你知道吗，一只袋鼠能跳2.5米高，一只雪兔能跳4.5米高呢！那么，你能跳多高呢？

在你跳跃时，你会用单脚跳还是双脚跳？如果袋鼠不着急的话，它会用四只脚和尾巴一起跳。为了加速，袋鼠会抬起前足，让尾巴在后面保持平衡，用后足跳跃。雪兔的脚很长，长满了毛，可以避免它陷到雪里去。如果你观察雪兔在雪里留下的脚印，你会发现它较小的前脚印会落在较大的后脚印之后。当雪兔跳跃时，它的后脚会往前伸并超过前脚，然后前后脚同时落地。

雪兔

雪兔的脚印

滑行者和滑冰专家

你一定玩过滑梯吧，是不是十分有趣呢？你知道吗，有些动物无论去哪里都是滑行的。蛇和其他无足动物是滑行专家，它们在地面滑行，甚至滑行到树上去寻找食物或躲避危险。一些动物，如蚯蚓、鼻涕虫和蜗牛，它们喜欢在雨天出行，因为湿润的地面更容易滑行。接着读下去，你会了解蜗牛是如何在干燥的季节留下滑滑的痕迹的。

如果你是一只蜗牛……

- 你只有一只肌肉发达的脚。
- 你的身体会在地上分泌出一种黏液，为你留下一条滑滑的痕迹，帮助你滑行；这条痕迹还会帮你找到回家的路。
- 你移动的速度非常慢，大约每分钟滑行2.5厘米。
- 你会避开粗糙和干燥的表面滑行。

滑行的蛇

现在请你脸朝下趴在地板上，双臂在身体两侧夹紧。试试不用手和脚，像蛇一样在地板上滑动。有困难吗？是的，这是因为你的身体不适应像蛇一样运动。现在用你的手在朋友的后背上摸一摸，你会摸到他的脊椎，上面的32块小骨头叫做椎骨。蛇也有脊梁骨，而且大型蛇的椎骨多达500块。椎骨越多，蛇就越灵活，而且移动更灵敏。由于生活环境不同，蛇的移动方式也多种多样。例如，沙漠蛇跳跃着穿过滚烫的沙子，而束带蛇则滑行穿过湿草地。接下来，让我们了解一下蛇是怎样移动的。

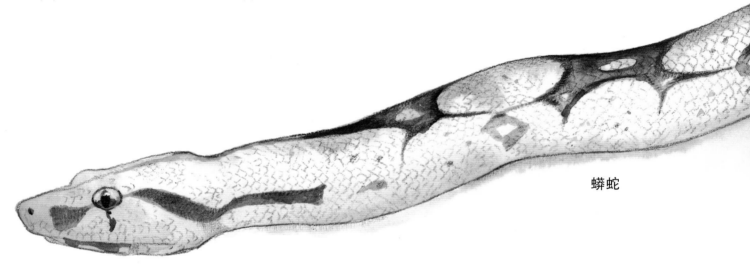

蟒蛇

翠青蛇用它的腹部鳞片把尾巴固定在地上，然后向前移动它的头和身体。当它把脖子贴在地上时，身体缩成风琴状，然后尾巴再向前移动。这种移动方式称为风琴式。

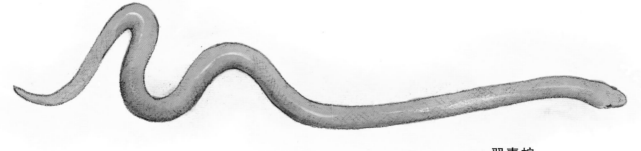

翠青蛇

蟒蛇用履带式动作呈直线向前滑动。它向前伸直身体，然后用腹部鳞片抓住地面；身体剩下的部分再被拉起来紧随其后。这种方式称为直线式。

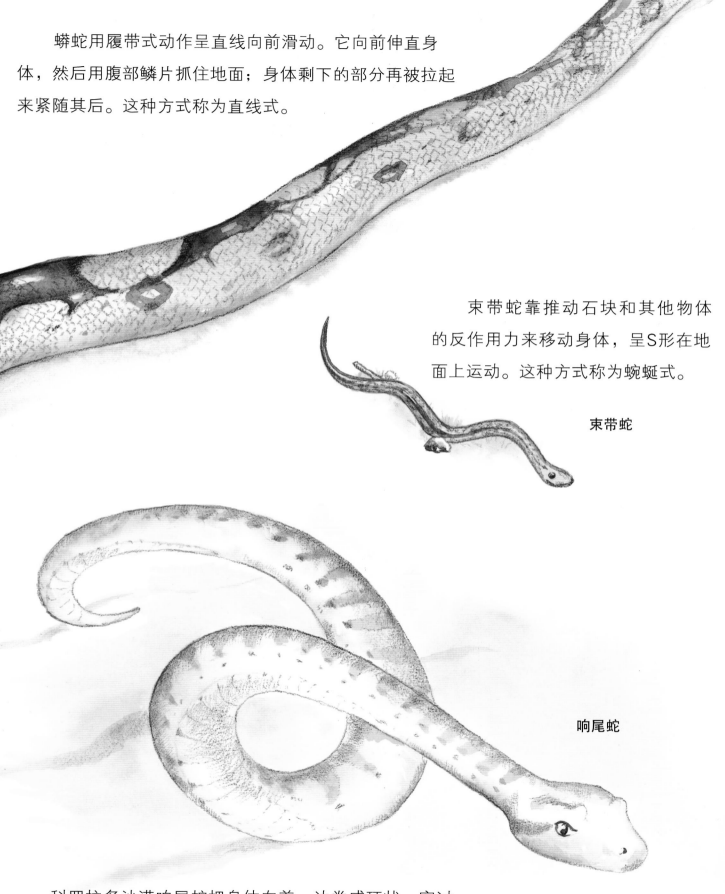

束带蛇靠推动石块和其他物体的反作用力来移动身体，呈S形在地面上运动。这种方式称为蜿蜒式。

束带蛇

响尾蛇

科罗拉多沙漠响尾蛇把身体向着一边卷成环状，穿过松散或滚烫的沙子。这种运动方式称为侧向式。

在冰上移动

人们用滑雪板或穿上冰鞋在雪上或冰上快速移动，但是对于水獭来说，有双大大的有蹼的脚就足够了。水獭在水里悠然自得，在陆地上也能快速移动，尤其是在冬天，能够快速穿越冰面。它们跳三下就能滑过7米，跨过冰面时的速度可以达到每小时28公里。

水獭

水獭家族经常聚集在结冰的湖边或河边，前腿向前伸直，后腿拖在身后，用腹部滑行。它们喜欢轮流多次从冰面上呼啸而过。夏天时，水獭则沿着湿泥滑进水里。

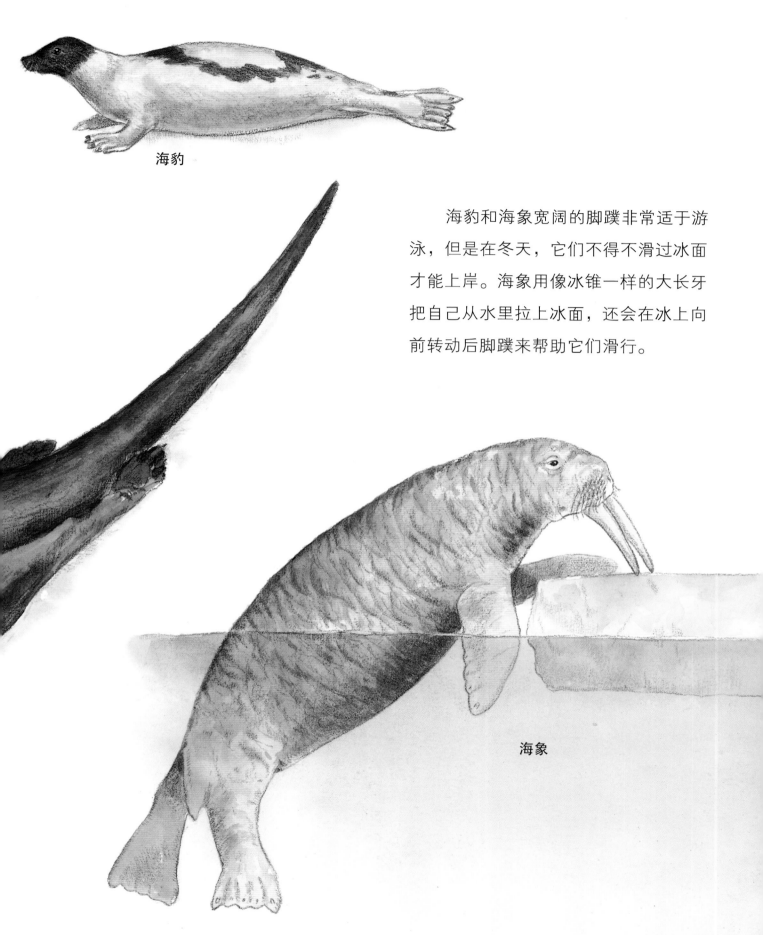

海豹

海豹和海象宽阔的脚蹼非常适于游泳，但是在冬天，它们不得不滑过冰面才能上岸。海象用像冰锥一样的大长牙把自己从水里拉上冰面，还会在冰上向前转动后脚蹼来帮助它们滑行。

海象

攀爬高手和穿梭高手

　　喜欢爬树的可不光是孩子们，世界上许多动物的一生——吃东西、睡觉和来回移动都在树上度过。热带森林是各种动物的家园，有些动物生活在树顶，有些在树中间，还有些生活在靠近地面的地方。有些动物白天在地上觅食，晚上爬到树上去睡觉，这样远离了捕食者的捕食范围会更加安全。有些动物的身体特别适合在树间穿梭或是挂在树枝上。

如果你是
一只树蛙……

- 你的后腿又长又细，适合攀爬、走路和跳跃。

- 你的指尖会有黏黏的圆垫，就像吸盘一样，帮你在攀爬时固定身体。

- 你的脚趾可以向侧边和向后转，所以你可以一直爬而不用松开脚趾。

- 你可以变色，和周围融为一体。这可以帮助你躲避捕食者，还能偷偷地窥视猎物。

把树当秋千

如果你的身体像蛛猴那样，那么摆动身体越过游乐场里的攀架会容易得多。它们的手臂特别长，还有着长长的灵活的手指和脚趾，有利于它们在树间摆动时可以够到并抓住树枝。蛛猴和长臂猿拥有特殊的"手"，可以弯成钩状，这样能更容易地"钩"住树枝。一只长臂猿可以在树间快速移动，一次摆动可以跨过六米的距离。

长臂猿

一些爬树动物的尾巴同样具有"特异功能"。蛛猴能用它们的长尾巴把身体挂在树上，就像多了一条胳膊！它们的尾巴尖粗糙无毛，这可帮助它们在树间穿行时抓住树枝。负鼠和穿山甲在攀爬和挂在树枝上时也用它们的尾巴做支撑。

蛛猴

比比谁更慢！

三趾树懒是地球上行动速度最慢的哺乳动物。它倒挂在树枝上，靠它那巨大而弯曲的爪子握住树枝，每分钟仅能移动1.8米。让我们做个实验，去看看树懒到底有多慢吧。先量出1.8米的距离，然后请一位朋友帮你计时，你以正常速度走完这段距离。现在放慢速度，用整整一分钟去走完这段距离。感觉如何？试试再在攀架或树枝上倒挂着做同样的测试。要知道，这就是树懒的速度。现在，知道谁的速度更慢了吧！

三趾树懒

索引

动物的防卫

动物如何保护自己

作者：埃塔·卡纳　　插图：帕特·史蒂芬斯

胡晓凯　梁绪　译

中国出版传媒股份有限公司

中国对外翻译出版有限公司

图书再版编目（CIP）数据

动物的防卫：动物如何保护自己/（加）埃塔·卡纳著；（加）帕特·史蒂芬斯绘；胡晓凯，梁 绪译.—北京：中国对外翻译出版有限公司，2012.10
（我的第一套动物行为体验书）
ISBN 987-7-5001-3471-8

Ⅰ.①动… Ⅱ.①卡… ②史… ③胡… ④梁… Ⅲ.①动物行为—儿童读物 Ⅳ.①Q958.12-49

中国版本图书馆CIP数据核字(2012)第218851号

（著作权合同登记：图字：01-2012-4404号）
正文 ©埃塔·卡纳　　插图 ©帕特·史蒂芬斯
经Kids Can Press Ltd., Toronto, Ontario, Canada允许出版。

出版发行 / 中国对外翻译出版有限公司
地　　址 / 北京市西城区车公庄大街甲4号物华大厦六层
电　　话 / （010）68359827；　68359101 （发行部）；　68353673 （编辑部）
邮　　编 / 100044
传　　真 / （010）68357870
电子邮箱 / book@ctpc.com.cn
网　　址 / http://www.ctpc.com.cn

总 审 定 / 张健旭
出版策划 / 张高里
策划编辑 / 吴良柱　郭宇佳
责任编辑 / 刘景卉　郭宇佳

印　　刷 / 北京盛通印刷股份有限公司

规　　格 / 889×1194毫米 1/16
印　　张 / 27.5
版　　次 / 2012年10月第一版
印　　次 / 2012年10月第一次

ISBN 978-7-5001-3471-8　　　　　　　全套定价：188.00元

目录

引言

当你感到害怕时，你会有什么反应呢？是大声呼救，躲起来，还是逃跑？动物们害怕时也会这么做。但是有许多动物会用一些特别的方式保护自己。它们有的会改变身体颜色，让捕食者或敌人难以发现自己，比如章鱼只需几秒钟的时间就可以改变身体颜色。有的动物会装作其他物体，比如尺蠖（huò）会一动不动，看起来就像一根小木棍。有的则会和别的动物搭档来保护自己，比如水牛会靠鸟儿告知危险来临；有些螃蟹则会把海葵当成剑来用。以上只是动物保护自己的几种方式。翻开本书，你会了解更多动物自我防御的知识！

换上保护色的蓝纹章鱼

蓝纹章鱼

"最佳演员"

想象如果你是一只非常非常小的动物，当一只鸟要攻击你时，你来不及逃跑，该怎么办呢？你会不会试着让自己看上去比实际的样子"厉害"一些，希望敌人会被你换上的新模样吓跑呢？许多相对弱小的动物都会采取不同的虚张声势的方法来保护自己。

蟾蜍

当蟾蜍被蛇盯上时，它会鼓起身子，伸长后腿，身体会扩张至平常的三倍。蛇看到这样一个"庞然大物"，觉得没办法把它一口吞下去，或许就会另找个跟自己身体大小相称的猎物，蟾蜍因此能逃过一劫。

柑橘凤蝶毛虫

柑橘凤蝶毛虫吓跑鸟儿的方法是扮成一条蛇。当危险来临时，它会抬起身体的上半部分，嘴里伸出像蛇信子一样的鲜红色的假舌头。假舌头前后摆动，散发出难闻的气味，这阵势足以把鸟儿吓跑了。

澳洲蓝舌蜥蜴是一种行动缓慢的蜥蜴。当它受到惊吓时，会张大嘴巴，发出咝咝声，并伸出一个巨大的蓝色舌头。其实它并不想表现得那么粗鲁，只是想把敌人吓跑而已。这一"绝招"也的确蒙蔽了大多数它的天敌，或许你看到也会被它的样子吓一跳呢！

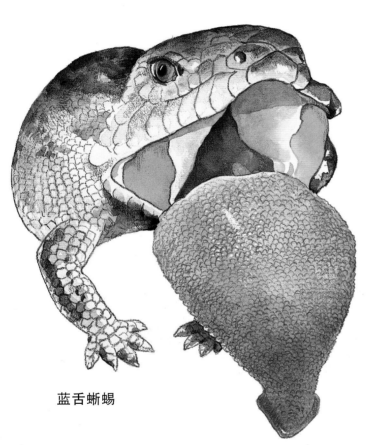

蓝舌蜥蜴

"蛇语"鸟

当非洲环喉雀发现附近有敌人时，不仅会发出咝咝的声音，还会扭动着身体，模仿蛇的动作。

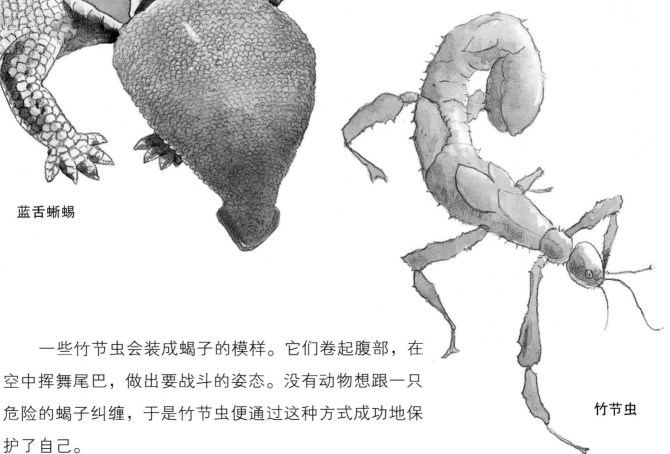

一些竹节虫会装成蝎子的模样。它们卷起腹部，在空中挥舞尾巴，做出要战斗的姿态。没有动物想跟一只危险的蝎子纠缠，于是竹节虫便通过这种方式成功地保护了自己。

竹节虫

演戏

　　蓝目天蛾在树枝上休息时，看起来就像一片皱巴巴的枯叶。如果鸟儿离得太近了，蓝目天蛾就会快速亮出黑色的翅膀，翅膀上突然现出的两个巨大的眼斑"怒视"着那只鸟，看起来就像是猫头鹰或者猎鹰的眼睛。鸟儿为了自保，便仓皇逃走了。

9

你能找到我吗?

如果一只动物的行动速度缓慢,那么当捕食者靠近时,它该怎么办呢?答案就是:它会躲起来!有的动物会躲进自己的巢穴,而有的动物则哪儿都不去,就那么一动不动地呆着。因为它们的外表跟周围的环境很相似,敌人不容易发现它们。这种现象就叫做伪装。

三趾树懒

这只三趾树懒生活在南美洲的热带雨林中,要知道它几乎所有的时间都会吊在树上。由于不怎么活动,它长长的灰毛上长出了一种藻类,这让它看上去就像是树枝上生长着的一种灰绿色苔藓。这种树懒像极了一种当地生长的植物,以致一些飞蛾把家都安在了它的毛皮里。

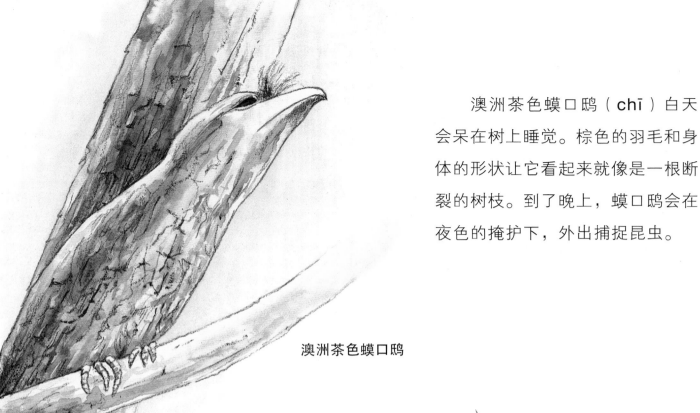

澳洲茶色蟆口鸱（chī）白天会呆在树上睡觉。棕色的羽毛和身体的形状让它看起来就像是一根断裂的树枝。到了晚上，蟆口鸱会在夜色的掩护下，外出捕捉昆虫。

澳洲茶色蟆口鸱

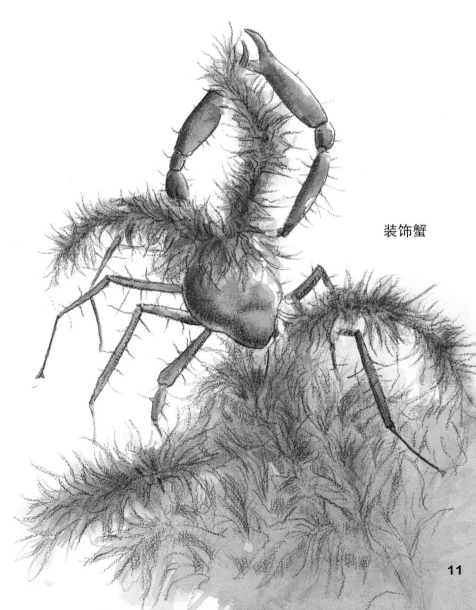

装饰蟹

装饰蟹在伪装上可没少下功夫。它先从海滩上找到一团海草，用"钳子"切下一段，咀嚼海草的一端，使它变得有黏性，然后把海草粘在背上的刚毛上，这样捕食者就很难将其从一堆海草中辨认出来。如果装饰蟹搬家到其他地方，还会根据当地的海草种类，相应地换上不同的伪装。

你知道我在哪里吗？

当比目鱼在海底觅食时，它会在不同的环境中休息。如果周围环境是海底的一片细沙，那么它的皮肤就会变成沙子的颜色；如果背景变成一堆岩石，它的皮肤也会变成小石子的颜色。你也许会问，如果比目鱼在棋盘上休息一会儿，它会不会变得有点像棋盘呢？答案是肯定的。

比目鱼

草原犬鼠住在北美洲某些地区的地洞或是地道里。它可以通过2~3个洞口进出地洞。草原犬鼠通常站在其中一个洞口的土堆上，密切注视着敌人的动向。一旦看到鹰或狐狸，它会马上吠叫着通知同伴。于是这个地区所有的草原犬鼠便会都钻进地洞里，直到危险解除再出来。

草原犬鼠

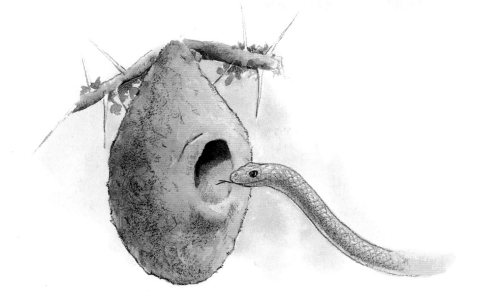

海角攀雀的巢

在南非，海角攀雀的巢有两个入口，其中一个是真的，一个是假的。假入口位于雀巢边上的一个大洞。想偷鸟蛋的蛇如果从假的大洞钻进去，就会咚的一声撞到巢壁。而真的入口是一条细缝，就在假入口的正上方。海角攀雀每次都会从这条细缝中挤进挤出，谁也不会觉察到真入口的存在。

大蜥蜴

大蜥蜴生活在岩石遍布的美国沙漠中，它没有可以藏身的家。当它看到捕食者时，会迅速找到最近的石头缝隙并挤进去，然后把身体鼓起来，紧紧抵住岩壁，这样捕食者就不可能把它拽出来了。

捉迷藏

一些蛇和蜥蜴的躲藏并不彻底，它们只是把身体半藏起来。你会发现，它们把身体钻进了沙土中，但头和眼睛还露在沙土外面。这样一动不动地趴着可谓一举两得：既能注意到危险情况，又能袭击由此经过的"美食"。

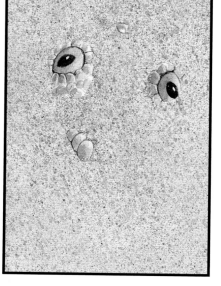

聪明的海狸

　　海狸的家是用树枝和泥土建成的，这个圆顶的小屋建在池塘里。虽然建在水中，屋子里面却干燥而舒适。进入房间的唯一方式就是潜到水底，从一个通道游进去。海狸可以轻易做到这一点，但是熊和美洲狮只能摇头兴叹啦！

"山寨"

对于人类来说，"山寨"意味着恶俗模仿，然而对于动物来说，"山寨"或许是它们遇到危险时的"救命稻草"。事实上，许多动物都是通过"山寨"模仿存活下来的。它们会模仿那些让捕食者害怕的动物，这样，捕食者会因为惧怕和它们相像的有毒动物而远离它们。

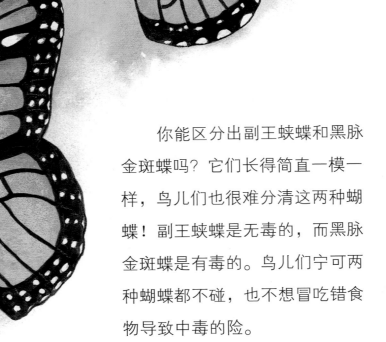

副王蛱蝶

黑脉金斑蝶

你能区分出副王蛱蝶和黑脉金斑蝶吗？它们长得简直一模一样，鸟儿们也很难分清这两种蝴蝶！副王蛱蝶是无毒的，而黑脉金斑蝶是有毒的。鸟儿们宁可两种蝴蝶都不碰，也不想冒吃错食物导致中毒的险。

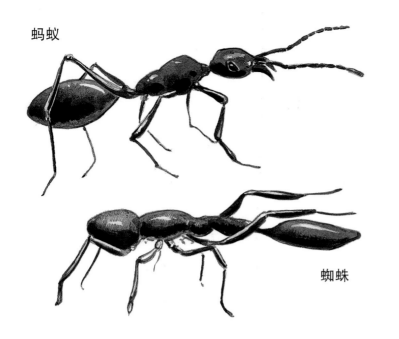

蚂蚁

蜘蛛

许多蜘蛛会模仿蚂蚁，但这并不容易。蚂蚁有六条腿，蜘蛛有八条；蚂蚁有触角，蜘蛛却没有。蜘蛛必须举起两条腿放在头前方，假装那是触角。它们像蚂蚁一样左右摆动"触角"，急匆匆地到处走。为什么蜘蛛要费这么大力气模仿蚂蚁呢？因为鸟和蜥蜴吃蜘蛛，但从不碰蚂蚁——蚂蚁不仅会叮咬，有时还喷射蚁酸呢。

食蚜蝇

蜜蜂

食蚜蝇不仅长得和蜜蜂相像，同时还模仿蜜蜂的行为。它们从花朵上采集花蜜；受到威胁时，会嗡嗡叫以示警告。但是食蚜蝇是无毒的，因为它们没有螫针。幸运的是，鸟儿们对此并不知情。它们误以为食蚜蝇是有毒的蜜蜂，便不去碰它们了。

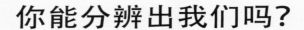

你能分辨出我们吗？

　　乍一看，这两条蛇长得像双胞胎，但它们可不一样。王蛇没有毒，而珊瑚蛇有剧毒。动物们无法区分它们，便离这两种蛇都远远的。我们怎么分辨它们的不同呢？有句古谚也许能帮上忙："看到红黄色相连，千万别碰这条蛇。"

珊瑚蛇

王蛇

你无法伤害我

就像人戴头盔保护头部一样，有些动物也有防护装备。不过，动物的装备是能够盖住身体大部分的甲壳、骨头或是脊椎。

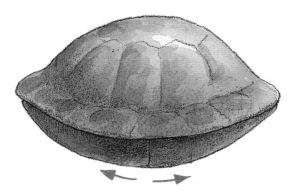

箱龟

三趾箱龟跟所有龟一样，背上有一层硬壳或是背甲。它的特别之处在于腹甲中间有一个合页，能够把腹甲的前后折叠起来。背甲和腹甲紧密地合在一起，将箱龟的身体完全包住，它就不会受到捕食者的伤害了。

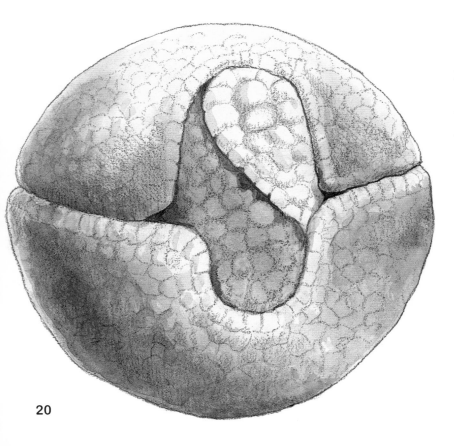

当南美洲的三带犰狳（ qiú yú ）遭到袭击时，它会立即滚成一个球，用背上的三带硬壳保护里面柔软的身体。如果捕食者在它刚蜷起来时触摸它，它会突然吧嗒一下把鳞甲合在一起，像捕猎器一样把捕食者的鼻子或者爪子狠狠夹住，给捕食者留下深刻的疼痛印象。

三带犰狳

来自西非的英雄鼩鼱（qú jīng）名副其实。从外表上看，它跟其他鼩鼱没什么区别。而在这个小动物的体内，却有一根无比坚硬的脊椎，可以承受一个人的重量。如果连人都无法压垮英雄鼩鼱，其他动物还有可能伤害到它吗？

英雄鼩鼱

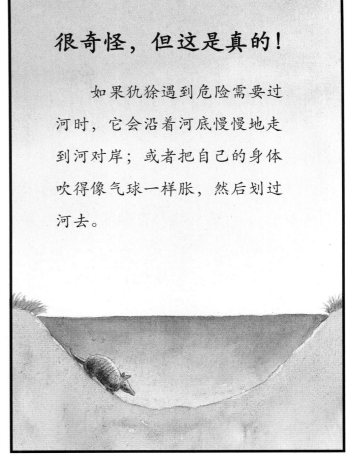

很奇怪，但这是真的！

如果犰狳遇到危险需要过河时，它会沿着河底慢慢地走到河对岸；或者把自己的身体吹得像气球一样胀，然后划过河去。

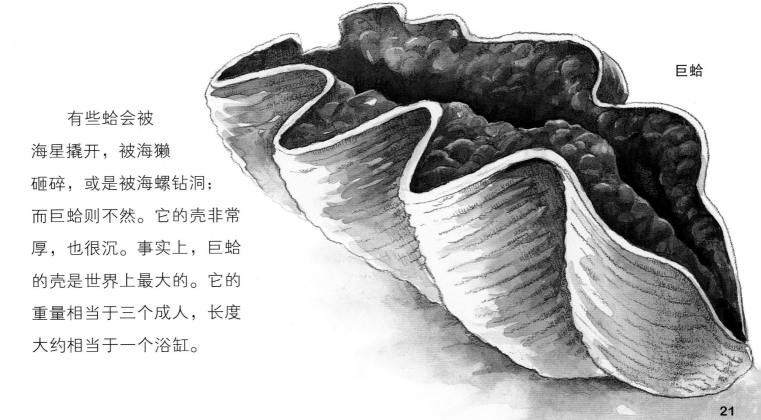

巨蛤

有些蛤会被海星撬开，被海獭砸碎，或是被海螺钻洞；而巨蛤则不然。它的壳非常厚，也很沉。事实上，巨蛤的壳是世界上最大的。它的重量相当于三个成人，长度大约相当于一个浴缸。

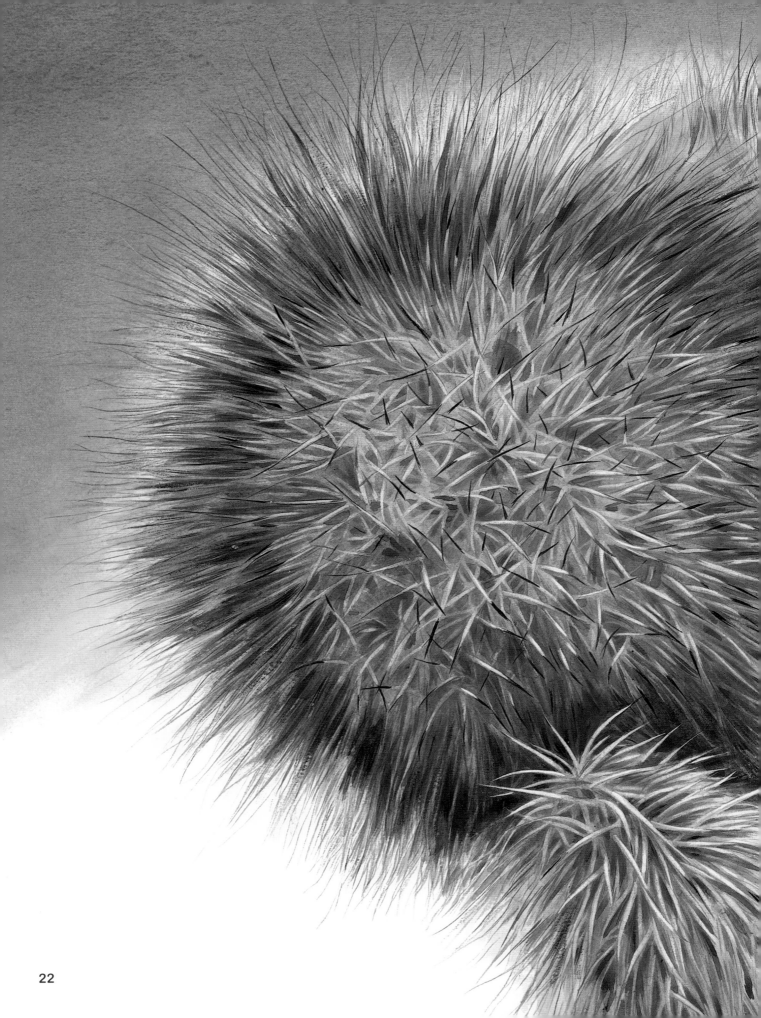

小心我的刺！

北美豪猪的身上大约有三万根刺。当豪猪受到威胁时，它会背对敌人，然后粗暴地来回甩动尾巴。如果一只狐狸或黄鼠狼离豪猪太近，它的鼻子会被扎满刺的！狐狸能把这些刺拔出来吗？不太可能。因为每根刺的末端都覆盖着倒刺呢。

警告，让开！

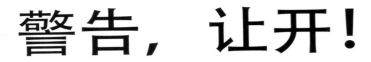

　　就像你看到红灯要停下来一样，动物身上醒目的色彩也警告捕食者快点停下来——不要吃它们。如果捕食者不顾警告，就会自食其果。动物身上的警告颜色可以是红色、黄色或者橙色，经常和黑色搭配组成花纹。

　　条纹臭鼬即使在夜间捕猎，身上的黑白条纹也清晰可见。这些条纹的意思是"走开"。如果捕食者还要靠近，臭鼬就会发出其他警告：它会跺脚、弓背、竖起尾巴。如果捕食者仍不理睬，臭鼬就会把一种液体喷到捕食者脸上。这种液体有一股强烈的恶臭，而且能让捕食者失明长达几个小时。

臭鼬

红棒球蝶灯蛾
幼虫

　　蛇、鸟和蜥蜴都不敢吃红棒球蝶灯蛾幼虫。你知道吗，居然是幼虫身上黄黑色的条纹让这些"庞然大物"们离幼虫远远的。是什么让这种欧洲毛虫具有这么强的毒性呢？原来它吃的狗舌草的叶子是含有剧毒的。

瓢虫

　　瓢虫根据所在地不同，身上的斑点个数也不同，有2个，7个，甚至是22个的。这些斑点有红底黑点的、黄底黑点的或是黑底红点的。不管瓢虫身上有几个斑点，鸟、蜘蛛和甲虫都尽量不去招惹它们。因为瓢虫的腿部关节会喷射一种非常难闻的液体，因此捕食者们即使饿着也不会贸然攻击。

我有毒！

　　东方铃蟾的腹部有警戒色。受到威胁时，它会蜷腿弓背，露出腹部醒目的色彩。这是在提醒捕食者，它的皮肤是有毒的。

走开，
我有超强毒性！

在南美洲的热带雨林中，很容易找到这些色彩缤纷的箭毒蛙。它们从来不会担心被吃掉；即使不幸被鸟或蛇吃到嘴里，也会很快被吐出来，因为它们的皮肤是有毒的。一只箭毒蛙身上的毒可以毒死50个人，难怪动物们都躲得远远的。

让我们团结在一起

朋友有难，你是否会挺身而出？动物们也都是英雄好汉。有些动物通过群居生活来保护自己，有些动物会找一个伙伴互相帮助，这被称为共生现象。不管选择哪种方式，这都比单独行动更能抵御捕食者的袭击。

海豚大战鲨鱼

海豚终生都过着群居生活。如果鲨鱼试图袭击一只小海豚，海豚们会采取集体行动。首先会有一两只海豚游到鲨鱼面前吸引它的注意，在鲨鱼转而袭击它们时，其他海豚就会从别的方向攻击鲨鱼。它们用嘴巴撞击鲨鱼，直到鲨鱼的腮破掉，然后溺死。

当敌人攻入白蚁的巢穴时，白蚁兵蚁们会设法求救。它们求救的方式有两种：发出气味，告知其他白蚁危险来临；或者用头撞击巢穴的墙壁，发出振动，这样里面的白蚁就可以用腿感觉到危险。收到这些信号后，上百只白蚁就会赶去对付入侵者。

白蚁兵蚁

黑斑羚和狒狒

黑斑羚和狒狒经常一起在平原上成群活动。黑斑羚的听觉和嗅觉很敏锐，狒狒的视力很好，它们一起对敌人保持警戒。如果遭到袭击，狒狒就是凶猛的斗士。这种互助生活既帮了黑斑羚也帮了狒狒。

形影不离

寄居蟹和海葵是一对形影不离的好伙伴。寄居蟹住的壳是其他海生动物弃之不用的，海葵则在它的背上生活。当寄居蟹沿着海滩觅食时，海葵可以搭免费"车"；寄居蟹吃剩下的食物也成了它的美食。作为回报，海葵会用它的触手保护寄居蟹。这些触手是有毒的，其他动物一旦碰上就会被叮到。

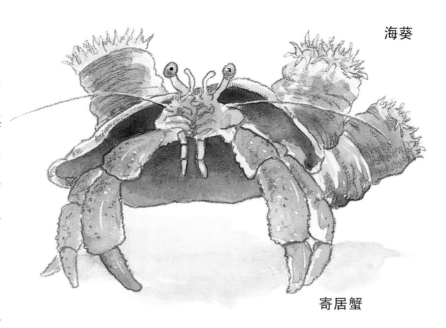

海葵

寄居蟹

啄牛鸟

非洲水牛

非洲水牛有一个私人警卫——啄牛鸟。啄牛鸟住在水牛的背上，靠吃水牛身上的寄生虫为生。当啄牛鸟察觉到危险时，会发出尖叫，并不停地拍打翅膀。如果水牛没有注意，啄牛鸟便用嘴敲打水牛头部，这通常会让水牛行动起来。

鲨鱼

鮣鱼

鮣鱼的超级保镖是庞大的鲨鱼，毕竟，有谁会去攻击鲨鱼呢？鮣鱼头部有一个大吸盘，可以吸附在鲨鱼身上。不管鲨鱼游到哪里，鮣鱼都形影不离，使自己免于被敌人袭击。作为回报，鮣鱼不仅会吃掉鲨鱼身上的寄生虫，帮它清洁身体，还会吃鲨鱼吃东西时掉下来的食物残渣。

我们是好拍档

一种名为卢氏虾虎鱼的小鱼和一种瞎眼虾是好搭档。通常，虾负责掘出地穴供两者一起居住。当小鱼带着虾觅食时，虾的触须和小鱼的尾巴搭在一起，如果发现危险，小鱼就会摇动尾巴，它们便一起迅速躲回洞穴里去。

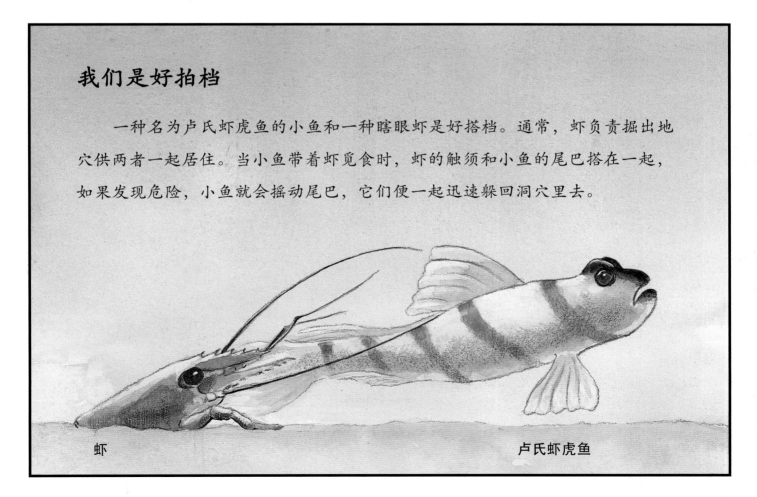

虾

卢氏虾虎鱼

互帮互助

　　小丑鱼在海葵的触手间生活，以躲避敌人袭击。要知道，海葵的这些触手是有毒的，那些妄想抓住小丑鱼的捕食者都会被触手叮到，成为海葵的美餐。当然，小丑鱼也会和海葵一起分享美食。为了换取海葵的保护，小丑鱼也会赶走海葵的敌人，还会吃掉海葵染病的部分，让它保持健康。

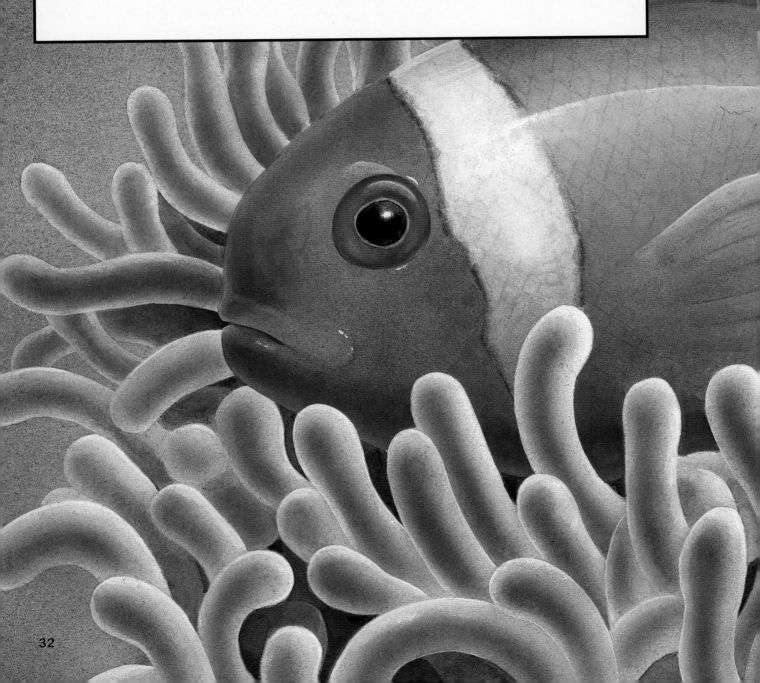

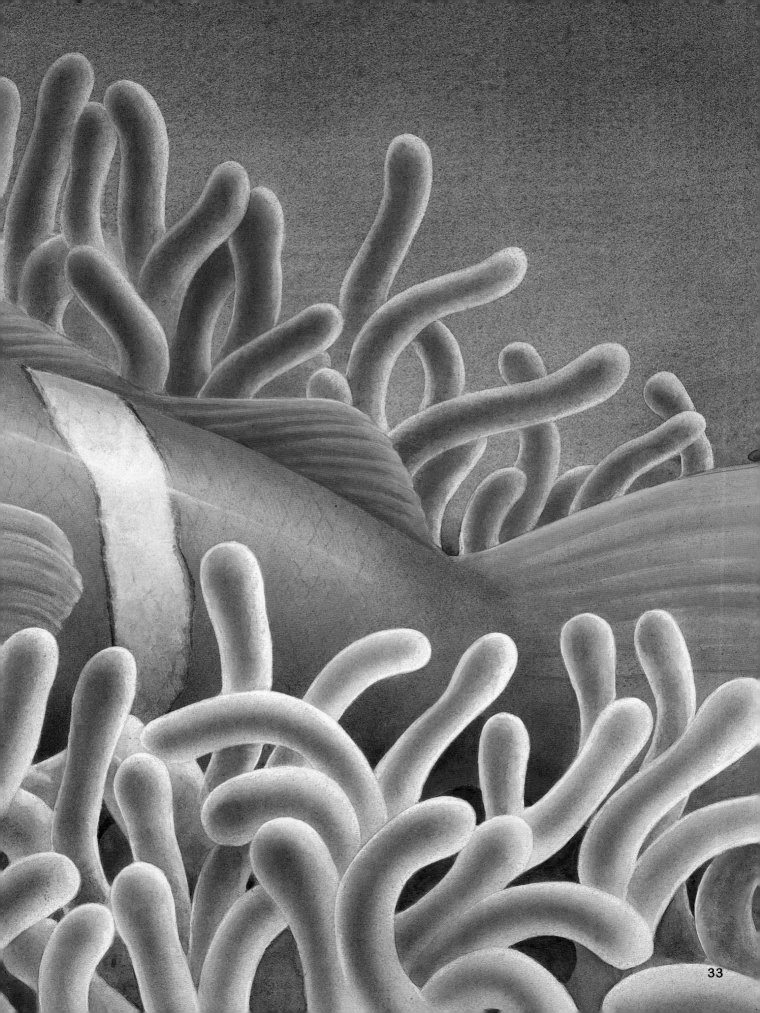

耍花招

许多动物都通过和捕食者耍花招来逃过一劫。没人教它们这么做，这是与生俱来的本事。

双胸斑沙鸟妈妈们会通过耍花招吸引捕食者的注意，来保护小鸟的安全。当捕食者在附近出现时，鸟妈妈便从巢中飞到地面，拖着一只翅膀缓慢地走，好像翅膀折断了一样。捕食者看到鸟妈妈"受伤了"，便会跟着它，因为受伤的鸟更容易被抓住。让捕食者始料未及的是，等到鸟妈妈感觉鸟巢已经安全了的时候，便会猛地展翅高飞，把捕食者远远甩在身后。

双胸斑沙鸟

猪鼻蛇

因为大多数捕食者都只愿意吃新鲜的猎物，因此猪鼻蛇躲避危险的绝招就是投其所不好——装死。当捕食者靠近时，猪鼻蛇会翻过身子，散发出一阵腐臭味，好像已经死了好几天的样子。它的舌头耷拉在外面，血从张开的嘴里滴出来，样子十分逼真。难怪捕食者会被它装死的样子所蒙蔽。

豹纹壁虎

通常情况下，鸟通过攻击蝴蝶的头部来杀死它，但是灰蝶的头部却很难找到。灰蝶的尾部有一对长长的假触须，在翅膀后面摇着，看上去好像那儿是头部。当鸟儿攻击假触须时，灰蝶就会警觉并趁机逃脱。

许多蜥蜴就像这只豹纹壁虎一样，在被捕食者抓住时，尾巴会自行断掉。趁捕食者惊讶地看着那条扭动着的断尾时，蜥蜴便赶紧逃走了。不可思议的是，蜥蜴的尾巴还会再长回来，但是不如原来的那条长，也没有原来的那条直了。

墨鱼

一般情况下，墨鱼会努力和周围的环境融为一体。当这一招失灵时，它就会往水中喷出一团浓黑的墨汁。饥饿的鲨鱼不明真相会攻击那团墨汁，以为那是就墨鱼。这时，墨鱼便飞快地溜走了。

装死

　　如果美国负鼠没能吓跑捕食者，就会采取装死的招数。它会突然身子一歪，舌头耷拉在外面，眼睛半闭着。即使捕食者拨弄它或者咬它，负鼠都一动不动。只有在它感觉安全时，才会又活动起来。

你抓不到我

　　动物们有些跑得快，有些飞得快，还有些游得快，它们就是靠自己特殊的本领来保住性命的。但是行动迅速并不是躲避危险的唯一条件，有时动物还需要以智取胜。

叉角羚

　　叉角羚能跑得又快又远。但是看到狼时它们不是只会逃跑，还会舒展开臀部长长的白毛，发出警告信号。在阳光的反射下，这大圈的白毛让其他叉角羚在很远的地方都可以看到。同时，叉角羚还能散发出强烈的气味，给附近的同伴发送危险信息。

澳洲蜜袋鼯

捕食者想要追上蜜袋鼯可不是件容易的事。澳洲蜜袋鼯能在空中从一棵树滑翔到另一棵树上，一次滑行就能穿越半个足球场的距离。蜜袋鼯的身体两侧有一层连接着手和脚的皮褶。滑行时，它会伸展开皮褶，在空中滑过，用蓬松的尾巴来掌控方向。

当赤狐被狼或者猞猁追捕时，它会努力掩藏自己的气味。它一般不跑直线，而是沿着自己的足迹来回地跑。它有时会穿过浅水，有时会在篱笆顶和石墙上跑，甚至还会在牛群、猪群和鹿群中跑。捕食者一旦嗅不到赤狐的气味，也就无法追捕它了。狐狸就这样智胜了捕食者！

赤狐

索引

动物的工作

动物"工作狂"

作者：埃塔·卡纳　　插图：帕特·史蒂芬斯

梁 绪 译

中国出版传媒股份有限公司

中国对外翻译出版有限公司

图书再版编目（CIP）数据

动物的工作：动物"工作狂"/（加）埃塔·卡纳著；（加）帕特·史蒂芬斯绘；梁 绪译.
—北京：中国对外翻译出版有限公司，2012.10
　　（我的第一套动物行为体验书）
　　ISBN 987-7-5001-3471-8

　　Ⅰ.①动… Ⅱ.①卡… ②史… ③梁… Ⅲ.①动物行为—儿童读物 Ⅳ.①Q958.12-49

中国版本图书馆CIP数据核字(2012)第218854号

（著作权合同登记：图字：01-2012-4406号）
正文 ©埃塔·卡纳　　插图 ©帕特·史蒂芬斯
经Kids Can Press Ltd.，Toronto，Ontario，Canada允许出版。

出版发行 / 中国对外翻译出版有限公司
地　　址 / 北京市西城区车公庄大街甲4号物华大厦六层
电　　话 / （010）68359827；68359101（发行部）；68353673（编辑部）
邮　　编 / 100044
传　　真 / （010）68357870
电子邮箱 / book@ctpc.com.cn
网　　址 / http://www.ctpc.com.cn

总 审 定 / 张健旭
出版策划 / 张高里
策划编辑 / 吴良柱　郭宇佳
责任编辑 / 刘景卉　郭宇佳

印　　刷 / 北京盛通印刷股份有限公司

规　　格 / 889×1194毫米 1/16
印　　张 / 27.5
版　　次 / 2012年10月第一版
印　　次 / 2012年10月第一次

ISBN 978-7-5001-3471-8　　　　　　全套定价：188.00元

目录

引言

　　如果你是一只动物，你还需要工作吗？当然需要！因为只有工作，你才能养活自己。那么，你需要做哪些工作呢？首先，你要努力去寻找食物。你可能会像蜘蛛那样，用蛛丝编织一张网；或者像獴那样，把鸟蛋扔到石头上弄碎蛋壳。除了要为食物奔波，你还需要为自己建造一个舒适的家。如果你是一只白蚁，你会用咬碎的木头盖起一座楼房那么高的蚁丘。如果你是一只金丝燕，你会用你的唾液筑巢，也就是燕窝。你还要努力吸引配偶，保护自己的孩子们。

　　在本书中，你会看到动物们是如何辛勤工作养活自己的。你还会了解到动物们巢穴的构造，看看它们用了哪些不同寻常的材料建造小窝。你知道吗，短吻鳄会用腐烂的植物给自己未出世的孩子建造巨大的育儿室，有些鱼会用气泡保护自己的卵。本书还设置了许多活动和实验，这些将有助于你理解动物是如何工作的，以及为什么要工作。通过实验，让我们体会一下像蜜蜂一样建巢，像鹭鸶一样捕鱼，像鼹鼠一样储存食物，像黑猩猩一样喝水是什么感觉。翻开本书，更多精彩的内容让我们一起开始阅读吧！

绿鹭

5

家，甜蜜的家

和你一样，动物们也有自己的家。对于动物来说，家是一个安全的港湾，在家里能安心睡觉，养育子女，储存食物。此外，家还能保护动物不受恶劣气候的危害，保护动物躲开敌人的捕猎。所以，许多动物都会努力为自己建造一个甜蜜的家。

你也许会好奇动物们是怎么知道该如何建造房屋的吧？科学家们研究指出，动物是靠本能盖房子的。比如，蜜蜂凭借本能，就能建造出令人惊叹的蜂房。不过，只有雌蜂才工作，它们被称为工蜂。

如果你是一只蜜蜂……

- 你是一只雌蜂。
- 你与成千上万个伙伴一起在蜂房里建造蜂蜡围墙。你的肚子上有一条小缝，蜂蜡从那里流出来。
- 你利用上下颌，把蜂蜡塑成六边形的小房间，每个大蜂窝里都有成百上千个这样的小房间。

蜜蜂

打造成形

　　动物们的房子形态各异。兔子和鼹鼠喜欢把房间建得又长又窄；许多鸟类则把窝做得像一个汤碗；而一些毛虫的窝像一顶帐篷。动物们会把自己的家建成最适合自己需要的形状。

半球形豪宅

　　试试用你的手掌夹住鸡蛋的两头，用力挤压鸡蛋。你会发现鸡蛋很难挤碎，对不对？这是因为鸡蛋的两头都是半球形的，这种形状是非常牢固结实的。难怪寄居蟹会给自己造一座半球形的豪宅呢。

　　当涨潮时，寄居蟹会窝在自己的家里哪也不去，因为它的"豪宅"能够保障它不至于淹死。难怪寄居蟹会不遗余力地为自己建造这样一个安全堡垒。让我们看看寄居蟹是怎样建造房屋的吧。

1. 首先，寄居蟹会在沙子里挖一个浅坑。

2. 随后它向下转一圈，把下部的沙子往上推，形成一道低矮的围墙。

3. 寄居蟹继续转动，把墙造得越来越高，最后弯曲成拱形。

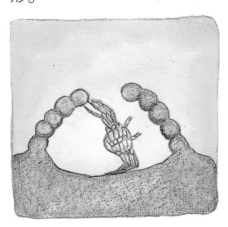

4. 最后再用一颗小沙球把房顶上的洞填好。

5. 就这样，寄居蟹不断把窝底的沙子往上推，房顶越来越厚，房子就建成了。

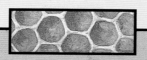

建造蜂巢

你需要：

一个小瓶盖；
纸和铅笔；
细绳；
一把尺子。

仔细观察，你会发现蜂窝里的小房间是六边形的。为什么蜜蜂不把房间做成别的形状呢？做一做下面这个实验，你就会找到答案了。

1.用瓶盖在纸上画圆圈，注意要让圆圈彼此都接触上。画好后，你看到圆圈之间的空白了吗？如果小房间都是圆形的，那么蜂巢的很多空间就浪费了。

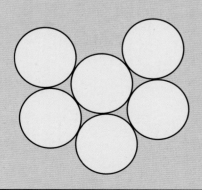

2.让我们再来看看第7页上蜂窝里的那些六边形，可以看到每条边上的墙壁都互相贴紧。这种形状十分省空间，不仅如此，蜜蜂还可以用蜂蜡一次做两个小房间呢！你想想，如果房间是圆形的，蜜蜂就要把蜂蜡用在没有互相接触的部分上，十分浪费。

3.试着量一量右边三个面积相同的图形的周长，想一想蜜蜂为什么不把房间做成三角形或是正方形。量周长的方法如下：从一个角开始，沿着线的边缘铺好细绳，直到回到原点，在细绳上做个记号；随后把细绳拉直，用尺子量一量它有多长。

4.量完了三个图形的周长之后，你会发现，六边形的周长是最短的。也就是说，建造六边形的小房间，不仅最省蜂蜡，蜜蜂也最省力。

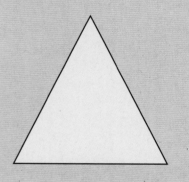

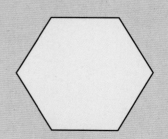

挖洞

　　有些动物通过
挖洞的方式筑巢。
它们有的在地下挖洞，
有的把洞挖到雪里甚至海底。
獾（huān）是挖洞专家。它们的爪子很有力，
比你用铲子挖洞还快呢。不过，獾挖洞还是挺费时间的。
那是因为獾的洞穴要有二十多个房间，为了把这些房间连接起来，
还要挖掘长长的隧道。獾在它大多数的房间里都用苔藓、蕨类植物和树叶铺床，这样它们就能
睡在柔软的床上，做个好梦了。

獾

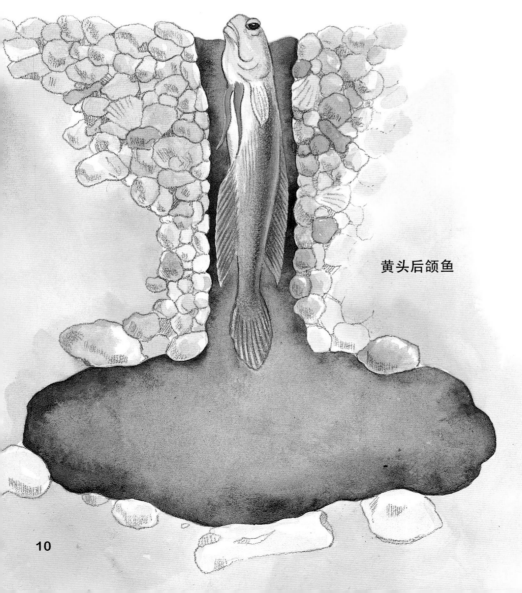

黄头后颌鱼

黄头后颌鱼是一种鱼的名字，你能从它的名字上猜到，这种鱼是用什么来挖洞的吗？是用它们大大的上下颌来挖洞的！一开始，黄头后颌鱼先把海底的泥沙掏出来，挖成一个深深的洞；然后它用贝壳和珊瑚的碎片把洞的顶部压紧，做成一条隧道。在白天，如果黄头后颌鱼想要从洞中迅速出去，就会把隧道大门打开。到了晚上，它就会用一块大石头把大门堵上，这样捕食者就进不来了。

挖一口井

后颌鱼有个绰号叫作挖井鱼，因为它们的巢穴如同人们挖的井。你会发现，无论是人类还是后颌鱼，挖洞时都会对洞沿、洞壁进行加固。让我们一起做一做下面这个实验，找出这样做的原因吧！

你需要：

一把小铲子；

一块能挖洞的空地；

约20块大砾石。

1. 在地上挖一个深和宽都为15厘米的洞。

2. 尽量让洞的边缘直上直下。你会遇到什么困难呢？

3. 试试一边用手压住土，一边把石头压入洞壁的泥土中。

你会发现，石头可以起到防止泥土下陷的作用。这和后颌鱼用贝壳和珊瑚压紧隧道是一个道理。

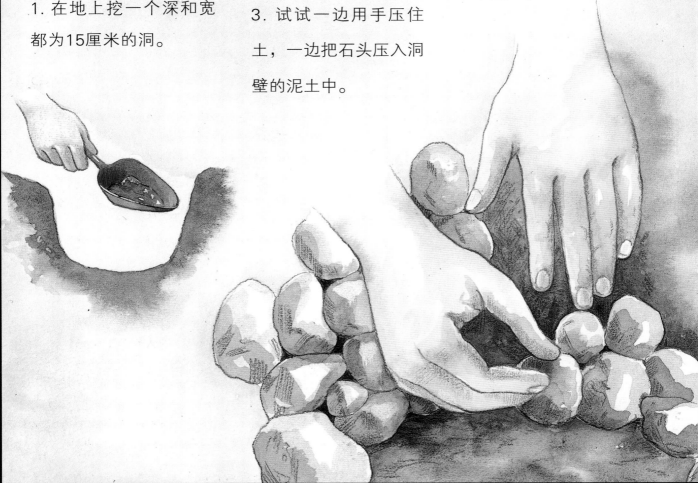

自我展示

　　动物们为了吸引配偶，可真是使出了浑身解数。通常情况下，雄性会主动出击，想方设法吸引雌性。例如雄性沙蟹会在它们的巢穴外面用沙子建一座金字塔，以便雌蟹能顺利找到它们。三棘刺鱼则会把水生植物都粘合在一起，为未来的女伴做一个隧道般的窝。还有一些鸟类，如本页上的这只雄性缎蓝亭鸟，会展示优美的舞姿来吸引雌鸟；它甚至会为自己搭建一个舞台，并用蓝色的羽毛和扣子等小东西来装饰舞台呢！

缎蓝亭鸟

如果你是一只雄性缎蓝亭鸟……

- 你会用草和小树枝搭建舞台来吸引雌性。
- 你喜欢用蓝色的物体来装饰舞台——蓝色的花朵、羽毛、蓝莓，还有你能找到的纱线和玻璃珠子。
- 你会在舞台上跳舞，并用嘴巴叼起这些装饰物，向到访的雌鸟展示。

13

歌手和舞蹈家

春天来了，鸟儿们欢快地唱起歌来。你知道吗，雄鸟唱歌是为了吸引异性，同时也警告它的竞争者离远一点。自然界用歌声吸引伴侣的可不止是鸟儿呢。你能把下面的介绍文字和对应的动物"歌手"用线连起来吗？

青蛙

食蝗鼠

座头鲸

1.我个子很小。我的歌声听起来像是唧唧的叫声。当我唱歌时，我起身用后腿站立。

2.我在水里生活。当我唱歌时，喉咙会鼓得像一只气球。有时我的歌声听起来是呱呱的声音。

3.我有一张大嘴。我的歌声听起来像汽车喇叭声。当雌性靠近时，我唱歌的速度会变得很快，这样那位"女士"就会注意到我，而不会跑到别的竞争者那里去。

4. 我在水里生活。我的歌声在几百公里外都能听见。我每次要唱上好几个小时呢。

答案见第40页

锤头果蝠

一些雄性鸟类会跳起曼妙的舞蹈来吸引伴侣。它们会辛苦地搭建舞台，然后在上面翩翩起舞。

雄性琴鸟表演前要搭建十几个舞台。它们踩着植物，挖出植物的根，弄掉上面的泥土，然后在森林里盖起圆形的舞台。舞台竣工后，舞会就正式开始啦。雄性琴鸟会把自己美丽的羽毛拢在头顶，然后一圈圈地旋转。一边跳还一边唱着动听的歌。

琴鸟

齿嘴猫鸟会在森林里找一块空地，仔细地把地面清扫干净，看起来就像是有人用一把大扫帚扫过一样！它把大树叶放在舞台上，发白的那一面朝上，舞台顿时亮了起来。当雌鸟光临时，它就把树叶叼在嘴里跳舞，不一会儿又会换另一片树叶继续舞蹈。

齿嘴猫鸟

雄性天堂鸟建造舞台时，会把舞台上方的树枝都折断，这样当它翩翩起舞时，阳光会洒在它美丽的羽毛上。它伸着脖子，飞快地点着头，前额上的六根长羽毛随之颤动，舞成一片光影。它从舞台一边跳到另一边，阳光与它美丽的身影完美地融合在一起，无论谁看到都会为它迷醉。

天堂鸟

特殊的礼物

除了展示自己的外表，雄性动物赢得伴侣芳心的另一个办法就是送它礼物。通常，礼物都是好吃的食物。例如许多雄蜘蛛都会把捉到的昆虫用蛛丝包装好，当做礼物送给雌蜘蛛。

蚊蝎蛉

有时候，偷点吃的比亲自去捕食要轻松得多。当雄性蚊蝎蛉想送吃的给雌性时，一般都会去偷东西。这个小偷会落在一只嘴里正含着食物的雄性蚊蝎蛉身旁，假扮成雌性。当那位可怜的上当者带着吃的向这位"女士"靠近时，这个小偷就会迅速夺走食物，然后逃之夭夭。

可以当做礼物送给雌性的不只是食物。生活在中美洲的巨型豆娘送给女伴的礼物竟然是一个小水坑。你或许会奇怪，雌豆娘为什么会想要一个小水坑作为礼物呢？那是因为它要把卵产在小水坑里！

巨型豆娘

找到一个小水坑并不是件容易的事，因为水坑很少。雄性之间往往会为此争斗，胜利者会把水坑据为己有。

你会不会觉得，最好的礼物是你亲手制作的礼物呢？尽管制作起来要花费相当长的时间。雄性织布鸟就是这样的精益求精——它会花上几个星期的时间，做一个小窝来吸引异性。它会用长长的草叶编织鸟窝，编织许多圆环并打上结；但它又不会把结打得太紧，因为有可能还需要把结解开呢。如果没有"女士"对它织的巢感兴趣，它就会把巢拆了，重新再做。

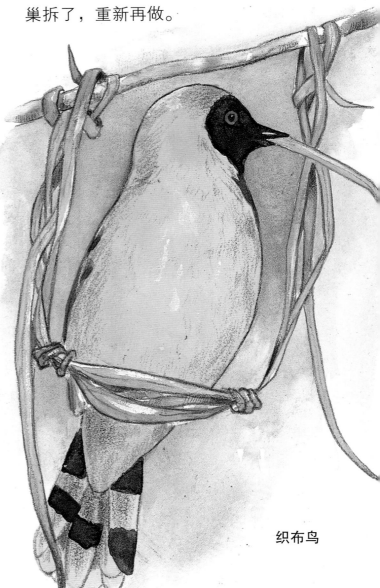

织布鸟

学习打结

你会打反手结或半结吗？你知道活结又是怎么打的吗？织布鸟在编织鸟窝时，常常会用到这三种结。人们在野营、航海、爬山、钓鱼、打包或系鞋带时也会打这几种结。你可以用手打结，而织布鸟只用它们的嘴和脚就能打出这些结，多么不可思议啊！试着按照下面几幅图来学习打结吧！

你需要：

一根绳子。

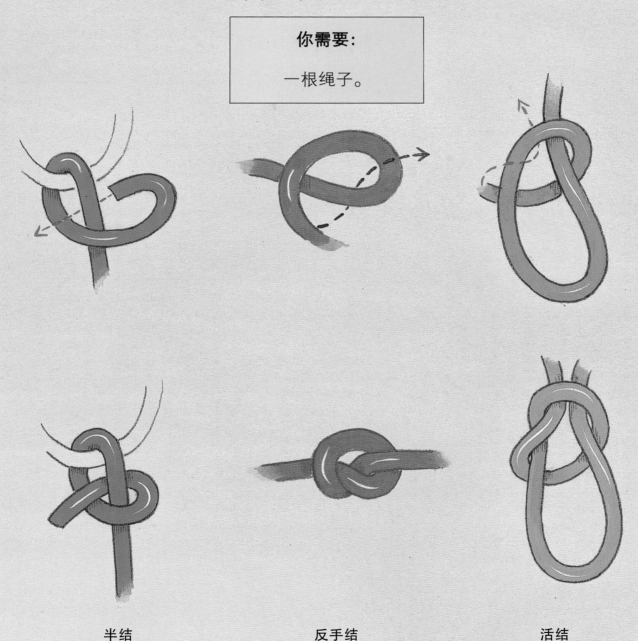

半结　　　　　　　　反手结　　　　　　　　活结

安乐窝

当动物们产卵时，它们会找一个安全的地方。在这里，
敌人无法吃掉它们，它们的卵也会安全保存。这里
既不会太热，也不会太冷；既不会太潮湿，也
不会太干燥。卵孵化后，幼崽在这里也会
得到很好的保护。动物父母们该怎么找到
这样一个安乐窝呢？比如史密斯蛙，就会
围着卵和幼崽用泥巴盖一圈墙。
还有一些动物会把卵和
幼崽随身携带来保证
它们安然无恙。

如果你是一只雌性盗蛛……

- 你会把产下的卵放在你的丝囊里，走到哪儿带到哪儿。丝囊很大，
  因此你只能踮起脚尖走路。
- 你会用上下颌来携带丝囊。
- 你用蛛丝把树叶粘在一起来做窝。当宝宝要孵化时，你就会把丝囊
  挂在窝里。

盗蛛

吹泡泡

一些动物父母会吹出肥皂泡一样的泡泡来保护孩子们。有了这些泡沫，敌人就看不见卵或幼崽了。

雄性极乐鱼在水面附近吹气泡筑巢。当这个泡泡窝完工时，雌鱼就会把卵产在水里，卵会自动漂浮到做好的窝里。如果有的卵没进去，鱼爸爸就会把卵含在自己嘴里，再把它们吐到窝里去。

灰树蛙用它们的脚来做泡泡窝。爸爸妈妈们组成一组，把窝建在高高的树上。开始时，雌蛙会分泌一种黏黏的液体。然后，所有的灰树蛙都用它们有力的后腿来踢这些黏液。伸踢动作会把空气带到黏液里，就像你用打蛋器打蛋白一样。而这个窝看起来就像是打碎的蛋白做成的大球。窝做好后，雌蛙会在窝里产卵，不久小蝌蚪就孵化出来啦。

极乐鱼

上浮的鱼卵

为什么极乐鱼的卵会漂浮到水面上去呢？如果你想知道答案，就请你把满满一勺食用油倒进一个杯子里，然后再往杯子里倒一些水。油比水轻，因此就会向上浮起来。极乐鱼的卵里都有一个小油滴，就是这个小油滴使得鱼卵浮到水面上去了。

灰树蛙

建造泡泡窝

　　下次当你在植物的茎上看到有白色的泡沫时，你可以离近一点观察。这些白沫可不是谁吐的唾沫，这或许是沫蝉幼虫的窝呢！幼虫用泡泡把自己包起来，饥饿的捕食者就无法看到它了。沫蝉幼虫把吃下去的植物汁液转化成一种特殊的液体，用来吹泡泡。它会往汁液里吹进空气，气泡就形成了。气泡能维持一个星期，甚至更长时间。你知道为什么这些气泡能维持这么久不破吗？做下面这个实验，你就会明白其中的道理啦！

你需要：

一根吸管；

半杯水；

清洁剂（如洗涤灵）。

1. 把吸管伸进半杯水里，开始吹泡泡。看看这些气泡能坚持多久不破？

2. 现在往水里挤一点清洁剂，用吸管搅拌一下。

3. 再用吸管吹泡泡。看看哪次的气泡维持的时间更长？

　　你会发现，清洁剂能让气泡维持得更"结实"，所以第二次吹出的气泡不会立即破裂。沫蝉幼虫用的液体就像是含有清洁剂的水，能让泡泡维持很久都不会破。

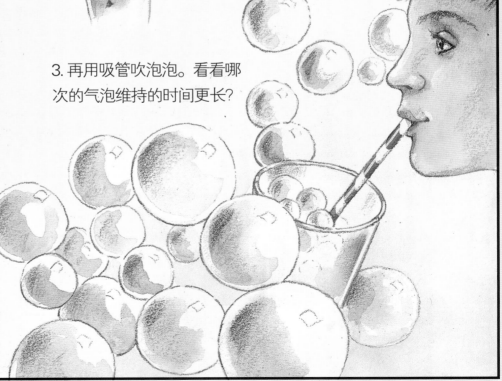

给蛋保温

　　动物们是如何孵蛋的呢？它们会给蛋保温。很多鸟妈妈们会蹲在蛋上给未出世的宝宝们保暖，但眼斑冢雉是个例外，它们会为了孵蛋而建一个肥堆。爸爸妈妈们会在地上挖一个很深的洞，在里面铺上几层树叶和沙子。随着树叶不断腐烂，这堆东西就会慢慢变热。这期间，雄性会时不时地把嘴伸进土堆里试探一下温度。大约四个月后，温度恰好合适，妈妈们就会开始产卵。之后，它们还是会不断往窝里铺树叶和沙子，眼斑冢雉爸爸们也会坚持测量温度，直到鸟蛋孵化。

　　营冢鸟也会造一个肥堆给蛋保温。爸爸们用湿树叶和土来造窝，并且每天都会来检查土堆的温度。如果土堆太热了，它就会在上面戳个洞散热；如果温度不够高，它就会不断往上添加湿树叶。

雌性眼斑冢雉

鸟类并不是唯一会用土堆来给蛋保温的动物，美洲短吻鳄也会这么做。不同的是，所有的建造工作都是由雌鳄完成的。它会先用尖牙把树枝和植物的根茎咬断，然后含在嘴里带到它建在水边的土堆里。雌鳄在土堆的最上层产卵，然后用更多的植物把卵盖起来。随着植物渐渐腐烂，土堆就会变热。有时为了加快植物腐烂的速度，它还会用尾巴往上面溅一些水。当蛋快孵化的时候，鳄鱼妈妈会守在一边听着土堆里的动静，随时准备把土堆打开，迎接出世的宝宝。

原理应用

你使用过生活垃圾处理器来打扫花园和处理剩饭吗？或许你不会相信，垃圾处理器里面的温度能达到66℃。发热的原因是有数以百万计的微小有机物和小虫子在咀嚼你扔进去的树叶和剩饭。要想让这些小生物保持活跃，只要往处理器里添点儿水，再搅拌一下就行了。

雄性眼斑冢雉

捉住它！

    当你饥肠辘辘的时候会怎么办呢？你可能会打开冰箱或食橱，在那里寻找吃的。对于动物们来说，填饱肚子可没这么容易。动物们必须亲自去捕捉猎物。一些动物会设置陷阱，在旁边耐心等候，等着猎物自投罗网；另一些动物会用鱼饵捕鱼；还有一些动物，如本页上的这条射水鱼，会用特殊的工具捕捉它们的大餐。

射水鱼

24

如果你是一条射水鱼……

- 你以吃昆虫为生。

- 你的口腔顶部长着一条细细的槽，当你用舌头抵住这条细槽时，就形成了一条"水枪管"，能把吸进的水从"水枪管"中逼射出来。

- 你会把水射向周围植物上的昆虫，并把它们击落到水里，然后你就一口将它们吞掉。

- 你在1.5米的射程内是个百发百中的神枪手。

熟能生巧

　　射水鱼不是生来就能弹无虚发的，它需要经过多次的练习才能成功。你知道这是为什么吗？原因在于以它的视角看到的昆虫所在位置，并不是昆虫真正所待的位置。让我们一起做做下面这个实验，探寻一下其中的奥秘吧！

你需要：

一根吸管；

水；

一个玻璃瓶或直壁水罐。

1. 往水罐里倒水，水量达到瓶子容量的一半即可。

2. 把吸管插到水里。

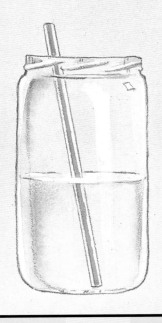

3. 蹲下来，使视角低于水平面，从下向上看着罐子里的水面。吸管是不是好像变弯了？

　　吸管好像朝着它在水面上实际位置的反方向弯折了。

　　当光线从水中射进空气中，或从空气中射进水中，就会发生弯折。这叫做光的折射。

　　光的折射使得吸管看上去变弯了。折射现象会使射水鱼难以判断昆虫到底在哪。所以它们要不断练习，才能找准位置。

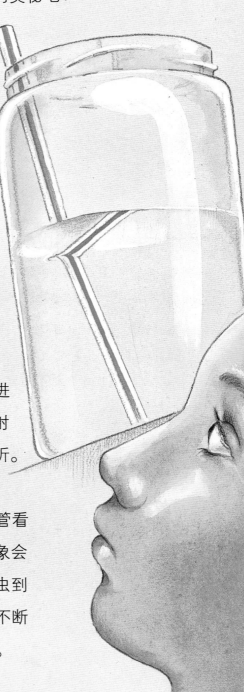

捕鱼去！

会捕鱼可不是人类的专利。动物们也是捕鱼能手呢。和我们一样，动物们也用诱饵来捕鱼。不过，它们用的鱼饵可是有些不同寻常呢！

绿鹭用羽毛、浆果或死昆虫当作诱饵。它会把鱼饵丢到水面上，当有鱼儿游过来侦查这块诱饵时，绿鹭就用它又细又长的嘴迅速把鱼儿捉住。可怜的鱼儿，幸运的绿鹭！

在食虫蝽象出发去捕食白蚁之前，要先去捕捉诱饵。奇怪的是，它的诱饵是一只死白蚁。食虫蝽象往往会在白蚁巢穴的门口捕捉诱饵。在它把这只白蚁体内的汁液吸干之后，诱饵就做好了，捕猎即将开始。食虫蝽象会叼着诱饵在蚁穴门口晃来摇去，当其他白蚁看到死去的伙伴时，会立即跑过来一探究竟——等到它们发现自己中计时，已经直接跑进了食虫蝽象的嘴巴！

绿鹭

更让你感到惊奇的是，鳄龟居然用自己的舌头当作诱饵。它通常会趴在湖底，把嘴张大，摆动着红色的舌尖。它的舌尖就像是一条美味的蠕虫，吸引着经过的鱼儿。一旦谁被这诱饵吸引，也就意味着成为了鳄龟的盘中餐。

鳄龟

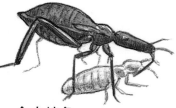

食虫蝽象

有陷阱！

一些动物会设下陷阱来捕猎。本页上五种陷阱的原材料都是丝。通过下面给出的一些提示，你能猜出它们分别是哪种动物设下的陷阱吗？

1. 流星锤蛛用脚不断挥动着一根蛛丝来捕捉飞蛾。飞蛾会被这根摇摆的蛛丝一端的黏珠困住。

2. 怪面蜘蛛用前足握住它布下的像网一样的陷阱。当有昆虫靠近时，它就把陷阱打开扔出去，套在昆虫身上。

3. 三角蜘蛛会在两根枝条之间织一个三角形的网，其中的一个角扯着一根细丝。一旦有昆虫跌进网里，三角蜘蛛就会交替拉紧和松开这根细丝，直到这只倒霉的昆虫被网缠死。

4. 石蛾的幼虫会在水下设陷阱。它的网看起来就像是个漏斗。流水会把美食冲到网里，石蛾不费吹灰之力就可以吃到它们。

5. 钱包蜘蛛住在它设下的陷阱里，它的陷阱像一条细长的丝质管子。这根管子可能放在地上，甚至可能放在树上。当有昆虫爬到管子上时，钱包蜘蛛会隔着蛛丝把它咬住，并把它拖进来吃掉。

答案见第40页

A.

B.

D.

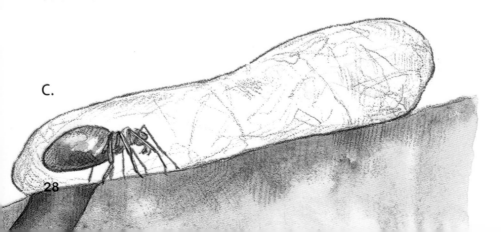

C.

28

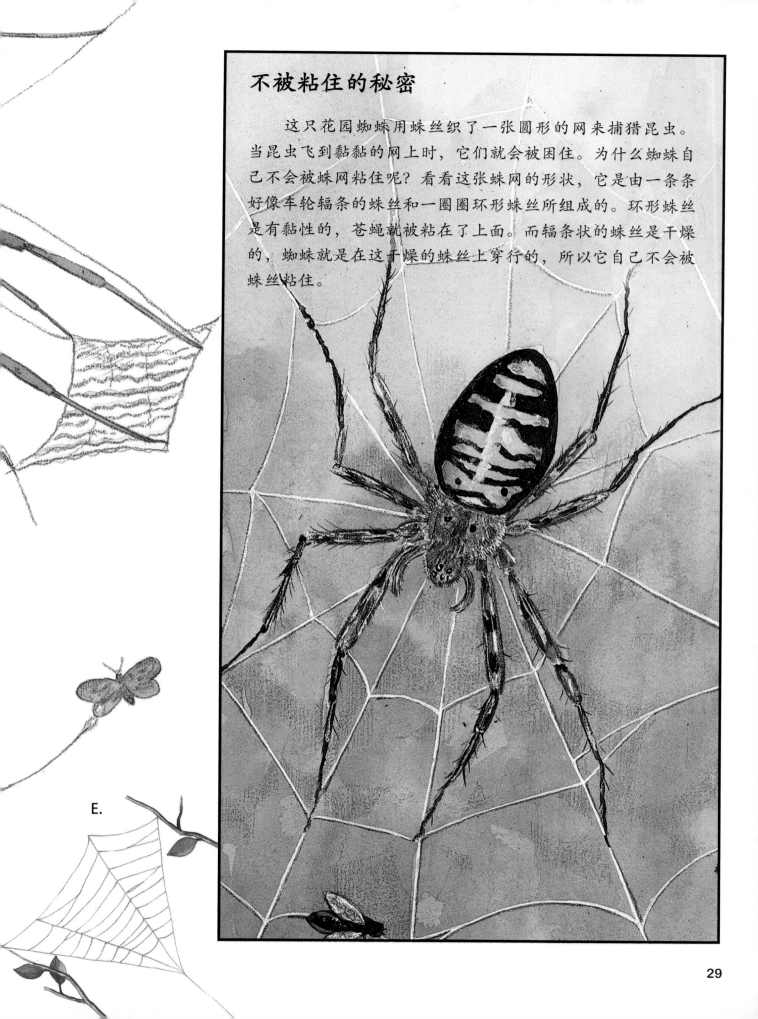

不被粘住的秘密

　　这只花园蜘蛛用蛛丝织了一张圆形的网来捕猎昆虫。当昆虫飞到黏黏的网上时，它们就会被困住。为什么蜘蛛自己不会被蛛网粘住呢？看看这张蛛网的形状，它是由一条条好像车轮辐条的蛛丝和一圈圈环形蛛丝所组成的。环形蛛丝是有黏性的，苍蝇就被粘在了上面。而辐条状的蛛丝是干燥的，蜘蛛就是在这干燥的蛛丝上穿行的，所以它自己不会被蛛丝粘住。

E.

准备开饭啦！

即使动物们找到了食物，也不一定都能吃到它。动物们还需要完成一系列的准备工作才能正式"开饭"。它们有时需要花力气把食物的硬壳打碎，有时为了找到食物必须历尽艰险，有时还需要在开饭之前先把食物洗干净呢。

如果你是一只水獭……

- 你喜欢吃蛤、螃蟹、贻贝和龙虾。
- 你会把它们放在一块扁平的石头上不断地敲打，以凿开它们的硬壳。在你仰面浮在水上时，你会把这块石头放在自己胸前。
- 当你潜入海底寻找更多食物时，你就会把这块心爱的石头夹在腋窝里。

使用工具

如果你想吃蛤或螃蟹，你可能会用小锤子或胡桃钳子打开它们坚硬的外壳。同勺子、叉子和刀子一样，这些都是简单的工具，人们每天都用这些工具准备吃的。可你知道吗，一些动物也会使用工具做餐前准备呢。黑猩猩可谓是动物中的工具专家。

黑猩猩会制作一个特殊的小木棒来吃它们最爱的白蚁。一开始，黑猩猩会用它有力的手指在蚁穴上抠出一个小洞。然后它找来一根小树枝。要是树枝太长，它还会把树枝折断；要是树枝太粗糙，它会把上面的叶子和小枝条掰下去。这根经过加工的小木棒就是它进食的"秘密武器"。黑猩猩把小木棒伸进蚁穴中，当它轻轻地把木棒抽回来时，木棒上面就爬满了白蚁。黑猩猩会用嘴舔着木棒上的白蚁，吃上一顿美味大餐。

虽然有点奇怪，但这是真的

蚂蚁是如何把浆果汁运回蚁穴的呢？它们会把木块、树叶或泥巴放到果汁里，让它们吸收果汁。然后蚂蚁们就扛着这些"海绵"回家了。

黑猩猩

吸水工具

　　当一只口干舌燥的黑猩猩找水喝的时候，它可能会在树杈间的凹处找到一个小水池。但是它该如何喝到水呢？聪明的黑猩猩想出了办法。首先，黑猩猩会掰下一根树枝，把上面的叶子嚼碎；然后它把这些碎叶放进水里，树叶会像海绵一样吸水。黑猩猩吸吮着这些吸了水的树叶，立刻就神清气爽了。为什么黑猩猩要把树叶嚼碎再放到水里去呢？要想知道原因，做一做下面的实验吧。

你需要：

一个盛水的大容器；

2只一样的玻璃杯；

6片大树叶；

一块海绵。

1. 把3片树叶泡到水中，保持30秒。

2. 把树叶拿出来，让上面大部分的水自然流掉。

3. 把这3片树叶里的水挤到一个玻璃杯里。

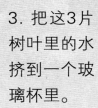

4. 用手把另外3片树叶搓揉一下，把它们握成一个松散的小球，泡在水里，保持30秒。

5. 把叶子球里的水挤到另一个杯子里。

　　现在，请你观察一下，哪一组叶子吸收了更多的水呢？是第二组。

　　当你搓揉树叶时，你就制造了许多个小气囊。水就会进入到这些气囊里，吸收的水自然就更多了。

　　你还可以把海绵放到水里，看看发生了什么。你会发现，如果你挤压海绵，流进小气囊里的水就会把气泡赶出来。

终于吃上了！

为了吃顿饭，你是否需要和这些动物一样大费周章呢？

当乌鸦想吃贝壳类动物或是鸟蛋时，它们会把贝壳或鸟蛋从空中扔到岩石表面上，弄破贝壳或蛋壳，才能进食。

当豹猫捉住了一只鸟，它要先拔光鸟的羽毛才能吃。每次当它嘴里装满了羽毛时，就会左右来回摇头把羽毛从嘴里甩出去。

切叶蚁自己栽种蘑菇当食物。它们把树叶切成小片，加点肥料，等着蘑菇长出来。等蘑菇成熟时，切叶蚁就把蘑菇小球切下来吃掉。

清洁鱼以吃大鱼脸上的寄生虫为食。一条清洁鱼每小时可以给50条大鱼做"面部清洁"。工作量真不小！

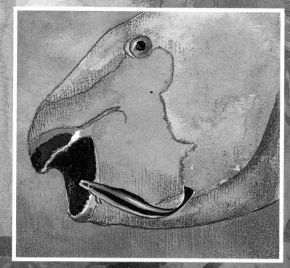

刺豚鼠只吃去了皮的植物根部。当它发现食物时，会把根握在爪子里，用大大的门牙剥去皮，直到完全弄干净了才吃到肚子里。

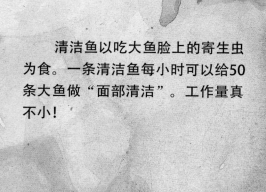

为了弄碎蛋壳，斑臭鼬会用后腿把鸟蛋往硬石头上踢。

留着饿的时候吃

你会把吃不完的食物留到饿的时候再吃，动物们也同样如此，它们也会把吃不完的食物储存起来，一些动物还会为自己储藏过冬的粮食。动物们把食物存放在各种地方：树上、地洞里、隧道里、栅栏柱甚至墙后面。这可没你想的简单。动物们先要建造一个仓库，然后要花很多时间和精力去收集食物存放在仓库里。

如果你是一只雄性鼠兔……

- 你与兔子和野兔很像。
- 你在夏季和秋季收集过冬吃的长草。你要离家跑到很远的地方去收集食物。
- 你会把草堆成堆，然后晾干。
- 你会在草堆周围建一圈石墙，用来保护草不被风吹走。

储藏食物的动物

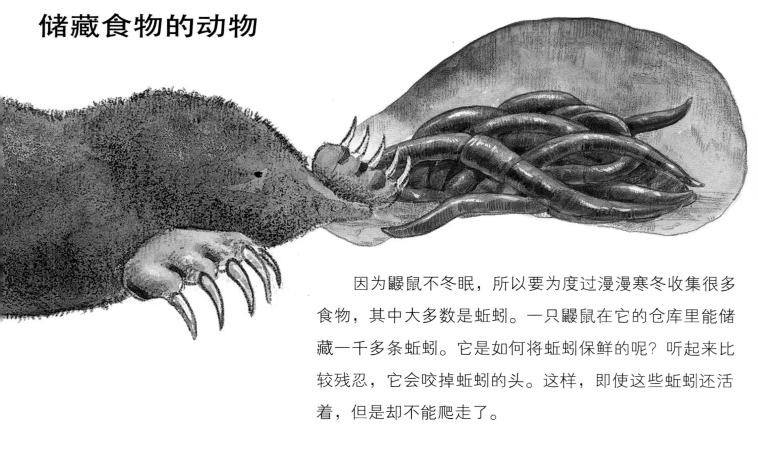

因为鼹鼠不冬眠，所以要为度过漫漫寒冬收集很多食物，其中大多数是蚯蚓。一只鼹鼠在它的仓库里能储藏一千多条蚯蚓。它是如何将蚯蚓保鲜的呢？听起来比较残忍，它会咬掉蚯蚓的头。这样，即使这些蚯蚓还活着，但是却不能爬走了。

橡树啄木鸟们聚在一起，为冬天收集并储存橡子。它们会在一棵死树甚至栅栏柱上啄出上千个小洞，往每个洞里塞一颗橡子。当冬天缺少食物的时候，它们就飞到食品贮藏室，取出橡子吃掉。

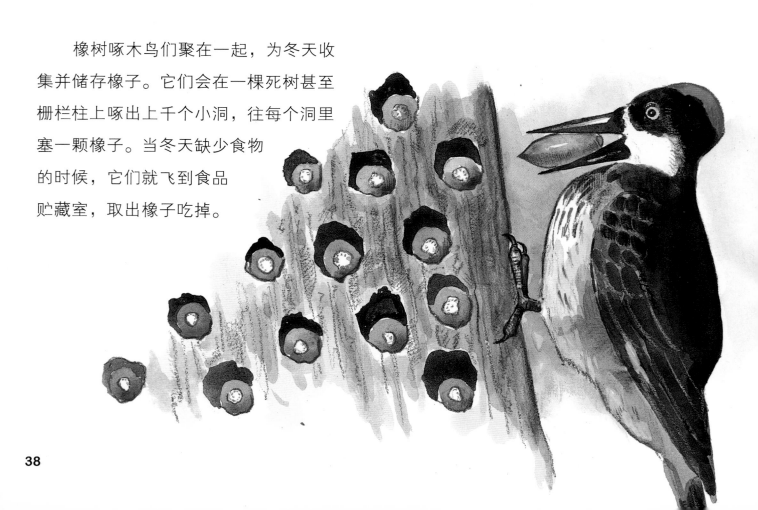

当猎豹杀死一只像羚羊似的体型较大的动物后，即使不能一次全吃完，也不能把吃剩的肉留在地上。因为许多动物会不请自到，把剩肉吃光。因此，尽管费力，猎豹也会把猎物拖到树上去。在树上，猎豹可以慢慢享用自己的猎物。如果吃不完，它还能放心地留下食物，一点都不用担心不速之客的到来。毕竟，谁会为了吃顿饭，爬到那么高的树上去呢？

美洲红松鼠会储藏蘑菇过冬。它们会先把蘑菇挂在树枝上晾干，因为蘑菇晾干后就不会腐烂了；然后将蘑菇储存在树桩里。到了冬天，美洲红松鼠就会以干蘑菇为食。

虽然有点奇怪，但这是真的！

一些蜜蚁会在肚子里储存没吃完的花蜜。它们的肚子撑得很大，像个罐子一样。因此，它们也叫作饱食者。当其他蜜蚁饿了的时候，只要摩擦一下饱食者的肚子，饱食者就会流出花蜜给同伴吃。

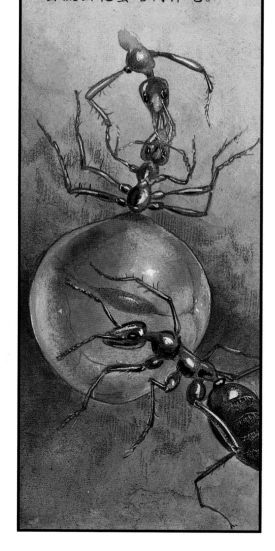

索引

动物的迁徙

动物的迁徙百态

作者：埃塔·卡纳　　插图：帕特·史蒂芬斯

梁绪　董盎　译

中国出版传媒股份有限公司

中国对外翻译出版有限公司

图书再版编目（CIP）数据

动物的迁徙：动物的迁徙百态/（加）埃塔·卡纳著；（加）帕特·史蒂芬斯绘；梁 绪，董 盎译.
—北京：中国对外翻译出版有限公司，2012.10
　　（我的第一套动物行为体验书）
　　ISBN 987-7-5001-3471-8

　　Ⅰ.①动… Ⅱ.①卡… ②史… ③梁… ④董… Ⅲ.①动物行为—儿童读物 Ⅳ.①Q958.12-49

中国版本图书馆CIP数据核字(2012)第218852号

（著作权合同登记：图字：01-2012-4407号）
正文 ©埃塔·卡纳　　插图 ©帕特·史蒂芬斯
经Kids Can Press Ltd., Toronto, Ontario, Canada允许出版。

出版发行 / 中国对外翻译出版有限公司
地　　址 / 北京市西城区车公庄大街甲4号物华大厦六层
电　　话 / （010）68359827；68359101 （发行部）；68353673 （编辑部）
邮　　编 / 100044
传　　真 / （010）68357870
电子邮箱 / book@ctpc.com.cn
网　　址 / http://www.ctpc.com.cn

总 审 定 / 张健旭
出版策划 / 张高里
策划编辑 / 吴良柱 郭宇佳
责任编辑 / 刘景卉 郭宇佳

印　　刷 / 北京盛通印刷股份有限公司

规　　格 / 889×1194毫米 1/16
印　　张 / 27.5
版　　次 / 2012年10月第一版
印　　次 / 2012年10月第一次

ISBN 978-7-5001-3471-8　　　　　　　全套定价：188.00元

目录

引言

　　你跟着爸爸妈妈搬过家吗？如果你是一只动物，并从一个地方搬到另一个地方，这种运动就叫做迁徙。动物们为什么要迁徙呢？答案有所不同：有时它们会迁徙到一个有丰富食物可以供自己和孩子们享用的地方；有时它们会通过迁徙来建立自己的领地并进行交配；有时它们会根据自己的需要，迁徙到更暖和或更凉爽的地方。

　　动物们的迁徙方式各种各样。它们可能短途迁移或是长途跋涉，可能会成群结队或是独自上路，可能会在黑夜中前行或是在白天踏上旅途。科学家们曾认为动物只有在季节变化的时候才会迁徙。有些动物确实如此，比如灰鲸。但是许多动物，像海蛾鱼，每天都在迁徙。科学家还认为那些迁徙的动物总是会回到它们的家里。但是有些动物，像行军蚁和蝗虫，就从来没有停止过旅行！

　　在这本书里，你将会了解到关于动物迁徙的所有知识。你会发现青蛙和蝾螈搬到池塘没几个月，池塘就消失了！你还会看到鹰和隼在迁徙时是如何搭顺风车的。你知道动物们是怎么找到它们专属的迁徙路线的吗？你想知道它们要去往何处吗？一起来读读这本书，探究一下动物的迁徙世界吧！

红尾鹰

哺乳动物

　　狐狸、鲸和斑马有何共同之处？答案很简单，它们都是迁徙类哺乳动物。但是它们各自以不同的方式进行迁徙，或来回往返，或朝一个方向，或沿环形路线迁徙。它们可能独自迁徙，像狐狸；或是组成小群体结伴进行，像灰鲸；还有一些，像斑马、挪威旅鼠，则是与成千上万的同伴大规模集体迁徙。

如果你是一只挪威旅鼠……

- 你会在山顶附近生活。
- 你会为了食物短途迁移，比如在长着地衣的干地和长着柳树的湿地之间来回搬家。
- 当你生活的地方变得过度拥挤并且没有足够的食物时，你们会远距离地迁徙到另外一个山顶。
- 你会和成千上万的同伴们冲到下面的山谷。
- 如果距离短，你们会跳入河里游过去。如果能够在游泳时幸免于难，你们将会继续前进爬上另外一座山，寻找你们的新家。

随雨而来

如果要下大雨了，你可能会找个地方避雨。而牛羚、斑马和汤氏瞪羚却正好相反，它们成群结队地冲向雨中，因为它们知道哪里有雨，哪里就会有肥美的鲜草。

汤氏瞪羚

这些动物生活在东非的塞伦盖蒂国家公园。那是一片一望无际的平原，没有一棵树，在一年中的不同时节，绿草的茂盛程度是不一样的。平原的东南部从十二月到次年三月都是雨季，绿草旺盛地生长着。但是到了六月，绿草已经被150万只牛羚、斑马和小羚羊吃光了。而且，这时不是雨季，不会再有新草长出来。动物们迁徙的时候到了。

它们成群地向西奔跑，然后再向北奔向有水和草的地方。它们到达水量充盈的马拉河，肥美的鲜草就在对岸散发出诱人的味道，而想吃到美味佳肴的唯一办法就是直接扎进河里游过去。

但是许多动物做不到。弱小的动物或被兽群撞倒，或被卷入河流，或被鳄鱼吃掉。那些能够成功横渡马拉河的会穿过北部平原，跟着雨水和新草渐渐向南移动。到十二月，它们已经迁徙了一整圈，而几个月后又将沿着相同的路线再次出发。

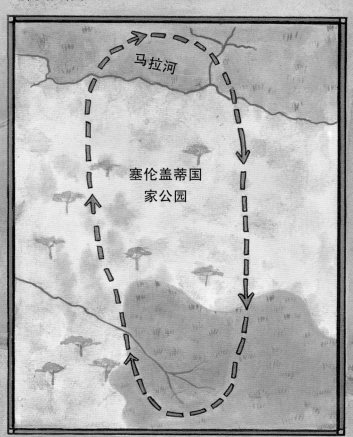

迁徙路线图

马拉河

塞伦盖蒂国
家公园

牛羚和斑马

灰鲸

　　想象一下，如果我们三四个月没吃东西会怎样？肯定早就撑不住了，但灰鲸就可以。为了喂养自己的孩子，灰鲸会从北极迁徙到更温暖的水域，在这期间它们一直饿着肚子。那么，它们这么长时间不吃东西是怎么生存下来的呢？答案是，它们消耗鲸脂来取代食物，获取能量。

　　在夏季，灰鲸在迁徙之前会吃很多东西，长出一层厚厚的油脂。它们会让肚子填满成吨的磷虾，吃得饱饱的。十月初，当白天变短，北极的水变凉时，鲸便开始它们9600公里的南行之旅了。怀孕的母鲸会独自上路或是三两成行，而其他鲸则会以12只左右为一组，团队行进。

　　鲸需要花两个月的时间到达墨西哥，在此期间它们几乎不吃任何东西；甚至在到达目的地产下幼鲸后，母鲸也吃得很少。当它们用母乳喂养幼鲸时仍然是依靠身上的脂肪。

　　在温暖的水域里，灰鲸会用几个月的时间进行交配、生产以及哺育幼崽，之后它们会再次上路回到北方。这时，由于成年鲸的脂肪已经耗尽了，因此在这次旅途中，它们和孩子们都会沿途捕食以获取能量。

灰鲸

迁徙路线图

北冰洋

加拿大

美国

墨西哥

神奇的鲸脂

　　鲸体内的鲸脂所能提供的不仅仅是能量。由于它们没有厚厚的羽毛，所以需要有脂肪来保持体温。为了更清楚地了解鲸脂的魔力，我们来做个实验吧！

你需要：

室温下25毫升的植物起酥油；

2个塑料保鲜袋；

同样室温下的两支温度计；

一台冰箱。

1.将起酥油放入一个保鲜袋的底部，并且把它捏成一个小球。

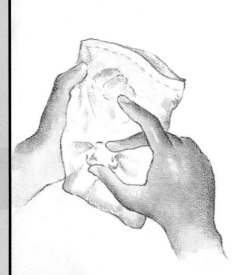

2.把一支温度计的底端插入这个小球的中央。

3.把另一支温度计放入空的保鲜袋里。

4.把两支温度计放入冰箱冷藏室里15分钟，然后把它们拿出来并且比较一下温度。你发现什么了吗？

　　你会发现，插在起酥油里的温度计显示的温度更高，这是因为起酥油起到了绝热体的作用，能减缓热量的损耗。鲸脂的神奇之处就在于此——它能使鲸鱼在北极的冰水里保持身体的温度。

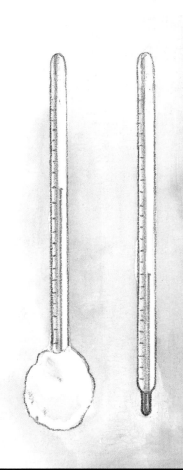

离开父母

你什么时候会离开父母开始独自生活呢？19岁？21岁？25岁？要知道，许多哺乳动物在只有几个月大时就从父母家搬出来，建立属于自己的家了。

土拨鼠在只有三个月大的时候就会离开家。一开始，它会在父母的领地内挖一个地洞。这时，即使小土拨鼠已经独自生活了，土拨鼠妈妈也会时刻照看着它的孩子。当捕食者临近，它就用尖锐的哨声提醒孩子。再过一段时间，小土拨鼠会再次搬家，这次就轮到它们建立自己的领地，开始真正的独立生活了。

小赤狐在早春出生，然后在秋天离开家。雄性小赤狐会首先离开，以避免与父亲

土拨鼠

的争斗。雌性留下的时间稍长一些，但终有一天也会离开父母的怀抱。为了寻找一个未被其他同类占领的领地，狐狸可能要迁徙长达500公里。当它们找到一块领地时，就会在岩石上、树上或雪坡上撒尿来标记边界，宣告这是属于它们的新领地。

小赤狐

小獾也会在秋天时从父母家搬出去。当小母獾离开妈妈时，它们往往还是继续生活在出生的那片领地；然而小公獾则会离开原来的家，去寻找配偶，并建立自己的领地。

对于小獾来说，挖一个新的洞穴是一项大工程。它们刨开泥土，挖出一条长沟，然后收集草和树枝来铺床，甚至还会挖一个远离洞穴的浅坑来作厕所！

小黑熊大约两岁的时候，就会被迫离开自己的妈妈。因为黑熊妈妈在准备好再次交配、成立新的家庭时，就变得易怒，甚至会打小黑熊，这便是小黑熊该离开的信号了。每只小黑熊都是独自迁徙，去建立属于自己的领地。

獾

鸟类

当你阅读这本书的时候，也许世界上某个地方的某种鸟类正在迁徙。鸟儿们有的短途旅行，有的长途跋涉；有的白天行进，有的黑夜迁徙；有的飞过陆地，有的越过水面；有的迁徙不过花三周的时间，有的则历时超过三个月。但不管怎样，它们都是为了同一个目的——为自己或幼崽寻找食物。如果它们生活的地方有足够的食物，或许就不需要迁徙了。

如果你是一只北极燕鸥……

- 你身长约30厘米，体重约为两个小苹果的重量。

- 你会与一大群燕鸥过着群居生活。在开始迁徙之前，热闹嘈杂的鸟群会突然安静下来，然后整个鸟群一起振翅起飞。

- 你将从北极飞越35000公里到达南极，然后再返回北极，你是长距离迁徙的世界冠军。

- 你在旅程沿途会吃小鱼、虾或昆虫来保持体力。

准备出发

试想一下，不知停歇地用五天时间飞越大洋会是怎样一个壮举！太平洋金斑鸻就是这样的英雄，但它可没坐飞机，而是靠自己的翅膀飞行的。很多鸟类在迁徙时会飞越令人难以置信的距离。它们是怎么做到的呢？这首先得益于它们在迁徙前所做的许多准备工作，就像你去旅行之前要先收拾好行李箱一样。

迁徙前的2~3周，鸟儿们会吃大量食物，其中大多数转变为脂肪储存起来。它们身上的脂肪就像汽车燃料一般，在迁徙期间能为鸟儿提供能量。鸟儿迁徙路程越远，所需脂肪就越多。有些鸟类，比如黑顶白颊林莺，要一路从新英格兰飞到南美，出发前几乎要增加一倍的体重。

鸟儿们也会通过改变食谱来增加脂肪。鸟一般以昆虫为食，但因为水果比昆虫更容易转化为脂肪，所以画眉鸟在迁徙前就会改吃浆果和其他水果。

鸟类要进行迁徙不仅需要脂肪，还需要肌肉。它们的胸肌在迁徙之前会变得更加强壮，这些肌肉帮助鸟儿把脂肪转化为能量，也能为它们扇动翅膀提供动力。

除了塑造形体，做好身体上的准备之外，许多不习惯群居的鸟儿这时也会聚集成群。通过加入鸟群，单个的鸟能够更容易察觉和躲避捕食者的威胁。同时，它们也能依靠同伴来找到正确的方向和食物。

黑顶白颊林莺

太平洋金斑鸻（héng）

并非一帆风顺

迁徙可能也会危机四伏。鸟儿们有时要迎着强风飞行，有时会突然飞入由暴风雪带来的冷空气中，有时又可能会被高塔上的灯光所迷惑，误飞到建筑物里去。

画眉鸟

搭顺风车

有些鸟类，像隼、鹰、鹈鹕还有鹳，它们迁徙的时候只需很少的能量。因为它们不用持续地拍动翅膀，而是平展翅膀和尾翼，依靠暖气流这种上升气流来助自己一臂之力。科学家们将这种飞行方式称为翱翔。

暖气流是晴天时从地面或水面上升起的一股暖空气。一股暖气流能够升至近千米的空中，翱翔的鸟儿便能够借其力量扶摇直上。当暖气流冷却下来并停止上升时，鸟儿只需稍稍扇动一下它们的翅膀，就可以快速移入下一个暖气流。通过这种方式，鸟儿一天便能飞越几百公里，而只损耗很少的能量。

斯温氏鹰

因为暖气流在陆地上空更容易形成，所以翱翔的鸟儿会尽量在陆地上空进行迁徙。比如斯温氏鹰从北美洲迁徙到南美洲时，它们会沿着连接两个大洲的狭长陆地飞行；鹰和鹳从欧洲迁徙到非洲，会绕路从小国以色列的上空飞过，而不是直接越过水面。

白鹳

迁徙路线图

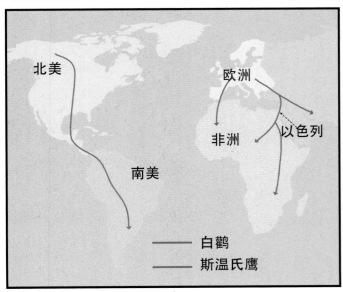

北美
欧洲
非洲
以色列
南美

—— 白鹳
—— 斯温氏鹰

上升的空气

我们看不到空气，怎么能知道暖空气是如何上升的呢？我们不妨做个实验来证明一下吧！

你需要：

2根直的大头针；

2个装纸杯蛋糕的纸杯；

1根塑料吸管；

1根约30厘米长的线；

1个点亮的灯泡。

1.将两根大头针分别从两个纸杯的中央穿过去，直到其顶部被固定。

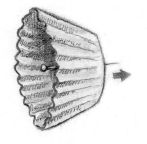

2.将两根大头针分别插入距吸管两端1厘米的位置，使纸杯随意悬挂在两侧。

3.把纸杯的边缘向外展开一点。

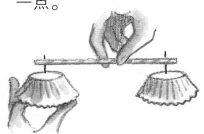

4.把线的一端系在吸管中间的位置。

5.手提线的另一端，然后顺着吸管轻轻地调整线的位置，直到纸杯平衡。

6.在大人的帮助下，提着线让其中一个纸杯位于电灯泡上方大约10厘米处。这时会产生什么现象呢？

你会发现，在电灯泡上方的纸杯会被向上推起。这是因为，电灯泡上方的空气被加热了。暖空气要比冷空气轻，位于电灯泡上方的空气就会上升，而上升的暖空气就像暖气流一样，足够强劲到能将纸杯向上推起。同理，暖气流也足够强大到让鹰和鹳这样的大鸟不用拍动自己的翅膀便能在空中翱翔。

寻找路线

路标

就像你通过识别特定的建筑物就能知道去朋友家的路一样，一些鸟类沿着特定的河流、海岸线，或是山脉就能找到自己迁徙的路线，鸭子和大雁尤其如此。幼鸟们在与长辈迁徙时会记住沿途的路标，这样当它们拥有自己的家庭时，便能沿着相同的路线迁徙了。

太阳

在白天迁徙的鸟儿，像画眉、乌鸦和冠蓝鸦等，有时会利用太阳来帮助自己寻路。比如：如果是向南飞行，它们就会让太阳上午时在自己的左边，下午时在自己的右边。而在晚上迁徙的鸟儿，则在出发前依靠落日来帮助自己找到正确的方向。

乌鸦

磁场

地球就像一个巨大的磁铁，在它的周围有着神奇的磁力。磁场在靠近北极和南极的地方最强。科学家们认为许多鸟类在迁徙时，会利用磁力来帮助自己找到正确的方向。鸟儿越靠近两极，能感受到的磁力就越大。当阴云密布时，鸟儿们就可以利用这个线索来判断方向。

星辰

像靛蓝鹀这样在晚上迁徙的鸟，有时会依靠各种各样的星星，包括北极星，来引导自己找到迁徙的路线。

昆虫

不是只有哺乳动物和鸟类才会迁徙，昆虫也会。为了寻找食物以及产卵的地方，大多数昆虫会朝着同一个方向迁徙。拥有几个月生命的昆虫能够迁徙成百上千公里的距离；而只有几天或几周生命的昆虫，像蚜虫，迁徙的距离则近多了。像行军蚁之类的昆虫在迁徙时是成群结队地爬行，而像绿纹蜻蜓之类的昆虫则靠飞行迁徙。

如果你是一只
有迁徙习性的蜻蜓……

- 你会是一只身体强壮、速度很快的飞行者。

- 在天气变得很冷之前，你会向南迁徙。

- 当天气开始变暖之时，你会回到北方产卵。

- 你会沿着河流、海岸线或山脉飞行，找到去自己新家的路。

- 在迁徙途中，你会把苍蝇、蚊子当作自己的美味佳肴。

- 你既可能像常见的绿纹蜻蜓一样长途迁徙，也可能像赤蜻蜓一样做短途迁徙。

单向旅程

试着想象一下：当你感觉饿了，打开冰箱发现里面是空的；你再打开厨房的橱柜，发现里面竟然也是空的。这时你是去商店购买食物，还是搬家呢？如果你是一只迁徙性昆虫，你恐怕就会选择后者，而且每次食物吃光了你都会这么做。

蚜虫在它们短暂的生命里也许只能做一次这样的旅行。它们通过吸吮植物里的汁液来果腹。当一株植物上的蚜虫太多时，有些蚜虫就不得不去开辟另一片领地。它们向上飞到刚好高于树梢的空中，然后乘风前行。一旦看到一个不错的进食点，它们就飞下去驻足。当然，它们在空中花的时间越少越好，因为它们可不想成为饿鸟的一顿美餐。

蝗虫也通过空中迁徙来寻找食物。有些被称为独居蝗虫的，是在夜晚独自迁徙；而其他被称为群居蝗虫的，则是在白天集体行动。

惊人的是，独居蝗虫和群居蝗虫一开始并无两样。它们之后会变成哪一种蝗虫完全取决于幼虫在成长时拥有多少食物。它们如果拥有足够多的食物不需要远距离迁徙，就会成为独居蝗虫；如果没有多少食物而需要长途迁徙去寻找更多吃的，就会成为群居蝗虫。

蚜虫

蝗虫

行军蚁会在晚上进行地面行军。为了寻找食物，数以百万计的蚁群排成又长又宽的队伍前进。一路上，它们会吃掉路上遇到的一切能吃的东西——小虫子、狼蛛、蜥蜴、蛇，甚至鸟！

行军蚁

蝴蝶与飞蛾

你也许听说过蝴蝶和飞蛾在秋天飞到南方，冬天又飞回北方。但是你知道吗，飞回北方的这些蝴蝶和飞蛾可不一定是起初飞往南方的那些了，它们有可能是第一批移民的子女和孙辈。这种迁徙被称为"再迁徙"。

最有名的进行再迁徙的蝴蝶是黑脉金斑蝶。秋天，当夜晚变得更长更冷时，黑脉金斑蝶便开始从北美向南迁徙至墨西哥。在墨西哥度过冬天后，它们又开始向北迁徙。一路上，它们产卵并相继死去，而它们的孩子则会在七八月份飞回北美。依此循环，周而复始。

小苎麻赤蛱蝶，也是进行再迁徙的典型，但是飞回北方的是它们的孙辈而不是成年的蝴蝶。

迁徙飞蛾的入侵

在2000年悉尼奥运会期间，数百万正在迁徙途中的博贡蛾大军入侵了一个体育场。科学家认为这令人恐慌的灰褐色的飞蛾是被体育场明亮的灯光迷惑了。这些飞蛾在迁徙时是依靠月光来导航的，它们可能将灯光误认为是月光了。

小苎麻赤蛱蝶

太阳指南针

蝴蝶和其他昆虫在迁徙时是怎么判断出正确的方向的呢？答案是：它们凭太阳的位置及自身的时间感来带路！下面，我们就一起动手做个实验，来弄清楚它们到底是怎样做到的吧！

你需要：

1块手表或1个钟表；

1个指南针；

1张纸；

1支铅笔。

1.请在一个晴天的上午9点左右走到室外，站在一个空旷的地方，能够清楚地看见太阳在空中的位置。

2.用指南针判断出南方，然后面朝南方站好。观察一下，太阳此刻在哪儿呢？是在你的左边还是右边？

3.上午10点、11点和下午13点、14点、15点时，分别重复以上事情，并记录下每次太阳的位置，看看它什么时候在你左边？又是什么时候在你右边？

科学家们认为，当蝴蝶和其他昆虫向南迁徙时，它们会使太阳上午时在自己的左边，下午时在自己的右边；向北迁徙时则相反。那么，当太阳在天空中移动时，蝴蝶和昆虫们又是怎么知道该随着太阳的变化而改变自己身体的角度的呢？科学家们目前仍在想办法弄清楚这一问题，但现在他们能肯定的是动物是有时间感的；而有了时间感，它们就能借助太阳的位置来找到正确的方向。

海洋生物

你知道吗，许多动物会利用海洋进行迁徙，比如鱼、蟹、寄生虫，甚至某些浮游生物。有些动物，像蜘蛛蟹，只有当它们要进行繁殖的时候才会迁徙；有些动物，像浮游生物，是为了寻找新的食物而进行迁徙。大多数鱼类进行迁徙的原因是二者兼有。对于有些动物，如图中的这只红鲑鱼，迁徙对于它来说，将是一次漫长的冒险旅程。

如果你是一条鲑鱼……

- 一开始，你会生活在河里，吃蠕虫和昆虫长大。

- 当你长到约10厘米长时，你会开始第一次海洋旅行。

- 你会在海洋中生活4~8年，期间你会为了食物而转移阵地，并逐渐成熟。

- 为了交配和排卵，你会做生命中最后一次迁徙。这种逆流而上的旅途充满了艰难险阻，比如岩石的阻隔、瀑布的冲击、渔夫和饥饿的熊的猎捕，一路上危机四伏。这次生死之旅虽然是险象环生，但丝毫挡不住你回归出生之地的脚步。

鱼类的迁徙

就像一股强风能在街上推着你顺风走一样，水流也能推动海洋里的鱼顺水而游，这对于长途迁徙的鱼来说可是大有帮助呢。

幼小的欧洲鳗鱼看上去好像卷起来的树叶。它们要从位于加勒比海地区的马尾藻海一路迁徙到欧洲的湖泊和河流。幸运的是，水流能帮助它们横渡大西洋。但即便如此，它们仍然需要3年的时间才能抵达目的地！

欧洲鳗鱼会在淡水里生活6~20年，等到长大成熟之后再回到大海。在迁徙的路上，它们经常需要像蛇一般扭动身体穿过湿滑的草地，厚厚的皮肤和狭窄的腮孔能够防止它们的身体变干。

虽然蓝鳍金枪鱼比欧洲鳗鱼幼鱼要大得多——大约有两个浴缸那么长，但是它们也会为了寻找食物而借助大西洋的水流进行迁徙。当它们夏天向北迁徙、秋天向南迁徙时，会随着水流游动，以此节省不少体力。

欧洲鳗鱼迁徙路线图

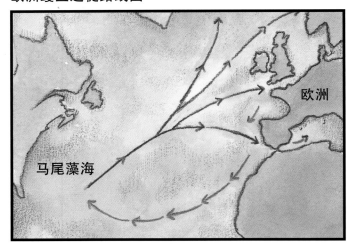

马尾藻海　欧洲

欧洲鳗鱼

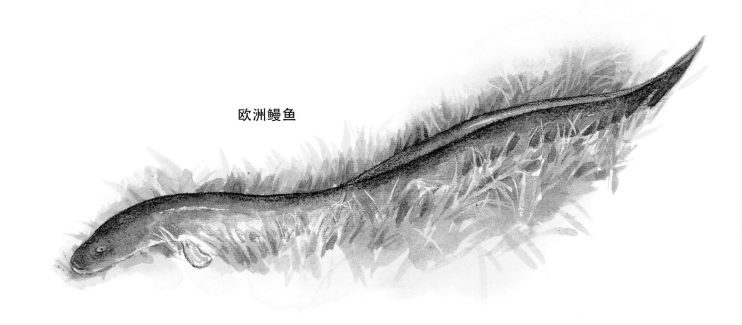

甲壳类动物的迁徙

在一些海岸上，你能有幸观看到甲壳类动物迁徙的景象。

印度洋圣诞岛的海滩在十一月份时会被数百万红蟹覆盖。它们是从山上的洞穴迁移过来进行交配的。交配完后，雄性红蟹就会回到山上，而雌性红蟹需等待两周后在海里产卵。它们的卵一接触海水就会立即孵化，这时，雌性红蟹也回到山上，它们的孩子则要独自在深海里度过一个月的生长期。

当幼蟹们长到婴儿的手指甲那么大时，它们也会移居到山上。令人惊奇的是，即使幼蟹从没去过那儿，它们也能找到路。这时，整个岛屿——包括街道、房子、学校，甚至厕所的马桶，将再次淹没在一片红色之中。

蜘蛛蟹为了交配也会迁徙到海滩，不同的是，它们是来自海洋的客人。初夏时节，这些螃蟹齐聚海滩。这时，你若在海滨看到大堆大堆的蜘蛛蟹也就不足为奇了。在交配后，蜘蛛蟹们又会带着它们的卵回到海洋深处。

红蟹

升降式迁徙

来做个脑筋急转弯吧，某些海洋生物的迁徙与电梯有什么相似之处？答案是：它们都既会上升也会下降。每天晚上，浮游生物会往上游到水面，以微小的植物为食；到了早上，它们又往下游回海底以躲避捕食者。这样一来，那些以它们为食的更大的海洋生物也不得不跟着它们每天进行这样升降式的迁徙，像海蛾鱼和磷虾便是如此。

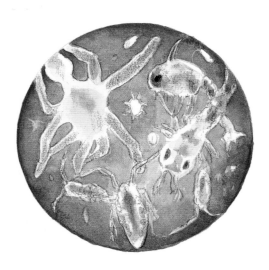

放大镜下的浮游生物

海蛾鱼

一条尾巴的故事

矶沙蚕只有部分身体会进行迁徙，那就是它的尾巴。它的尾巴会载着它的卵向上游至海洋表面，并在那里进行孵化。与此同时，它的其他部分则躲在洞穴里忙着长出一个新的尾巴。

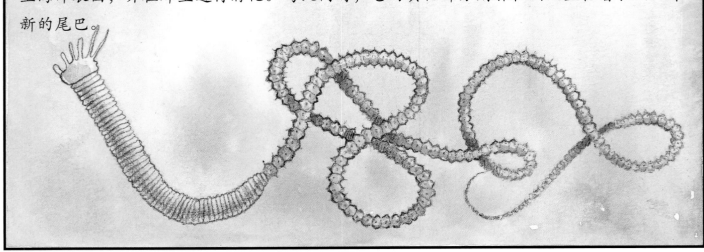

向上和向下迁徙

　　一条鱼是怎么在水中向上和向下迁徙的呢？现在让我们来做个实验，揭开其中的奥秘吧！

你需要：

1个塑料保鲜袋；

75毫升醋；

2个衣夹；

75毫升小苏打。

2.将醋倒进保鲜袋里。在醋的正上方拧几圈袋子，然后用衣夹将其夹紧。

3.将小苏打粉倒入袋中。拧紧袋子上端，然后用另一个衣夹将它夹住封好。

1.将水注入厨房的水槽，使水的体积达到水槽容积的3/4。

4.把袋子放入水槽。去掉中部的衣夹，松开袋子中部。仔细观察一下，发生了什么现象？

　　当醋和苏打混合时，会产生一种被称为二氧化碳的气体。气体充满袋子时，袋子就会上升浮至水面。

　　硬骨鱼体内有一个鱼鳔。当它们从自己的血液里吸入更多的气体，使鱼鳔里面充满空气时，就能向上漂浮；而当它们把气体从鱼鳔里排出去时，就能向下游动。

鱼鳔

爬行动物
和两栖动物

像短吻鳄、鳄鱼和海龟这些爬行动物，是在陆地出生，迁徙到水里长大成熟，然后迁徙回陆地产卵的。像青蛙、蟾蜍、火蜥蜴和蝾螈这些两栖动物，则是在水里出生，再移居到陆地上长大成熟，然后迁徙回水里繁殖后代的。二者相同的是它们在迁徙时都会遇到水。

大多数爬行动物和两栖动物不会长途迁徙，而只是在进食地和繁殖地之间迁徙。但是，也有一些两栖动物，比如图中这只红腹渍螈，会为了休眠而迁徙。

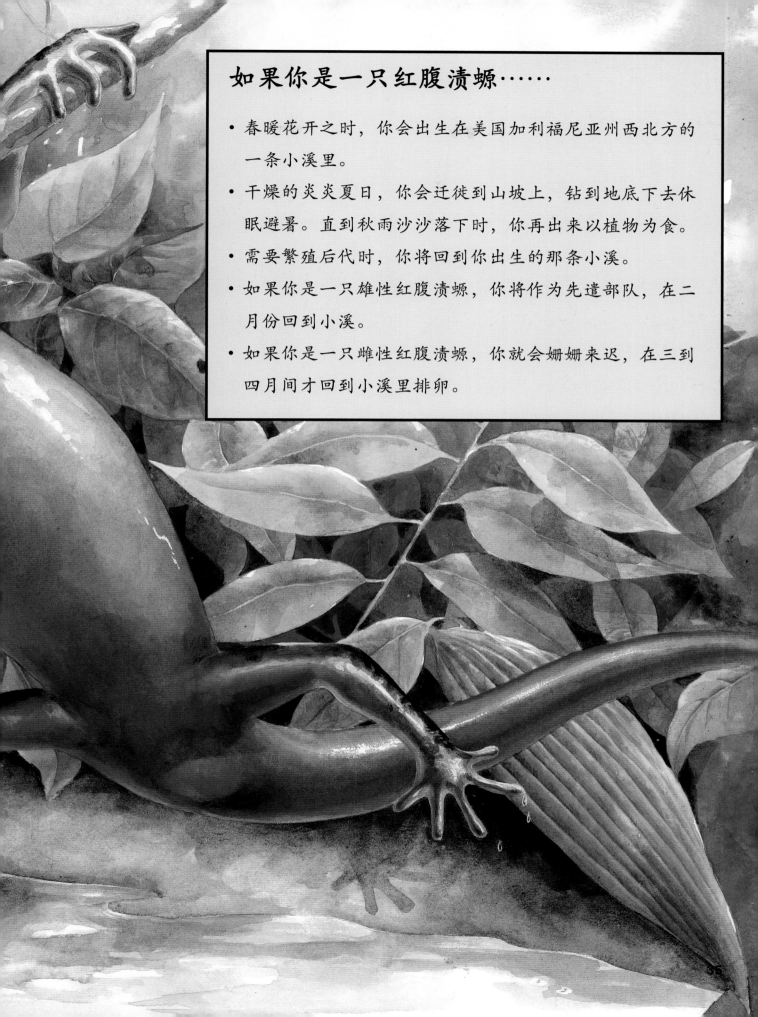

如果你是一只红腹渍螈……

• 春暖花开之时，你会出生在美国加利福尼亚州西北方的一条小溪里。

• 干燥的炎炎夏日，你会迁徙到山坡上，钻到地底下去休眠避暑。直到秋雨沙沙落下时，你再出来以植物为食。

• 需要繁殖后代时，你将回到你出生的那条小溪。

• 如果你是一只雄性红腹渍螈，你将作为先遣部队，在二月份回到小溪。

• 如果你是一只雌性红腹渍螈，你就会姗姗来迟，在三到四月间才回到小溪里排卵。

海龟

闭上眼睛想象一下吧！如果要你在出生后马上搬到一个新家，你的感觉会是怎样？海龟正是这样。它们一从蛋里孵化出来，就急急忙忙地从海滩爬到海里，而且它们总能朝着正确的方向前进，这太让人吃惊了。它们是如何做到的？有些科学家认为它们是利用天空中明亮的光线来做导航的。还有一些科学家则认为它们的身体内有类似磁性指南针的东西可以引领它们奔向大海。

海龟

海龟需要10~15年的时间来发育成熟。当它们准备好要繁殖后代时，就从其进食地长途跋涉数百公里，迁徙至它们出生的那片沙滩。母龟们会用脚蹼在沙滩上挖一个洞，然后把蛋产到里面。它们留下蛋让其自行孵化，自己却一路返回到位于海洋里的进食地。每隔几年，它们都会再回到相同的海滩重新筑窝，进行繁殖。如此反复，生生不息。

跟踪记录

海龟进行迁徙时，科学家们是怎么知道它们的速度、位置以及距离的呢？原来，他们将一个发射器安装在海龟的背上，发射器能随时随地向环绕地球运行的气象卫星发送信号。卫星接收到信号后，信息就会传到地面上的电脑里。

利用磁场迁徙

海龟是怎么找到返回出生地的路线的呢？一些科学家认为海龟、鸟类和其他一些动物在迁徙期间，会利用地球的磁场帮助自己找到正确的路线。下面，我们来做个实验，看看动物们是怎样利用磁场迁徙的吧！

你需要：

1块钢丝棉；

1把剪刀；

2条5厘米长的干净胶带；

1块磁铁。

1.将钢丝棉剪成细小的碎屑，让它们落在一条胶带有黏性的那面上。

2.将第二条胶带覆盖在第一条上，并使其有黏性的一面朝下。

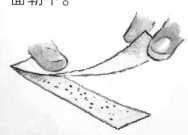

3.抓住磁铁的一端并靠近胶带，会产生什么现象？如果你换另一端靠近又会产生什么现象？

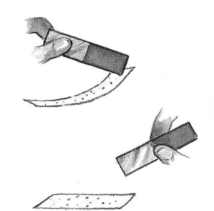

科学家们认为，地球是一个巨大的磁场。同时他们还认为，就像钢丝棉碎屑被磁铁吸引一样，迁徙的动物也受到地球磁场的吸引，而这种吸引力能让动物们在长途迁徙中不会迷路。

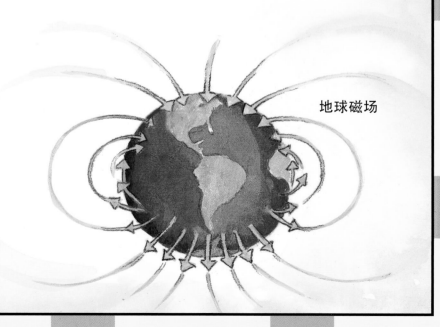

地球磁场

今天来，明天走

许多两栖动物是为了生蛋才进行迁徙的。但是有一些青蛙和火蜥蜴居然会迁徙到那些将会消失的池塘里去繁殖后代！春天，雨水注满地上的大坑，就形成了池塘；到了秋天，这些池塘已渐渐干涸，因此它们被称为"春天的池塘"。

每年春天，下第一场大雨时，成百上千的成年林蛙就会在晚上从林地迁徙到"春天的池塘"里。在交配完并产下一团团果冻般的卵后，它们就返回到林地。

大概三周后，卵孵化为蝌蚪并迅速成长。一旦蝌蚪长大成蛙，它们也会移居到林地去。这时，也往往是"春天的池塘"干枯的时候。

钝口螈，比如斑点钝口螈、杰斐逊钝口螈和蓝点钝口螈，也跟林蛙一样会迁徙到"春天的池塘"里来繁殖后代。当第一场春雨淅淅沥沥如期而至时，它们纷纷离开地下的家，奔赴约三百米远的池塘里产卵。三百米看似不太远，但这对于身长只有十厘米的蝾螈来说却是一段很长的距离。几周后，长大的小蝾螈会迁徙回树林，为自己这一年接下来的生活寻找一个温馨的地下小窝。

林蛙

小心，两栖动物路过!

对于青蛙和蜥蜴来说，迁徙会是一次危险之旅，因为每年都会有成百上千的青蛙和蜥蜴要横穿修建在其领地内的马路。人们为此也做了许多工作来帮助它们，比如在地下修建通道供两栖动物使用，在迁徙季期间关闭道路，竖立如图所示的"两栖动物路过"的警示标志，等等。

两栖动物

路过

蓝点钝口螈

索引

动物的冬眠

动物如何度过极端天气

作者：派米拉·海克曼　　插图：帕特·史蒂芬斯

胡晓凯　梁 绪　译

中国出版传媒股份有限公司

中国对外翻译出版有限公司

图书再版编目（CIP）数据

动物的冬眠：动物如何度过极端天气/（加）派米拉·海克曼著；（加）帕特·史蒂芬斯绘；胡晓凯，梁 绪译.—北京：中国对外翻译出版有限公司，2012.10

（我的第一套动物行为体验书）

ISBN 987-7-5001-3471-8

Ⅰ.①动… Ⅱ.①海… ②史… ③胡… ④梁… Ⅲ.①动物行为—儿童读物 Ⅳ.①Q958.12-49

中国版本图书馆CIP数据核字(2012)第218850号

（著作权合同登记：图字：01-2012-4412号）

正文 ©派米拉·海克曼 插图 ©帕特·史蒂芬斯

经Kids Can Press Ltd., Toronto, Ontario, Canada允许出版。

出版发行 / 中国对外翻译出版有限公司

地　　址 / 北京市西城区车公庄大街甲4号物华大厦六层

电　　话 / （010）68359827；68359101（发行部）；68353673（编辑部）

邮　　编 / 100044

传　　真 / （010）68357870

电子邮箱 / book@ctpc.com.cn

网　　址 / http://www.ctpc.com.cn

总 审 定 / 张健旭

出版策划 / 张高里

策划编辑 / 吴良柱　郭宇佳

责任编辑 / 刘景卉　郭宇佳

印　　刷 / 北京盛通印刷股份有限公司

规　　格 / 889×1194毫米 1/16

印　　张 / 27.5

版　　次 / 2012年10月第一版

印　　次 / 2012年10月第一次

ISBN 978-7-5001-3471-8　　　　　　全套定价：188.00元

目录

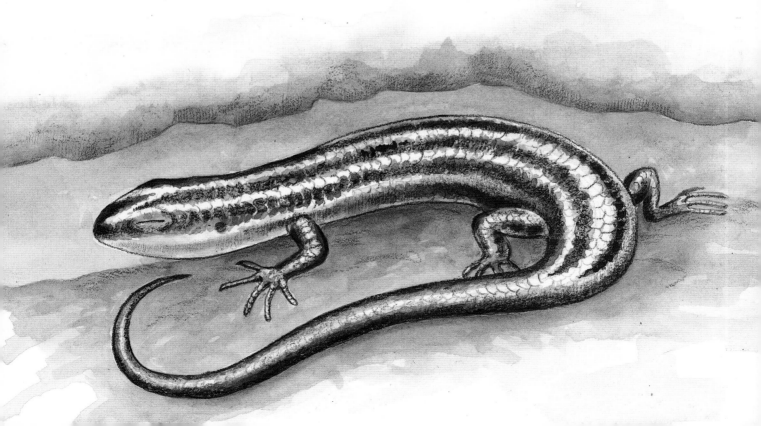

引言

想象自己像一只贝氏黄鼠那样，每年七月开始睡大觉，来年四月才醒来！或者像小锦龟，把全身冻僵来度过寒冬？这只是简单举了两个冬眠动物的例子。

在严寒的冬季，许多动物不是把能量消耗在保持体温和寻找食物上，而是找到一处栖息地蛰伏起来，这被称为冬眠。冬眠动物分为两类：全冬眠动物和半冬眠动物。

在冬天，全冬眠动物比如金花鼠，会通过急剧降低体温、呼吸频率和心率来保存能量。全冬眠动物还包括昆虫、蟾蜍和蛇等动物。到了冬天，它们的身体会部分冻僵，等春天来临时又暖和过来。

和全冬眠动物不同，有些动物如臭鼬和浣熊在冬天有几个星期或几个月只是进入深度睡眠状态。它们的呼吸频率和心率大大减慢，但体温只降低了一点点。

在本书中，你会认识很多冬眠动物，从几百只一起挂起来冬眠的蝙蝠，到蜷缩成一团独自冬眠的旱獭。你会了解到自己的心率和冬眠的蝙蝠有什么不同，糖浆为什么和冬眠青蛙的血液相似等等。更多知识，等你来发现。

春天见

　　冬天天气寒冷、缺少食物，许多动物都会找一处庇护所，在那里一直等到春天到来。全冬眠动物（如刺猬）比半冬眠动物（如黑松鼠）的睡眠时间长，在睡眠时，它们的身体机能会停止运转，简直像死了一样。这种极端状态就称为冬眠状态。

　　有些全冬眠动物，比如昆虫、青蛙和龟，只有在天气暖和时，才保持活跃状态。一旦寒冷天气来临，它们为了生存，就不得不冬眠。它们在冬天不仅蛰伏不出，有的甚至会全身僵冷。

　　极地松鼠是北美洲最大的地松鼠，生活在该洲的最北部。它们属于全冬眠动物，是迄今为止人们知道的唯一在体温降至−2℃~−3℃时仍能存活的哺乳动物。要知道，如果人类的体温降到32℃以下，就无法存活了。

如果你是一只极地松鼠……

- 你会在主地洞外挖一个特别的冬眠室，大约有0.5米深。

- 夏天快结束时，你要在冬眠室里铺上草、地衣、树叶和兽毛，让它温暖舒适。你还需要储存一些如种子之类的食物。

- 你会蜷成一团，用毛茸茸的尾巴盖住头和肩膀。

- 你的冬眠期长达七个月，在这段时间内，你会进入冬眠状态，但每隔几周会苏醒一小会儿。

谁需要冬眠？

你是否想过，如果一觉醒来，所有的烦恼统统不见了，那该多美妙啊！对一些动物来说，冬眠就起到了这样的作用。通过冬眠，动物们避开了威胁生存的不利因素，比如寒冷的天气、缺少食物和水等。

哺乳动物和鸟都属于恒温动物，通常称为温血动物。缺少食物是它们在冬天遇到的最大难题。恒温动物能调节自身体温，使之保持在恒定的温度，但这需要不断进食来提供大量能量。而在冬天，有些恒温动物无法找到足够的食物来保持体温。于是它们便降低体温，这样消耗的能量少了，需要的食物也少了。

与大型恒温动物相比，冬眠在小型恒温动物中更为普遍。比如草地林跳鼠，它的体热散得快，因此会比不冬眠的狐狸需要更多能量来保持体温。

昆虫、青蛙和蛇是变温动物，也叫冷血动物，寒冷天气是它们面临的最大挑战。变温动物依靠外界气候来取暖或散热。当秋天气温下降时，变温动物的体温随之下降，行动变得迟缓。它们必须在身体停止运转直至死亡之前，找到一处庇护所来冬眠。变温动物大都是全冬眠动物，当天气回暖时，它们便又活跃起来。

草地林跳鼠（恒温动物）

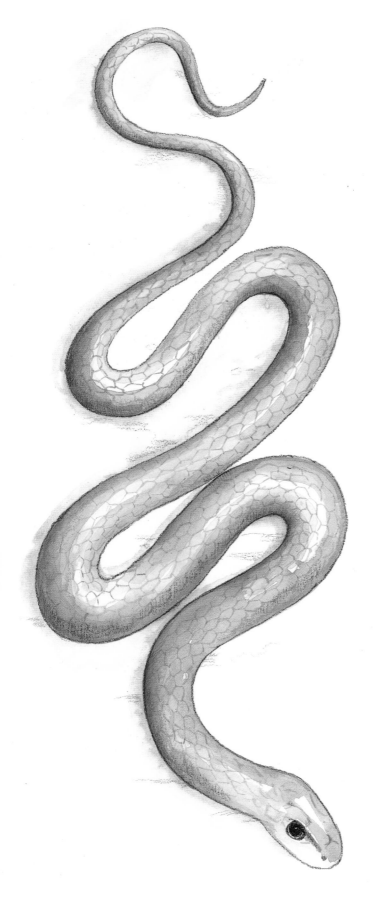

翠青蛇（变温动物）

鸟也冬眠吗？

　　1946年12月28日，埃德蒙德·耶格博士发现了世界上首例冬眠的鸟——弱夜鹰。这是他在美国加利福尼亚州南部的山中发现的，这种鸟的呼吸和心率极慢，体温也远低于正常体温。加拿大生物学家克里斯·伍兹博士最近的研究发现，亚利桑那州的弱夜鹰一次蛰伏的时间长达10周。但是，与全冬眠动物不同，弱夜鹰的体温每天都有很大变化。要确定这种鸟算不算全冬眠动物，还需要更多的研究。

弱夜鹰

奄奄一息

你知道吗，当你睡觉的时候，你的体温和呼吸频率会轻微下降呢，这会帮助你的身体节省能量。全冬眠的温血动物更为极端。在几个月的冬眠期内，花白旱獭和美洲旱獭等冬眠动物会时睡时醒。

处于冬眠状态的动物身体冰冷，看上去像是死了一样。它们的体温降至零上几度，甚至更低；心率和呼吸频率急剧减慢。一些动物在短时期内会完全停止呼吸。

当动物处于这种无意识的冬眠状态时，它们不吃不喝，慢慢消耗掉体内储存的脂肪。鼠狐猴的冬眠时间长达七个月，完全靠消耗体内脂肪维生。

冬眠状态的持续期从一次几天到几个星期不等，在入眠和出眠期最短，隆冬时节最长。在冬眠期间隙，动物会短暂苏醒，在巢穴内活动热身。

花白旱獭

鼠狐猴

你的心率和呼吸频率是多少？

小褐蝙蝠在日常活动时心跳通常在每分钟400~700次，但冬眠期内心跳会迅速降低为每分钟7~10次。和你的朋友一起来做实验吧，看看你的心率和呼吸频率是多少。

你需要：

一根跳绳；

带秒针的钟表；

铅笔和记事本。

1.请你选择跳绳或者原地跑步的运动方式，保持三分钟。

2.现在让你的朋友把食指和中指按在你的脉搏上（在拇指正下方的手腕上），数数你一分钟的心跳次数，这就是你的心率。同时，请你数一下自己一分钟的呼吸次数。记录下这两个数字。

3.请你坐下来，放松十分钟。然后再测一下你的心率和呼吸频率并记录下来。现在把两次记录的数字对比一下。

4.互换角色，现在由你为你的朋友测测心率和呼吸频率。

你会发现你的心率和呼吸频率在锻炼后是最高的。数字越高，说明你消耗的能量越多。在冬眠期，蝙蝠的身体运转减慢，消耗的能量也就很少了。

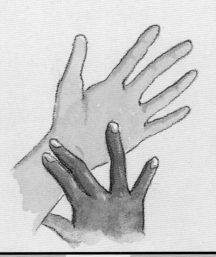

僵冷的身体

在科幻电影中，冰冻多年的人还能复活，而事实上，人的身体根本无法承受那样的冰冻；但是有几种青蛙、龟、鱼、昆虫等变温动物，真的可以将科幻场景变为现实。它们在冬眠期内全身僵冷，但是到了春天又会苏醒过来。

秋天，树蛙把自己埋在土里。随着气温的下降，树蛙的身体会逐渐冻僵，冰冻会从后腿开始，最后到要害器官——心脏和大脑。

你也许会奇怪，为什么它们的身体即使冻僵也不会死呢？原因在于它们的肝脏会分泌葡萄糖。葡萄糖就像一种天然的防冻剂，

树蛙

通过血液在变温动物体内穿行，防止细胞受到长期极端低温的伤害。

刚孵化的南部锦龟在−4℃的气温下依旧可以存活。你会发现，它们超过一半的体液会结成冰，心跳停止，血液停止流动。在这种状态下它们可以存活长达五个月呢！

刚孵化的南部锦龟

不结冰的"血液"

你家里有川贝枇杷糖浆吗，让我们用它来做个实验吧，体会一下冬眠中的青蛙和乌龟血液为什么不会被冻僵。

你需要：

2个250毫升的带盖塑料容器，如酸奶盒；

水；

川贝枇杷糖浆；

冰箱冷藏室。

1.将水倒入其中的一个容器，水平面距容器顶部为2.5厘米。将盖子盖紧。

2.在另一个容器中倒入同样多的川贝枇杷糖浆，并盖上盖子。

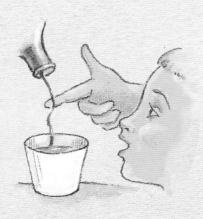

3.将两个容器放入冰箱冷藏室中过夜，第二天取出。

4.现在请你检查一下容器。

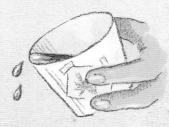

你会发现盛水容器内的水已经结了冰，而川贝枇杷糖浆依然是液态的。

这是因为糖浆里高浓度的糖分使之无法结冰。同理，因为具有高浓度的葡萄糖，冬眠的变温动物体内的血液才不会冻结。

做好入睡准备

对于冬眠动物来说，秋天是繁忙的季节。首先它们要选择一个温暖安全的地方来冬眠，这叫做"越冬巢"；其次，它们还要考虑食物问题。

榛鼠是全冬眠动物，会搜集食物储存在越冬巢内。当它们在冬眠状态的间隙醒来时，会吃点种子和坚果。其他全冬眠动物比如草地林跳鼠，在整个冬眠期则不吃不喝，因此它们在秋天就要提前吃得饱饱的。这些食物在它们体内转化为一层厚厚的脂肪，既保暖又能提供能量。大多数半冬眠动物，比如狗熊和浣熊，在冬眠前也会把自己养胖。

浣熊会和家人一起冬眠，但是旱獭，也叫土拨鼠，是全冬眠动物，它喜欢独自在越冬巢内冬眠。

如果你是一只旱獭……

- 在夏天结束时，你要开始储存一层厚厚的脂肪。
- 你要在地下深处挖一个特殊的地洞，在十月末的时候用泥土把自己封在地洞里。
- 你会蜷成一团，把头缩在两条后腿之间。
- 你的体温会降至2℃~3℃，呼吸频率会降到5分钟一次。
- 在6个月的冬眠期内你的体重会减轻大约1/3。

挖地洞

选择合适的冬眠地点对于冬眠的动物来说，可能是一件生死攸关的事情。

在冬眠期间，动物很容易被捕获。越难让捕食者发现或被挖出来，它们也就越安全。

地洞挖深一些还能帮助动物取暖。它们通常将地洞挖到冻土之下，那里会更加温暖。一旦地洞封死，里面的温度会保持在0℃以上，而且比较湿润。湿润的空气有助于动物们顺畅呼吸，让动物更加健康。

许多动物会在地洞或地穴中铺上树叶、草、树枝或兽毛，让自己的冬眠小窝更加温暖舒适。北极熊是一种半冬眠动物，它在雪堤或雪坝里挖洞。雪就像一层温暖的毛毯，可以保护北极熊免受寒冷侵袭。还有些动物在山洞里、空树干或者水下的泥里冬眠。想一想，你能给下面的动物和它们的越冬巢配对吗？

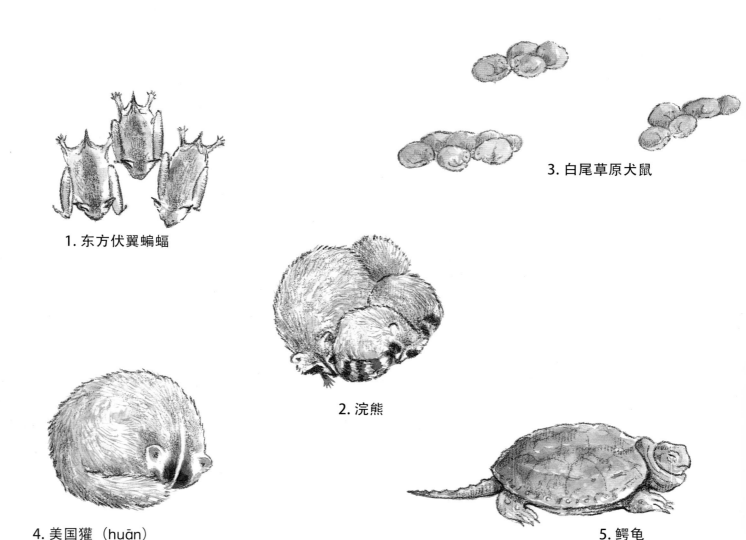

3. 白尾草原犬鼠

1. 东方伏翼蝙蝠

2. 浣熊

4. 美国獾（huān）

5. 鳄龟

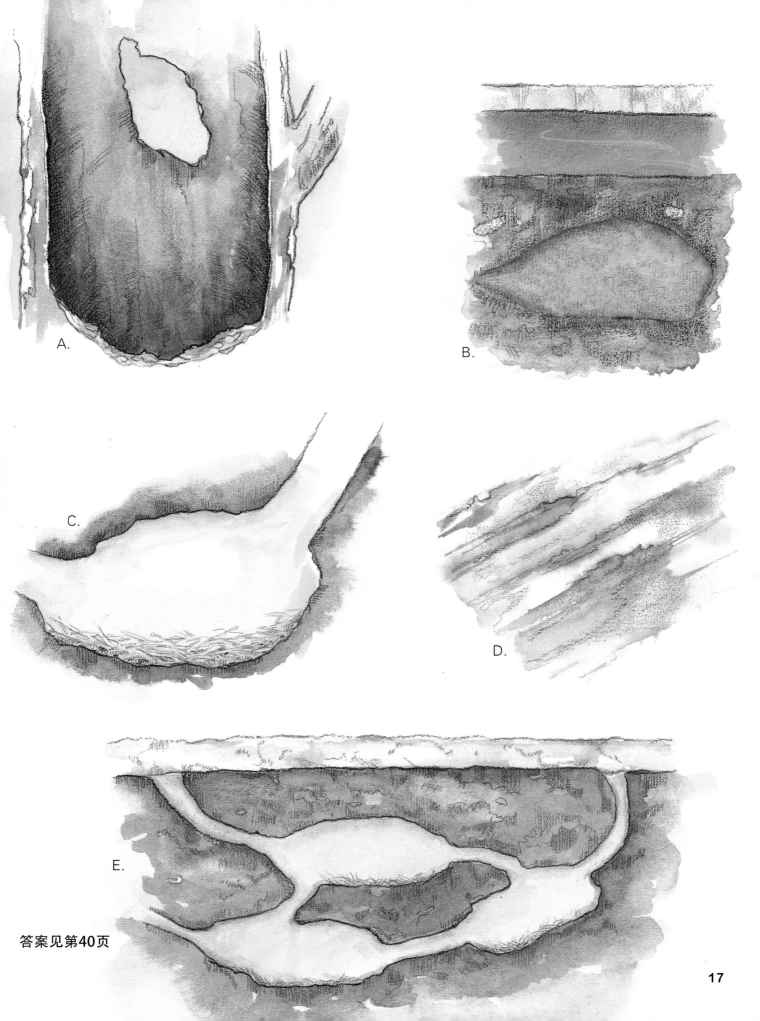

A.

B.

C.

D.

E.

答案见第40页

17

依偎在一起

　　和妈妈或兄弟姐妹依偎在一起，是冬天取暖的一个好办法。臭鼬经常聚在一起过冬，臭鼬妈妈会用自己厚厚的毛温暖多达12只臭鼬宝宝。母浣熊和狗熊也会群居冬眠，妈妈们不仅会给孩子保暖，同时还保护它们免受危害。

臭鼬

取暖只是群居过冬的一个优势。在一些地区，安全的冬眠地点为数不多，共享空间可以让更多的动物安全过冬。你能想象一百多只大棕蝠聚集在一些大山洞里过冬吗？在岩石的缝隙里，有上千条束带蛇会聚在一起冬眠呢！

动物们聚在一起过冬，还有助于它们寻找伴侣呢！秋季，成百上千只小棕蝠会聚集在越冬巢内进行交配，随后过冬。等到气候变暖，蝙蝠们会重新变得活跃起来，在洞内再次交配。黄腹旱獭在落基山脉中部群居冬眠，它们在出眠后开始交配。

大棕蝠

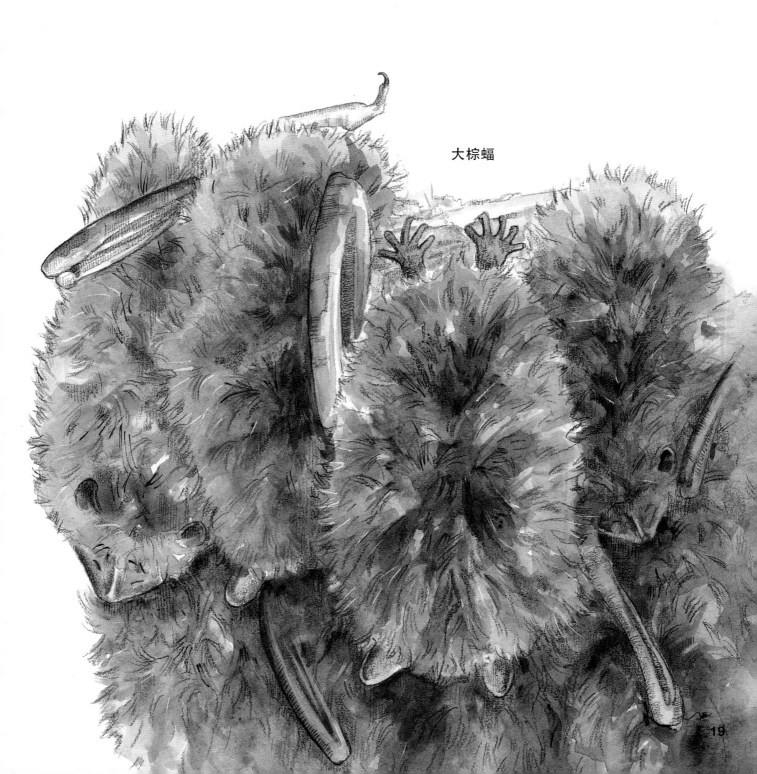

秋天的盛宴

对于人类来说，短时间内大量增加脂肪会对身体健康造成危害，但许多冬眠动物的命却是通过这种方式保住的。没有一层厚厚的脂肪，有些冬眠动物就无法挺过冬天。

在冬眠期，脂肪会被动物的身体慢慢吸收。脂肪能够供应水、食物和足够的能量，维持动物的低体温、缓慢的心率和呼吸，大多数动物在冬眠期内会消耗体内一半的脂肪。由于它们的身体机能几乎不运转，冬眠的动物会停止生长——因为生长需要消耗太多的能量。

脂肪还会让动物的身体更加温暖，这也是欧洲刺猬在秋天大吃特吃的原因。小蟾蜍在冬眠之前身体会增大一倍；黑熊在准备冬眠期间，体重每星期会增加13.5千克呢！

当动物体内储存了大量多余的脂肪后，它们就会变得昏昏欲睡，行动迟缓。此时，食物也会变得越来越难找，觅食就需要越来越多的能量。最后，当动物累得找不动食物时，便会进入越冬巢冬眠。与成年动物相比，幼崽们储存脂肪需要的时间会更长，所以它们开始冬眠的时间要晚一些。

欧洲刺猬

脂肪的储存量也会影响动物的其他身体机能。黑熊妈妈会在冬眠期生儿育女，它们要为体内生长的黑熊宝宝供给养分，并在出生后哺育它们，这需要大量的能量。因此在冬眠之前体内脂肪储存不够的熊妈妈，有可能无法生育宝宝。

你知道吗，东北金花鼠储存食物的方式可不是将它们转化成体内脂肪，而是用自己的两个大颊囊把食物运到地洞里，作为过冬的食物。人们在金花鼠的地洞里曾发现了多达8升的种子和坚果。这比金花鼠的身体还要重许多倍呢！

哥伦比亚地松鼠不仅会在秋天大快朵颐，还会把种子和植物球茎储存在越冬巢里，作为来年春天醒来后的美食。

东北金花鼠

哥伦比亚地松鼠

洞里的故事

　　全冬眠动物大多会在冬眠期间短暂醒来多次，甚至会在再次进入冬眠状态前，吃点东西，排泄一下。它们醒过来通常要花费几个小时的时间，但是半冬眠动物，比如这只黑熊，只需几分钟就能醒来。它在寒冬中蛰伏起来，等天气暖和时就会苏醒。半冬眠动物的优势就在于，它能够察觉到危险，从而能比全冬眠动物更快地保护自己。

如果你是一头黑熊……

- 你要在山洞、空树干或者横倒的木桩里找一个越冬巢。
- 秋天，你要在体内储存厚厚的一层脂肪，长一层厚厚的毛来保暖。
- 你在冬眠的几个月里，不吃不喝，也不排泄。
- 你的体温只会降低几度，但是你的呼吸和心率会比正常时慢得多。
- 你很容易被噪音吵醒。

梦游者和梦食者

半冬眠动物在温暖的冬日可能会苏醒。如果气温足够暖和，雄臭鼬还可能会到洞外散步。冬眠的水中昆虫，比如松藻虫，可能会离开它的泥穴，游到水面上透透气。成年黄缘蛱蝶在温暖晴朗的冬日会飞来飞去，但日落之前又回到树皮里的越冬巢内。美洲飞鼠、黑尾草原犬鼠和负鼠在暴风雪的冬日会躲避起来，天晴之后再出来活动。

全冬眠动物在极度严寒的天气可能会被冻醒。如果有被冻死的危险，动物可能会醒过来取一下暖。

科学家们认为，当动物从冬眠中醒来时，它们的身体可能会进行一定程度的调节，让自己保持健康，这有点像调试一辆自行车或汽车。金花鼠等全冬眠动物，在从冬眠状态中醒来的几个小时里，会吃点东西，排泄一下。

黄缘蛱（jiá）蝶

睡眠监测

科学家们发明了一种微型无线电发射机器，在动物挖洞准备冬眠之前，安在它们身上。这个发射机器能帮助科学家们监测动物的体温、心率、呼吸频率以及活动情况。

美洲飞鼠

毛巾实验

　　让我们一起来做个简单的实验，看看为什么旱獭等哺乳动物在越冬巢里要蜷成一团吧。

你需要：

2条相似的毛巾；

1个吹风机；

2个晾衣夹；

1个晾衣架。

1.先把两条毛巾用吹风机烘干五分钟。

2.将一条毛巾对折之后再对折，然后像卷铺盖卷那样卷起来。（如图所示）

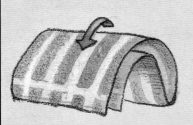

3.将另一条毛巾用晾衣夹晾起来。

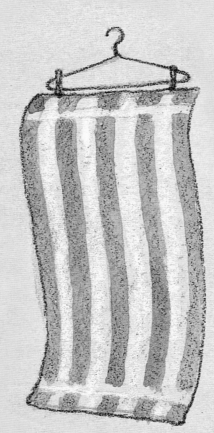

4.五分钟后，用手摸一下挂着的毛巾。再把另一条卷着的毛巾打开，摸一下。哪一个毛巾摸起来更热呢？

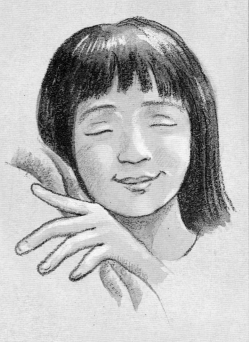

　　你会发现卷起来的毛巾摸起来更热。那是因为这条毛巾暴露在冷空气中的部分要少得多。同样道理，哺乳动物在冬眠期内会蜷成一团。因为动物身体暴露在冷空气中的部分少一些，它们体温保持的时间就长一些。

冬眠的危险

在一个漫长、寒冷、经常下雪的冬天，你也许会过足滑雪的瘾，但一些冬眠动物却会面临着死亡的威胁。

最大的难题是要有充足的食物。只要冬眠动物在秋天能够储备很多食物或储存足够的脂肪，它们就可以藏匿起来，一直等到温暖天气来临。但是如果当年的冬天比往年要漫长，它们就可能因为缺少食物而饿死。

小棕蝠如果没能储存足够的脂肪，也许就无法熬过冬眠的六七个月。漫长的冬天也会推迟蝙蝠赖以为食的昆虫孵化和苏醒的时间。

极端天气和捕食者也是冬眠动物面临的危险。即使是最好的越冬巢，也无法保证动物不被冻死，在北极地区尤其如此。北极的土地常年冰冻，动物只能在地上挖出一个浅洞；有时捕食者会发现并挖出正在冬眠的动物。寒冷、捕食者和食物匮乏，使冬眠的成年金花鼠几乎一半都丢了性命，为此丧命的小金花鼠就更多了。因为同样的原因，冬眠中的小贝氏黄鼠的死亡率高达93％。

田地、森林、沼泽的污染和破坏，毁掉了许多动物的冬眠栖息地。建筑工人偶尔会不小心挖出正在冬眠的动物。旱獭的越冬巢第一次被人类发现，就是因为推土机推倒了一棵树，而旱獭正在这棵树下冬眠呢。

鼬、狐狸和狼是搜寻藏匿
起来的冬眠动物的"专家"。

起床了!

冬眠的动物怎么知道该何时醒来呢? 当春天的脚步越来越近, 动物苏醒的时间会越来越长。最后, 当天气变得足够温暖时, 冬眠动物的冬眠期也就结束了。你也许以为动物们会迫不及待地再次迎接太阳, 但并非所有的冬眠动物都会立刻走出它们的越冬巢。

变温动物比如昆虫、爬行动物和这些钝口螈, 要等到身体足够暖和时, 才开始活动。在钝口螈分布地区, 春寒料峭的日子里, 它们依然是懒洋洋的。

如果你是一只雄性斑点钝口螈……

- 你会在岩石或者腐烂木头下的地洞里冬眠。
- 你会在温暖春日的召唤下醒来。
- 在三月或四月初几场温暖的春雨后, 你会在晚上爬出地洞。
- 你会比雌性早几天醒来, 在繁殖的池塘等着它们来交配。

何时醒来？

你也许会在二月的一个温暖日子里看到一只臭鼬，但是在春天来临之前，你绝对看不到一只小蜥蜴。贝氏黄鼠的冬眠时间比其他北美哺乳动物都要长，它一年里有八个月都在冬眠！中东地区的土耳其仓鼠一年中要连续冬眠十个月。大棕蝠是春天第一批出现的蝙蝠——它们在洞里只会呆上四个月。动物冬眠时间的长短取决于很多因素，包括天气、栖息地和物种等。

寒冷天气持续的时间越长，动物冬眠的时间就越久。冬眠动物会一直窝在藏身之地，直到外面足够暖和，气温和土壤持续保持在冰点以上时再出来。

同一种动物如果生活环境不同，冬眠的时间也不一样。比如，居住在寒冷的北部地区的美国獾，冬眠时间长达六个月；而生活在南方的美国獾，冬眠时间却只有几周，只在冬季极度寒冷的时候才冬眠。

在许多动物中，雄性都会首先活跃起来。雄性理查森地松鼠会先在洞里住上一周，吃掉储存的食物，然后出来和别的雄性争夺伴侣。雌性地松鼠则在两周后才出来，出洞的前一天才醒过来。

怀孕的雌性北极熊会在洞穴里住上一百六七十天，以等待春天来临。而雄性北极熊只在恶劣天气下才住在洞穴中，冬季的大部分时间它们都在外面觅食。

五线石龙子（一种蜥蜴）

土耳其仓鼠

北极熊

土拨鼠节

你知道吗，在美国和加拿大许多地方都有自己的土拨鼠明星，专职在土拨鼠节这天预测春天。加拿大安大略省威尔顿市的威利、新斯科舍省苏班纳卡达市的山姆以及美国宾夕法尼亚州的菲尔是北美最著名的三只土拨鼠。每年的2月2日，几千人会聚集在一起，看出洞的土拨鼠能否看到自己的影子。根据一个古老的德国传说记载，如果土拨鼠看到自己的影子，那么离冬天结束就还有6周。如果看不到，春天就近在咫尺了。而事实上，土拨鼠预测天气的能力并不比你高明多少！

威利和其他土拨鼠不同，它属于白化变种，全身都是雪白的。

31

冰雪融化

你是一个喜欢早起的人吗？有的人即使晚上睡得很好，早晨起来也会行动迟缓、脾气欠佳。想象一下，如果让他们睡上六个月，醒来之后会是什么模样！

半冬眠动物在冬眠期间体温降低不多，所以只需几分钟就能升高体温，苏醒过来，即使大型动物也是如此。但是从完全的冬眠状态中醒过来，对动物身体则是一次大的调节过程。

首先体温会逐渐升高。除了为冬天提前储备的脂肪，一些哺乳动物体内还有一种特殊的脂肪，称为褐色脂肪。这种脂肪被身体吸收后，它的能量会快速产生热量，帮助动物升高体温。

有些动物靠剧烈颤抖来产生身体热量，恢复体温。从心脏和大脑组织开始，最后是耳朵、脚和尾巴。随着体温的升高，它们的心率和呼吸频率也增加了。

变温动物（比如爬行动物和昆虫）不能自行升高体温，它们要靠外界温度来升高它们的体温。当冻僵的青蛙和龟解冻时，最后冻僵的器官——心脏，是第一个暖和过来重新开始工作的。

动物体型的大小对它身体回暖的速度也有影响。小型全冬眠动物（如睡鼠），比大型动物（如獾）的体温，升高速度要快出10倍。

不过身体回暖并不意味着动物的冬眠就此结束了。一项对金花鼠的科学研究显示，当动物身体回暖再次活跃起来的同时，还伴随着短暂的大脑损伤、失忆和意识模糊。不过，它们很快就会恢复正常了。

榛睡鼠

豹蛙

了不起的研究

　　医学研究者正在尝试找出，是什么样的化学成分让青蛙和龟冻僵后仍能安然无恙，细胞不受损伤。如果科学家能解开这个谜，他们就能用同样的化学品把人类器官（如心脏和大脑）保存更久，以满足器官移植的需要；或者可以在人体等待移植时，将其保存在冰冻环境中。那可太了不起了！

"复活"

　　如果你连续睡了几个月，醒来后想做的第一件事是什么呢？不同的动物在出眠后的举动各不相同，让我们一起来看看吧！

　　没有储存食物的哺乳动物在醒来后又渴又饿。大棕蝠会直接奔向水源，旱獭会马上去寻找食物。因为雪还没有融化，旱獭常吃的绿色植物还没长出来，因此它们不得不以树皮和树枝为食，直到鲜嫩的绿色植物再次发芽。

　　作为冬眠动物，北极地松鼠的"复出"准备得更加充分。它们会事先在洞内储藏种子和树叶，作为春天的食物。这样在新的植物长出来之前，它们就不至于饿肚子了。

　　雄性蟾蜍、青蛙等两栖类动物，则直接跑到池塘里，等着雌性与它们会合。冬眠期结束的一个明显标志就是北美雨蛙在池塘和沼泽里群起鸣叫，呼唤配偶。金花鼠在离开地洞后很快也开始交配；许多蝙蝠则是在离开冬眠的山洞前进行交配。獾在冬眠之前交配，雌獾在冬眠期结束后不久就会产下幼崽，而熊在冬眠期内便会把宝宝生下来。

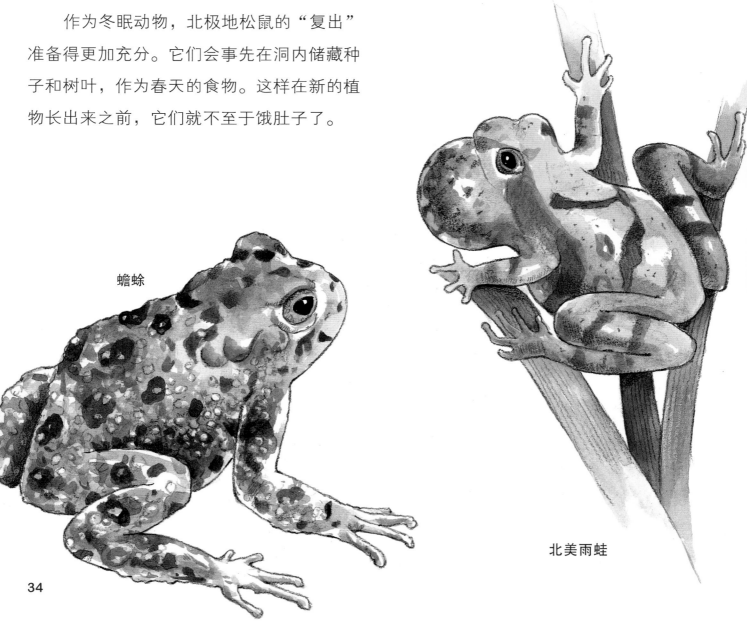

蟾蜍

北美雨蛙

你知道吗，昆虫过冬时可能处于生命周期的不同阶段。举例来说，不同蝴蝶会在不同生长阶段进行冬眠，在卵、幼虫、蛹或成蝶的各个阶段都有可能冬眠。一旦天气暖和起来，卵便开始孵化，处于其他生命阶段的则继续发育，最终变成蝴蝶。早早醒来的昆虫会成为许多刚刚苏醒的冬眠动物的食物。

虎凤蝶

虎凤蝶蛹

其他休眠动物

除了冬眠之外，动物还有其他两个通过暂停运转身体机能来求生的方式：日常蛰伏和夏眠。

一些动物全年都需要节省体能，所以它们每天都会进入一段短暂的蛰伏状态。鼩鼱（qú jīng）、山雀等动物每天会把身体运转放慢几个小时，这样既能得到休息，需要的食物也少了。

不光是在寒冷气候中生活的动物需要避开极端气候，许多昆虫、沙漠两栖动物、龟、蜗牛等生活在高温干旱地区的生物也是一样。它们会找一处庇护所，在那里一动不动地呆上好久，这被称为夏眠。和努力保持体温的冬眠动物不同，夏眠者需要让身体尽可能凉爽。

世界上最不可思议的夏眠动物是这只储水蛙，它生活在澳大利亚内陆的干旱地区。沙漠中的澳大利亚土著就是靠这种动物才免于渴死的。他们会把这种青蛙挖出来，把它体内储存的水挤出来解渴。

如果你是一只储水蛙……

- 你一年大部分时间要住在地洞里。
- 在把自己埋起来之前，你要把自己的大膀胱内储满水。
- 你要在地洞里褪掉干燥的皮，分泌黏液做成一层像茧一样的分层防水薄膜包裹住自己。
- 你需要慢慢从膀胱内吸收水分，让自己免于脱水。
- 你会在下大雨的时候从地洞里爬出来。

日常蛰伏的动物

如果你累了，可能会在白天小睡一会儿。一些哺乳动物和鸟儿为了求生也会做类似的事！这些动物需要不断进食以获得充足的能量来活动。为了节省体能，它们每天会有几个小时进入蛰伏状态。蝙蝠通过几个小时的日常蛰伏，能节省高达99%的能量呢！

在日常蛰伏状态下，动物的体温会降低，呼吸频率和心率会减慢，但不会像冬眠动物那样反应剧烈。鼩鼱、蝙蝠、狐猴、蜂鸟、燕子和紫崖燕就是几种会进行日常蛰伏的生物。马达加斯加的侏儒狐猴被认为是唯一会进行日常蛰伏的灵长目动物（哺乳动物的一类，包括猴子、猿和人类）。

和冬眠不同，日常蛰伏不需要任何准备，但是动物恢复正常状态也要花上三个小时呢。

茶色蟆口鸱是一种大型澳大利亚鸟类，冬天的时候它每天会蛰伏两次。由于它生存所需要的能量较少，因此这种鸟可以整年呆在自己的领地，而不用在天气变冷时迁徙到别处去觅食。

每到晚上，山雀、金丝雀等小型鸟类并不只是通过睡觉来恢复体力。它们的体温会下降3℃~5℃，消耗的能量也会降至正常时的一半。这种特性帮助鸟儿在不吃东西的情况下也能安全度过寒冷的天气。

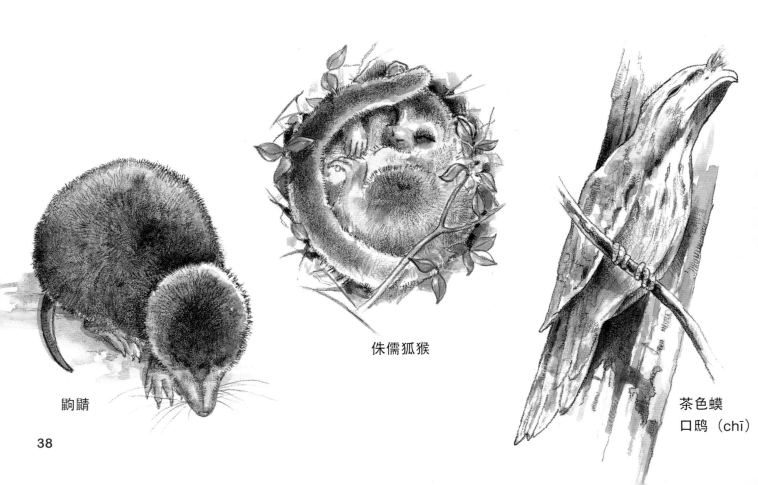

鼩鼱

侏儒狐猴

茶色蟆口鸱（chī）

蜂鸟

燕子

山雀

词汇表

夏眠：一些动物为了度过炎热干燥的天气而进入的蛰伏状态。

半冬眠动物：在冬天最寒冷的时期蛰伏、在暖和的日子醒来活动的动物。它的呼吸和心率减缓，但体温只是轻微下降。

全冬眠动物：在冬天的蛰伏期内急剧降低体温、呼吸频率和心率的动物。一些全冬眠动物甚至全身僵冷，等到春天身体才再暖和起来。

冬眠：动物在低温季节（冬季）进入休眠的状态，通常持续几天或几周。冬眠既见于恒温动物，又见于变温动物。

变温动物：可根据环境温度改变而调节体温的动物，有时也称为冷血动物。

恒温动物：能够控制自身体温、使之保持在恒定的高水平的动物，有时也称为温血动物。

蛰伏：通常持续几天或几周的不活动状态。

索引

答案

P16-17

1-D、2-A、3-E、4-C、5-B

动物的群体

动物如何群居生活

作者：埃塔·卡纳　　插图：帕特·史蒂芬斯

胡晓凯 梁绪 译

中国出版传媒股份有限公司

中国对外翻译出版有限公司

图书再版编目（CIP）数据

动物的群体：动物如何群居生活/（加）埃塔·卡纳著；（加）帕特·史蒂芬斯绘；胡晓凯，梁 绪 译. —北京：中国对外翻译出版有限公司，2012.10

（我的第一套动物行为体验书）

ISBN 987-7-5001-3471-8

Ⅰ.①动… Ⅱ.①卡… ②史… ③胡… ④梁… Ⅲ.①动物行为—儿童读物 Ⅳ.①Q958.12-49

中国版本图书馆CIP数据核字(2012)第218855号

（著作权合同登记：图字：01-2012-4405号）

正文 ©埃塔·卡纳　　插图 ©帕特·史蒂芬斯

经Kids Can Press Ltd., Toronto, Ontario, Canada允许出版。

出版发行 / 中国对外翻译出版有限公司

地　　址 / 北京市西城区车公庄大街甲4号物华大厦六层

电　　话 / （010）68359827；68359101 （发行部）； 68353673 （编辑部）

邮　　编 / 100044

传　　真 / （010）68357870

电子邮箱 / book@ctpc.com.cn

网　　址 / http://www.ctpc.com.cn

总 审 定 / 张健旭

出版策划 / 张高里

策划编辑 / 吴良柱 郭宇佳

责任编辑 / 刘景卉 郭宇佳

印　　刷 / 北京盛通印刷股份有限公司

规　　格 / 889×1194毫米 1/16

印　　张 / 27.5

版　　次 / 2012年10月第一版

印　　次 / 2012年10月第一次

ISBN 978-7-5001-3471-8　　　　　　全套定价：188.00元

目录

引言

你生活在群体中吗？答案不言而喻。这个群体众所周知被称为家庭。许多动物也是生活在群体中的，它们有的是和家人——父母、兄弟姐妹生活在一起；有的群体中只有一只领头的雄性，而其他都是雌性；还有的则生活在由一个雌性带领的母权制群体中。

动物们为什么选择在群体中生活呢？原因很简单，那就是群居有利于它们的生存。群体中的动物可以一起捕猎，比如鬣狗；可以分享食物，比如丛林狼；可以帮助、照顾其中生病或受伤的成员，比如大象；可以使抚养后代和保护自身安全变得更加容易，比如许多鸟类。此外，群居还能有助于动物保持自身卫生呢！

在这本书中，你会了解到许多关于动物群居的知识。你会知道动物在群体中有各自不同的分工，有的担当保姆的角色，比如火烈鸟；有的负责种植食物，比如南美切叶蚁。你是否曾好奇大雁为什么排成V字形飞，为什么猴子们总是在相互梳理毛发？这本书将——为你解答这些问题。还等什么，现在就打开书，和群居动物一起狂欢吧！

大家来吃吧!

　　你和同学一起采摘过苹果吗？或者和家人一起采摘过草莓吗？有过这样的经历，你就一定知道：大家一起行动往往比你单独行动采摘到的水果要多得多。很多动物在吃这个问题上也采用了相同的策略。比如狮子等肉食动物在追捕大型猎物时会集体行动，有的动物会通过共享食物来帮助群体成员，而图中这些南美切叶蚁则是分工协作，共同为集体种植食物。

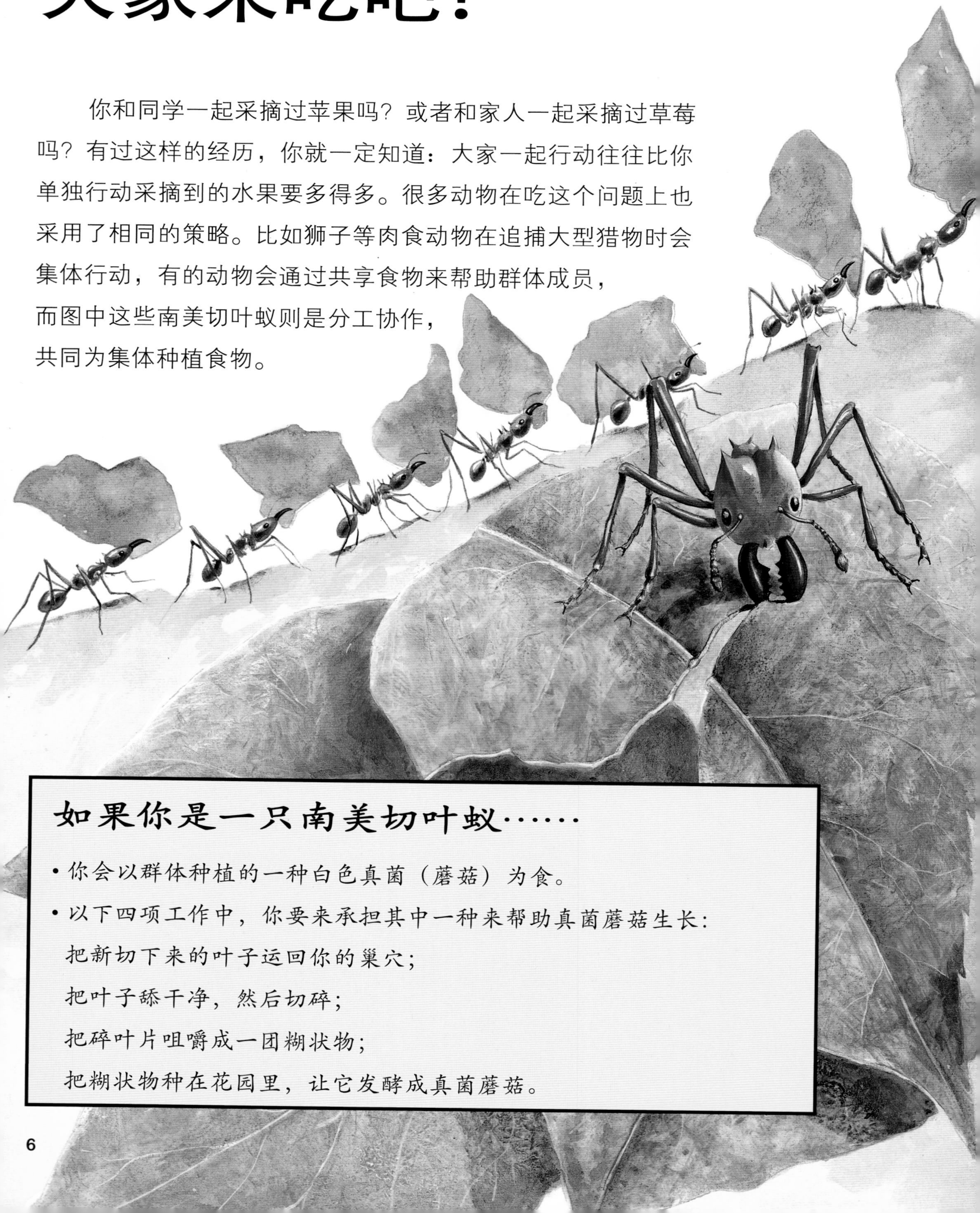

如果你是一只南美切叶蚁……

- 你会以群体种植的一种白色真菌（蘑菇）为食。
- 以下四项工作中，你要来承担其中一种来帮助真菌蘑菇生长：

　把新切下来的叶子运回你的巢穴；

　把叶子舔干净，然后切碎；

　把碎叶片咀嚼成一团糊状物；

　把糊状物种在花园里，让它发酵成真菌蘑菇。

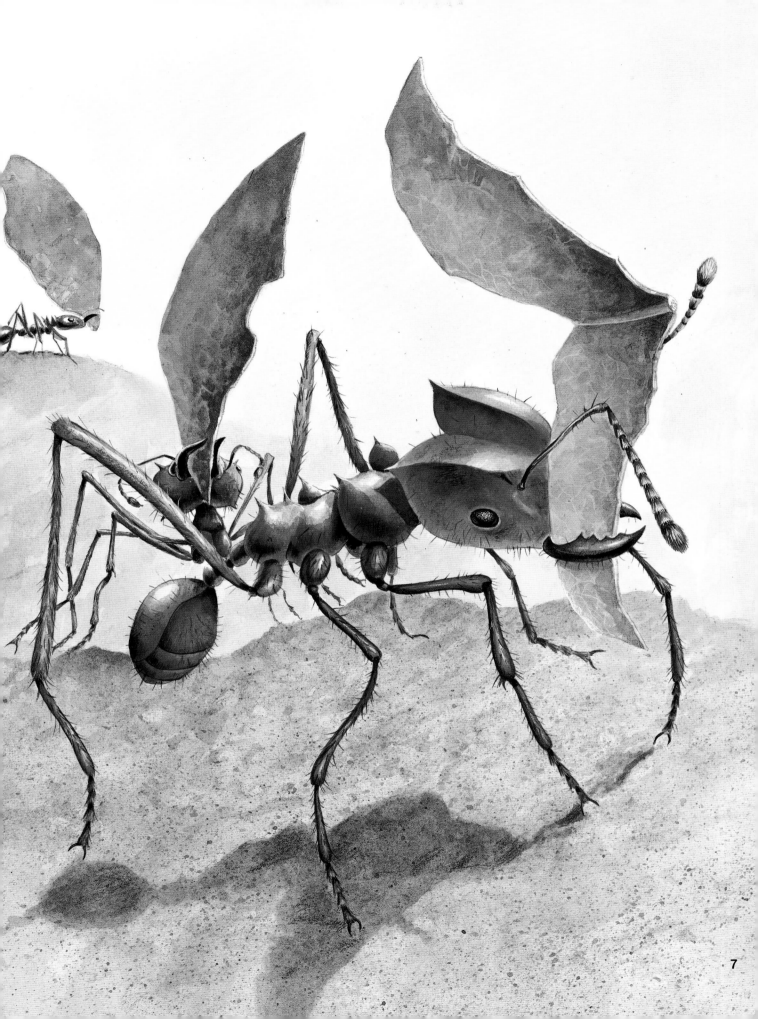

一起打猎

　　一个动物群体如果要猎食，成员们必须通力合作。比如白鹈鹕在浅水捕鱼时就要集体行动。鹈鹕们面向河岸站成一排，齐心协力用翅膀和脚将鱼群往岸边赶，直到把鱼群团团包围，这样轻而易举就能把鱼变成自己的囊中之物，不会有一条漏网之鱼。

白鹈鹕

条纹枪鱼在捕食小鱼时也会集体出动。三四条凶猛的枪鱼在发现猎食目标后会采取"汆肉丸子"的策略：它们从不同方向出击，将小鱼群赶到一起，使之形成一个球状；然后，它们就可以大快朵颐了。这可比单独行动轻松多了。

条纹枪鱼

动物在追捕比自己体型大的猎物时，进行团队合作十分必要，这对于捕食羚羊的非洲鬣狗来说尤是如此。鬣狗们会轮流追逐一只羚羊，直到它筋疲力尽为止；然后一只鬣狗会扑上去把羚羊拖倒。一旦羚羊倒地，其他鬣狗就一拥而上把它解决掉。

非洲鬣狗

互帮互助

动物们帮助彼此觅食并不总需要一起行动。比如蚂蚁会留下气味，引领同伴找到食物；蜜蜂会跳一种特殊的舞蹈，告诉同伴食物在哪里；许多鸟类会收集食物，然后和伙伴们一起分享。

佛罗里达灌丛鸦生活在灌木丛林地，那里树木很少，食物也难找。因此，要喂饱一窝雏鸟，需要许多成年灌丛鸦一起努力才行。在这样互帮互助的家庭氛围中长大的雏鸟，也会和家人生活在一起。它们为家人觅食，还要保护年幼的弟妹不被蛇吃掉。除了佛罗里达灌丛鸦外，还有很多鸟类都以同样的方式帮助家人，比如鹪鹩、雌苏格兰雷鸟和啄木鸟等。

佛罗里达灌丛鸦

聪明的牛背鹭

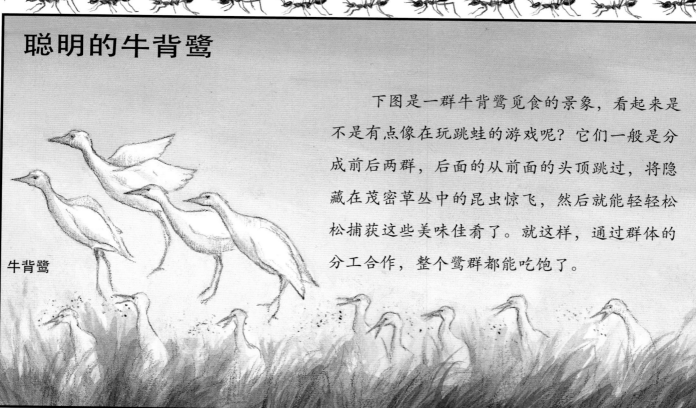

牛背鹭

下图是一群牛背鹭觅食的景象，看起来是不是有点像在玩跳蛙的游戏呢？它们一般是分成前后两群，后面的从前面的头顶跳过，将隐藏在茂密草丛中的昆虫惊飞，然后就能轻轻松松捕获这些美味佳肴了。就这样，通过群体的分工合作，整个鹭群都能吃饱了。

丛林狼也生活在一个有爱的大家庭里。如果父亲外出打猎了，家里会有长辈帮忙照看幼崽。但是，小狼长大后是否和家人生活在一起，还得取决于食物的种类。

如果食物是一具动物尸体，丛林狼就会和狼群待在一起，与家人一起分享食物，而绝不让别的狼群碰一下。你知道它们是如何做到的吗？很简单，它们会竖起全身厚厚的毛和尾巴，让身体看上去更强大；还会露出尖利的牙齿，让外来者不寒而栗。

丛林狼

人人为我，
我为人人

当动物生病、受伤或遇到危险时，通常需要群体成员的帮助。生病的动物也许是生活在有几千个成员的群体中，就像某些鸟类一样；也许是生活在一个大家庭中，就像这些侏儒獴一样。但不管生活在怎样的群体中，动物们总能从群体成员那里获得帮助。

如果你是一只侏儒獴……

- 你会和父母以及九个兄弟姐妹生活在一个大家庭中。
- 你会住在一个空置的白蚁巢穴里。
- 如果你是雄性，在和家人一起捕猎或觅食时，你要和其他雄性轮班站岗，警惕鹰的突袭。
- 如果你是雌性，即使不是妈妈，也要负责哺育和看护家里的小孩子。

13

以多取胜

许多动物通过群居来保障自身安全。作为群体来行动，即使是小型动物也可以攻击大型捕食者。动物采取的围攻方式可谓千差万别。

地松鼠

地松鼠也会采用围攻的方式来赶走蛇。它们成群结队冲向来袭的蛇，把沙子扔到它的脸上。有时，一些非常勇敢的地松鼠甚至还会快速咬蛇一口。

海鸥

海鸥一般是几百只群居在一起。如果有狐狸想要抓走小海鸥，许多海鸥就会俯冲下来去啄狐狸的头，直到把它赶跑为止。

酋长鸟的巢穴离得非常近。如果猴子或者犀鸟想要偷鸟蛋或者雏鸟，酋长鸟们会很快聚集起来，齐心协力把它赶跑。

狒狒

狒狒要群起与豹子对抗，这时，它们会张大嘴巴露出牙齿，大声尖叫，还会重重地跺脚。再凶恶的猎豹见到这幅景象都会被吓跑。你也会的，不是吗？

酋长鸟的巢

围攻猫头鹰

　　小型鸟类即使在没有遭到猫头鹰袭击时也会对它采取围攻。如果看到一只猫头鹰白天安静地坐在一棵树上，它们就会飞到猫头鹰周围，大声叫喊。很快，各种鸟儿都会加入进来。有些在猫头鹰脑袋周围唧唧喳喳地叫，有些会去啄它的眼睛，还有一些会俯冲而下攻击它。最后，猫头鹰不胜其扰，就会跑了。鸟儿们为什么要这么做呢？因为猫头鹰是小型鸟类的死敌。它们非常害怕猫头鹰，希望它永远别回到属于它们的领地。

黑头威森莺

雌红喉蜂鸟

长耳鸮

灰噪鸦

雄红喉蜂鸟

北方森莺

北美歌雀

挺身相助

动物们受伤或遇到危险时，也会像我们一样需要帮助。不过它们需要的不是来自警察或医生的帮助，而是来自群体成员的帮助。有时，帮助别人甚至意味着要拿自己的生命去冒险。

大象生活在以一位雌性为首领的母权制群体中，群体会为它的成员提供多方面的帮助。如果一头小象在行进中摔倒了，整个象群都会停下来，帮助小象的妈妈扶起小象，然后再继续行进。如果象群受到攻击，它们会紧紧地聚在一起：头象会大义凛然地站在最前面，小象和老象则安全地躲在它身后。如果一头象中枪了，象群就会跑上前去帮助它，而不是忙着自顾自地逃开以躲避猎人。

斑马生活的群体是由一匹公斑马带领着一群母斑马和小斑马组成的，斑马头领负责保护整个群体的安全。斑马群行进过程中，头领会走在整个队伍的最后；如果有成员走散了，头领会去寻找它们。如果一匹生病或者年迈的斑马无法跟上群体行进的步调，整个斑马群都会放慢脚步等它。

斑马

给群体命名

在中文的表达方式中，我们常用"一群"来表示动物群体的数量。你知道吗，在英文的表达方式中，"一群"有很多种说法呢，它们用来表示不同的动物群体。让我们一起来学习一下吧！

群体量词

1.一群（A school of）

2.一群（A pack of）

3.一群（A pod of）

4.一群（A troop of）

5.一群（A herd of）

6.一群（A flock of）

7.一群（A pride of）

8.一群（A colony of）

9.一群（A community of）

动物

A.鱼（fish）

B.狼（wolves）

C.鲸鱼（whales）

D.狒狒（baboons）

E.象（elephants）

F.鹈鹕（pelicans）

G.狮子（lions）

H.火烈鸟（flamingos）

I.猩猩（chimpanzees）

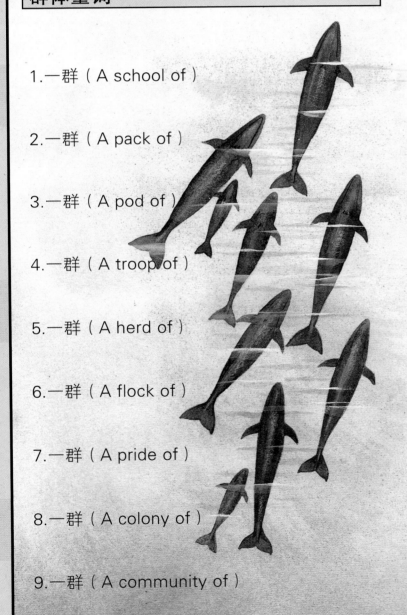

养育后代

对于动物父母来说，养育后代可不是件容易的事。它们要找到足够的食物喂养孩子，并保护它们免受捕食者的威胁，还要培养孩子慢慢独立。许多动物会互帮互助，共同完成这项繁重的养育工作。有些动物是在两个家长的家庭里养大孩子，有些是让孩子在大家庭中成长起来，而还有的动物，比如图中的这些火烈鸟，是在"托儿所"里照料宝宝的。

如果你是一只火烈鸟……

- 你们一家会生活在由几千个成员组成的大群体中。
- 你会把头贴在蛋上，和里面的雏鸟说话，让它认识你的声音。
- 你会从喉咙中分泌出一种红色营养液，喂给雏鸟吃。
- 在你外出寻找食物时，你的雏鸟和其他几百只雏鸟会一起由托儿所的火烈鸟保姆来照顾。

家庭第一

　　许多动物都是和家人生活在一起的，家庭成员通常会互相帮助共同照看幼崽。

　　慈绸一次能生200条小鱼，真是一个庞大的家庭！在小鱼孵化之前，父母会轮流照看鱼卵。它们会用鱼鳍和鱼尾给鱼卵扇风，提供氧气；还会给鱼卵搬家，来躲避捕食者。小鱼出生后，父母还要确保它们不会游太远走丢了。

　　南美绒猴一次只生两只幼崽，但每只幼崽都有母亲体重的1/4那么沉。母亲不可能带着这么重的绒猴到处觅食，于是父亲和哥哥姐姐就会帮忙背着它们。

　　长臂猿父母也会一起承担养育后代的责任。长臂猿妈妈在孩子两岁之前，会把孩子挂在腰上随身照顾。之后，爸爸会接过抚养和教育孩子的重任。大约这个时候，长臂猿妈妈通常会再次生育，有了伴侣的帮助它就能把全部精力放在新出生的孩子身上了。

慈绸

南美绒猴

长臂猿

解渴妙招

　　沙鸡一家住在沙漠里，远离水源。找水对成年沙鸡来说并不是个难题，它能够飞32公里远去寻找水源。但是小沙鸡还不会飞，它们怎么办呢？别急，沙鸡爸爸有办法，它会采取一种特别的方式让孩子们喝到水。沙鸡爸爸在喝水的时候，会把胸前蓬松的羽毛在水中浸湿。等回巢后，小沙鸡就可以轮流从它胸前的羽毛上吸水解渴了。

动物托儿所

想象一下，在你的保姆那里，有500个小朋友一起玩耍，那会是什么景象呢？绒鸭的托儿所就是这样。小绒鸭在出生后不久就会进入托儿所。当它们的母亲外出觅食时，几只母绒鸭阿姨会在托儿所保护它们。如果危险的海鸥出现，阿姨们会发出警告，小鸭们就会迅速集合，围在阿姨们的周围。如果海鸥靠得太近了，阿姨会抓住它的腿，把它拖进水里去。

在大角斑羚的托儿所中，也有多达400只幼崽在两岁之前共同生活在一起。它们把很多时间用在舔彼此的皮毛上，这些举动只有在小时候亲近时才会进行，长大以后就不会了。

绒鸭

大角斑羚

巴塔哥尼亚天竺鼠的托儿所要小得多，你只能看到不超过20只的小天竺鼠。事实上，你也可能根本看不到它们，因为托儿所是在一个地洞里。奇怪的是，成年天竺鼠从来不进入地洞。当天竺鼠妈妈想给自己的孩子喂奶时，会在洞口处吹口哨。这时托儿所里面的小天竺鼠都会钻出来，但里面只有两个是它自己的孩子。天竺鼠妈妈会把自己的孩子带到一旁，安静地给它们喂奶。

　　宽吻海豚一出生就有保姆照顾。事实上，这些保姆也担任着接生婆的角色。接生婆帮助海豚妈妈生产，并把刚出生的小海豚托上水面，让它能够呼吸。它们还保护海豚妈妈和刚出生的小海豚远离捕食者。在小海豚长大一些后，妈妈会游到远处去觅食，小海豚就被交给两三个保姆照顾。当小海豚们在一起玩时，保姆会把它们围在中间，保护它们远离捕食者的威胁。

巴塔哥尼亚天竺鼠

让我们一起玩吧！

你喜欢和朋友们玩什么游戏呢？捉人游戏，模仿领袖，还是占山为王？你相信吗，一些动物也会玩这些游戏呢。通常来说，小动物会和小伙伴们在一起玩耍，但有时爸爸妈妈也会加入进来。一起玩耍教会了小动物怎么和群体成员进行合作并成为好朋友，还帮助小动物们（比如图中这些小狼）练习它们成年后会用到的技巧。

如果你是一匹小灰狼……

- 你生活在狼群中。
- 你所在的狼群 会有两个头领——一公一母。
- 你会和五六个兄弟姐妹一起玩耍。
- 你会和伙伴彼此追赶、伏击和打闹。在打闹时,你会摇摇尾巴,表示自己只是在玩耍,而不是要真的打架哦。

25

动物们的游戏

占山为王

一些动物会玩"占山为王"的游戏。它们爬上一座山丘，试图把上面的家伙拉下来。企鹅宝宝会把一堆冰甚至一头睡着的海豹当作山丘。它们的爬行和推搡都是在练习逃离捕食者的战术。海狮宝宝则会将一块大卵石或者突出的礁石作为它们的山丘。它们互相打闹，练习技能，为将来长大后保卫领地做好准备。

海狮

嬉戏打闹

动物们嬉戏时，它们会使出咬、挠、扇、或者推等各种招术。但是它们不会用尽全力，因为它们并不想伤害到对方。它们只是在练习一些搏斗的技巧，以便在遇到捕食者或对手时会用得上。雄性北极熊会用后腿站立，用爪子互相推搡和拍打。它们通常有一个"陪练"，这些"陪练"搭档还经常在夏天和秋天一起结伴旅行。

北极熊

追捕游戏

　　追捕游戏是大多数动物最喜欢的一种游戏，它们会轮流当追赶者和逃跑者。当小瞪羚玩追捕游戏时，它们能够练习高速奔跑，这项本领在逃脱捕食者的进攻时很重要。小长臂猿在树顶之间玩"模仿领袖"的游戏，互相追逐。它们这样做是因为好玩，但是游戏本身也能帮助它们强健肌肉。

瞪羚

蹦极游戏

　　小狒狒喜欢玩从树上摔下去的游戏。它们爬到一棵树上，单手吊着树枝末端，然后让自己摔下去。当几个小狒狒一起玩这个游戏时，它们会互相捣乱，试着把其他狒狒从树枝上推下去。

玩耍信号

想象自己是一只小狗，如果你想和另一只小狗一起玩，你会怎么做呢？答案是：你会俯下身，头挨近地面，屁股撅起来，这个姿势就是你的玩耍信号。它是在告诉你的朋友，你想和它一起玩耍。同时也告诉你的朋友，任何打闹都是闹着玩儿的。

没有这个玩耍信号，别的动物可能会认为自己受到了攻击，会立刻开始防卫。这会导致群体内部发生争斗，这可不是动物们想要的。

不同的动物有不同的玩耍信号：北极熊会快速地左右摆头；草原狼会打滚扭动身体；猫鼬会甩动尾巴；獾会用力伸直头部；老虎、狮子和其他猫科动物会互相拍打和推搡。这些都是在说："我只是想和你一起玩哦。"

狗

猫鼬

獾

老虎

28

一起玩耍

当动物们玩游戏时，它们会学着合作，这在群体生活中是很重要的。人类也可以通过游戏学会合作。现在就和朋友一起玩下面这些游戏，看看游戏如何让人学会合作吧。

起坐练习

1.面对面坐在地板上。

2.屈膝，脚放平在地板上，脚趾相对，互相接触。

3.身体前倾，抓住对方的手。

4.拉住对方的手同时站起来，然后再试着一起坐下。

背对背

1.背对背坐在地板上，屈膝。

2.用力抵住对方的背，脚保持不动，试着一起站起来。

3.然后再一起坐下。

4.试着背对背半站起来，像螃蟹一样横着走。再试试你们能用同样的方式向前或向后走吗？

洗漱时间到了！

　　动物们非常讲究卫生，是吗？如果你回答"是"，那恭喜你，答对了！动物每天都会清理自己的毛发，或者互相清理身体。它们会从毛发或羽毛里挑出灰尘、皮屑或者寄生虫。这有利于它们保持身体健康。

　　动物们帮助彼此理毛，可以清洁到那些自己难以够到的地方，这种互助行为对于在群体中建立友谊也很重要。一些动物，比如图中这些黑猩猩，每天会花上好几个小时的时间来清理彼此的毛发。

如果你是一只黑猩猩……

- 你会住在一个称为"猩猩部落"的群体中，并有一个清理搭档。
- 你会从搭档的毛发中捡出寄生虫，并吃掉它们。
- 你会用一根带尖头的小树枝来清理搭档的牙齿，就像使用牙签一样。
- 你会用手指或嘴唇把碎屑从搭档的皮肤中清理出来。

理毛的规矩

如果你观察一群黑猩猩互相理毛，会看到下面的情景：妈妈给它们的孩子理毛；小猩猩们给群体中的雄性领袖——银背大猩猩理毛；银背大猩猩不会给其他任何猩猩理毛。这个顺序告诉你，动物们给彼此理毛，不只是为了讲卫生，还增强了动物间的友谊，并且能提醒动物们要明白自己在群体中的地位。当小猩猩给银背大猩猩理毛时，它们是在讨好它，想表示"请对我友好一些"的意思。而银背大猩猩不给其他猩猩理毛，则是在显示自己的权威，告诉其他猩猩："我是这儿的老大！"。

大猩猩

雌狮

狮子互相梳毛也会遵循一定的顺序。
狮群通常由几只雄狮、雌狮和小狮子组成。
雌狮会用粗糙的舌头来给雄狮、其他雌狮
和它们的幼崽理毛，而雄狮只给自己理毛。

长鼻浣熊

长鼻浣熊用牙齿互相理毛。
它们面朝一个方向排成一列坐下来，
轻咬同伴，一点点清理对方身上的毛。

请帮帮忙

想象这样一幅画面：两只鸟站在
一起，一只鸟仰起头，竖起脖子上的
羽毛。它是脖子疼吗？不！它只是请
求同伴帮忙清理自己够不到的地方。
同伴一看到这个姿势就明白了它的意
思，会马上开始清理工作。

聚在一起

　　有时动物会聚集到一起，形成非常庞大的群体。群体里面可能会有多达上千甚至上百万的成员。为什么动物们愿意成为这样一个庞大群体中的一员呢？它们可能在寻找食物或伴侣；也可能是为了安全或者冬眠而聚在一起；或者它们可能要从一个地方迁徙到另一个地方，就像图中这些黑脉金斑蝶一样。

如果你是一只黑脉金斑蝶······

- 你在夏天会独自生活。
- 在夏末和秋天，你会开始向南迁徙到墨西哥。
- 在迁徙的路上，你会遇到越来越多的黑脉金斑蝶朝同一个方向飞来。很快，几百万只蝴蝶将会与你为伴一起迁徙了。
- 在冬天，你会住在落满了黑脉金斑蝶的冬青树上。生活在庞大的群体中，你会更易避免成为捕食者的盘中之餐。

迁徙之路

大多数动物都会和群体一起迁徙，群体迁徙有显而易见的优势。当大雁在冬天向南方迁徙时，它们会排成V字形飞翔。每只大雁的翅膀末端都会带动空气以圈状流动，形成小漩涡。除了头领之外的所有大雁都跟在同伴的侧后方，它们能借助空气漩涡获得额外的抬升力，这意味着每只大雁飞翔所需要花费的能量少了很多。

燕子和褐雨燕利用上升的暖气流来帮助它们节省力气。鹰和隼也同样会利用上升的暖气流来帮助它们迁徙和猎捕小型鸟类。幸运的是，当小型鸟类跟着庞大的群体一起飞翔时，被捕食的机会就小得多了。

大雁

群体迁徙对于龙虾而言也更安全。龙虾在迁徙时会沿着海底长长地走成一列。它们走进深水，来躲避冬天肆虐的暴风雪。如果遇到了捕食者，它们会很快围成一圈，大螯朝外来抵御捕食者。看到这副架势，谁会愿意跟这样一个群体过不去呢？

龙虾

迁徙路线

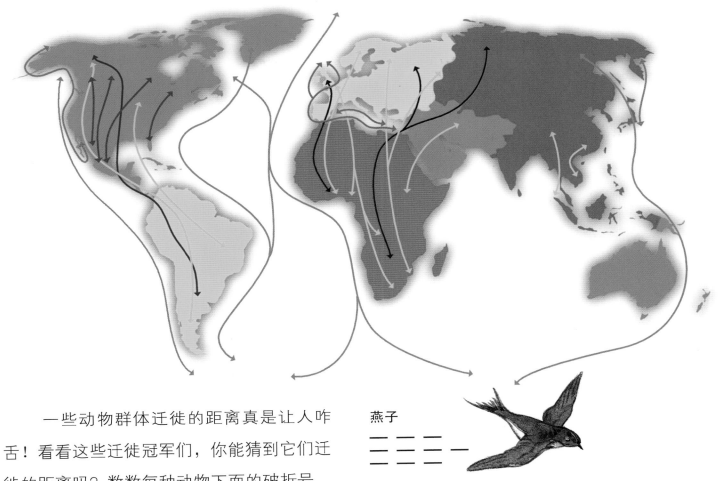

一些动物群体迁徙的距离真是让人咋舌！看看这些迁徙冠军们，你能猜到它们迁徙的距离吗？数数每种动物下面的破折号，你就能算出来了。每个破折号代表2000公里的距离呢。计算出它们的迁徙距离了吗？是不是很惊人？

燕子

— — — —
— — — —

蓝鳍金枪鱼

— — —

斯温氏鹰

— — — — —
— — — — —

灰鲸

— — — —
— — — —

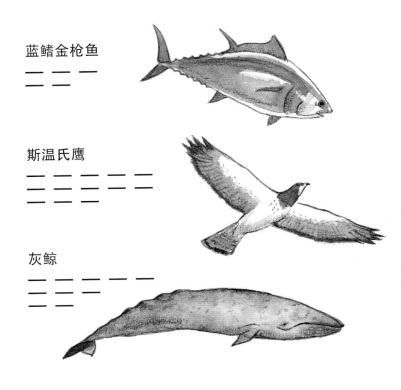

黑脉金斑蝶

— —

北极燕鸥

— — — — —
— — — — —
— — — — —
— — — — —

雨燕

— — — —
— — — —

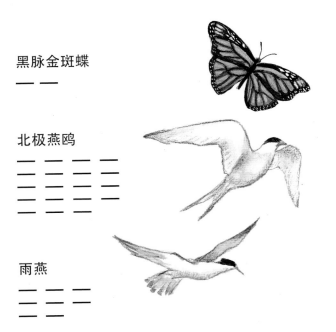

答案见第40页

37

跟着大伙儿走

如果你撒种子喂过鸟，很可能注意到，开始只有几只鸟来吃，但很快就会有很多鸟也飞过来，你将会看到一大群的鸟儿！这种情况不仅发生在鸟类身上，在其他野生动物身上也会发生。

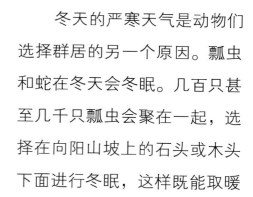

瓢虫

当鱼或哺乳动物找到食物后，很快就会有几十个同伴加入其中。它们是怎么知道这里有食物的呢？答案其实很简单：它们也许本来就是在找好吃的，或者可能看到其他动物朝食物的方向走去。

冬天的严寒天气是动物们选择群居的另一个原因。瓢虫和蛇在冬天会冬眠。几百只甚至几千只瓢虫会聚在一起，选择在向阳山坡上的石头或木头下面进行冬眠，这样既能取暖又能保湿。蛇也会这么做。有些甚至和其他几百条蛇缠在一起，团成一个巨大的球体。

蛇

帝企鹅

企鹅冬天不冬眠，但是企鹅们也会大批聚在一起来取暖。暴风雪来袭时，多达5000只帝企鹅会紧紧贴在一起取暖，企鹅群里面要比外面暖和多了。当外圈的企鹅实在太冷时，它们便会向圈内移动。而当原先比较暖和的企鹅被挤到外面，身体渐渐变冷后，又会开始朝圈内移动，如此往复，循环不停。

"聚蚊成团"

如果你看到过一大群蚊子在空中飞舞，可以肯定这是一群公蚊子在等母蚊子过来。当公蚊子和一个庞大的群体在一起时，母蚊子会比较容易找到交配对象。

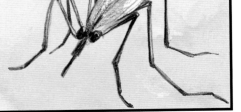

索引

动物和它们的孩子

动物如何生育和照顾宝宝

作者：派米拉·海克曼　　插图：帕特·史蒂芬斯

周晓星　梁绪　译

中国出版传媒股份有限公司

中国对外翻译出版有限公司

图书再版编目（CIP）数据

动物和它们的孩子：动物如何生育和照顾宝宝/（加）派米拉·海克曼著；（加）帕特·史蒂芬斯绘；周晓星，梁 绪译.—北京：中国对外翻译出版有限公司，2012.10

（我的第一套动物行为体验书）

ISBN 987-7-5001-3471-8

Ⅰ.①动…　Ⅱ.①海…　②史…　③周…　④梁…　Ⅲ.①动物行为—儿童读物　Ⅳ.①Q958.12-49

中国版本图书馆CIP数据核字(2012)第218856号

（著作权合同登记：图字：01-2012-4410号）

正文 ©派米拉·海克曼　　插图 ©帕特·史蒂芬斯

经Kids Can Press Ltd., Toronto, Ontario, Canada允许出版。

出版发行 / 中国对外翻译出版有限公司

地　　址 / 北京市西城区车公庄大街甲4号物华大厦六层

电　　话 / （010）68359827；68359101（发行部）；68353673（编辑部）

邮　　编 / 100044

传　　真 / （010）68357870

电子邮箱 / book@ctpc.com.cn

网　　址 / http://www.ctpc.com.cn

总 审 定 / 张健旭

出版策划 / 张高里

策划编辑 / 吴良柱　郭宇佳

责任编辑 / 刘景卉　郭宇佳

印　　刷 / 北京盛通印刷股份有限公司

规　　格 / 889×1194毫米 1/16

印　　张 / 27.5

版　　次 / 2012年10月第一版

印　　次 / 2012年10月第一次

ISBN 978-7-5001-3471-8　　　　　全套定价：188.00元

目录

引言

你也许和小河马一样，是家里的独生子，或者和大多数北美野山羊宝宝们一样，是双胞胎之一。但如果你是一只马岛猬宝宝，你会和25个甚至更多的兄弟姐妹享受同一个妈妈的爱呢。打开这本书，你会认识各种各样的动物家庭，有趣极了！

大多数动物的生命旅程是从一颗蛋开始的，而蛋蛋们的旅程在哪里结束，可能会令人吃惊！你会发现，有的动物妈妈们会把宝贝蛋背在自己的背上，有的动物爸爸们则会把蛋蛋们放在它们的嘴里孵育出宝宝。

大多数哺乳动物，比如狗、猫和人是不生蛋的，它们是自然产下宝宝的。请你想想，如果你的妈妈和树懒妈妈一样，是倒挂在树上生宝宝的，那会是什么样子呢？你或许不知道，熊妈妈们甚至在生宝宝的过程中一直睡觉呢！

你和其他家庭成员一起生活过吗？许多动物父母在去寻找食物的时候，会把宝宝们留给家族中的其他成员代为看护。也有一些动物宝宝从一出生就开始独立生活了。

动物宝宝们的生活和你的生活或许不大一样，或许又会惊人地相似。读完这本书后，你觉得你的爸爸妈妈和角嘴海雀的爸爸妈妈一样吗？你的童年和北极熊的童年相比有什么不同呢？你也可以把你所受的教育和猩猩所受的教育情况比一比——你会为你的发现惊奇不已的！

马岛猬

4

从一颗蛋开始

　　大多数的动物宝宝是从蛋里孵出来的。青蛙妈妈和鱼妈妈会在水中产下黏软的卵。爬行动物，比如海龟妈妈，为了防止它们生的蛋在岸上失去水分，会用遮盖物盖在蛋上。而鸟类蛋蛋们的蛋壳是最坚硬的。

　　为了保护蛋蛋们的安全，动物爸妈们不仅要保卫蛋蛋们的巢穴，有时还需要把它们随身携带，直到蛋蛋们已经准备好被孵化。继续读下去，你还会发现一些动物爸妈守护蛋蛋们时的特殊举动，比如角嘴海雀夫妇会彼此分担孵蛋工作，并一直为鸟蛋保暖长达45天，直到幼鸟孵化出来。

如果你是一只
大西洋角嘴海雀宝宝……

- 你会是家里的独生子。

- 当你在地洞里或者地下鸟巢里孵化出
  来时，爸爸妈妈会用细细的羽绒把你
  裹起来。

- 在你出生后的第一周，你的爸爸或妈
  妈会为你保暖。

- 当爸爸妈妈为你外出捕鱼时，你会被
  单独留在家中。

- 在你出生40天后，你的爸爸妈妈会离
  开你。

- 你会飞向大海，直到你要到陆地筑巢
  时才回来。

近距离观察

蛋蛋是一种很神奇的东西，它们的大小、颜色和形状，取决于它们妈妈的种类。昆虫的卵又小又多，通常情况下，昆虫父母会把卵藏在植物丛中，大多数人都不会注意到它们。只有在池塘和沼泽地区，你才能看到蟾蜍和青蛙的卵，这些卵软软的，就像是被果冻包裹起来一般。爬行动物的蛋同样不易找到，它们像皮革一样坚韧。海龟妈妈把兵乓球大小的蛋生在挖好的地洞里；蛇妈妈则把蛋生在腐烂的原木或者石头下面。

如果你曾经见过鸟类筑巢，你也许有机会看到它们的蛋或空蛋壳。大多数鸟类的蛋直径不到5厘米长，但是也有例外，已经绝种的隆鸟的蛋要比本页纸还大呢。

现在世界上最大的鸟蛋是鸵鸟蛋，直径可达18厘米长；最小的鸟蛋是蜂鸟蛋，只有豌豆那么大。但是，无论大小，每种鸟蛋的内部结构是基本一样的。

蜂鸟蛋

鸵鸟蛋

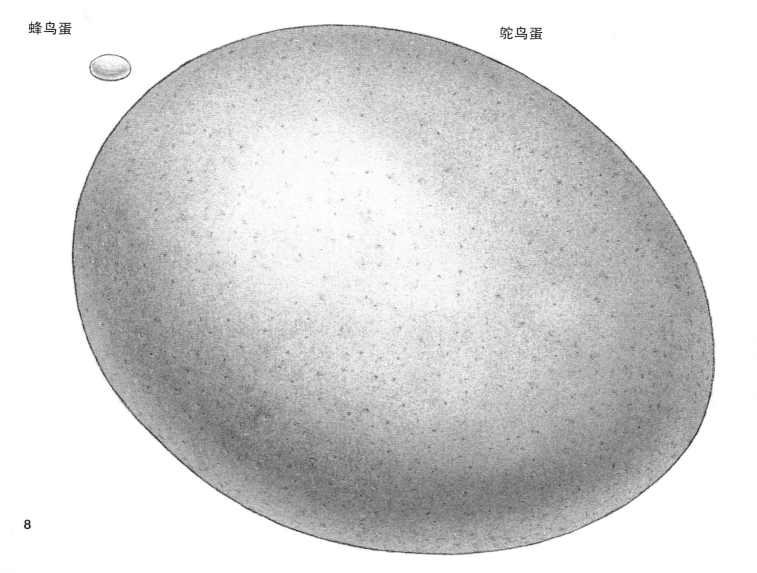

蛋的内部结构

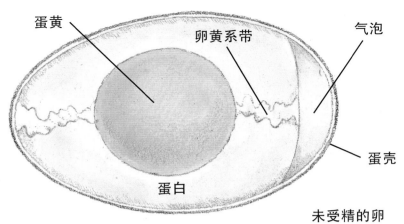

蛋黄　卵黄系带　气泡

蛋壳

蛋白

未受精的卵

你或许对杂货店里的鸡蛋最为熟悉，但你知道鸡蛋里面是什么样的吗？看看右面这幅插图，你是否看到了蛋里面的世界呢？

在敲开蛋壳前，把你的拇指放在蛋的大头的一端，食指放在尖头的一端。现在拇指食指同时尽可能地用力。你会发现，即使这样，你也无法捏碎这颗蛋。要知道，鸟蛋的坚硬外壳来自鸟妈妈体内形成的碳酸钙结晶体，这种结晶体的排列方式会使蛋壳非常坚硬。

在蛋里，你会发现一种清亮的液体，叫做蛋白。蛋白能为胚胎或未充分发育的幼体提供水分，并且有减震缓冲的作用。黄色的蛋黄为正在发育成长的幼鸟提供食物养分。

在蛋黄两端都各连接着一条白色"粗绳"，称为卵黄系带。卵黄系带是用来连接蛋黄和蛋壳的纽带。在幼鸟破壳而出前，它会打破在鸟蛋大头一端的气泡，第一次呼吸空气。然后幼鸟用嘴上像旋钮似的破卵齿来撞破蛋壳。

你在商店里买到的鸡蛋是没有被公鸡受精过的蛋，因此里面是没有胚胎的。当蛋受精后，生长发育中的胚胎将由一条狭窄的茎干连接到蛋黄上。

"巢中之巢"

有些鸟类会请"保镖"来保护鸟蛋的安全。澳洲刺嘴莺会把窝建在大黄蜂的巢旁来保护鸟蛋和幼鸟；带刺的大黄蜂会阻止捕食者侵袭鸟窝，却并不会打扰到鸟儿。一种生活在婆罗洲(一半属于马来西亚，一半属于印尼)的翠鸟则更进一步，它们竟然直接把蛋生在了蜜蜂的窝里！

会移动的蛋

当危险临近时，鸟类、海龟和蛇不可能将产下的蛋捡起来或者带在身上一起逃走。它们唯一能做的就是誓死捍卫自己的蛋，或是把蛋藏起来，防止捕食者的侵袭。你知道吗，居然有些动物会以不可思议的方法，把蛋安全地随身携带，直到孵化。

让我们一起看看这些聪明的守卫者的绝招吧！

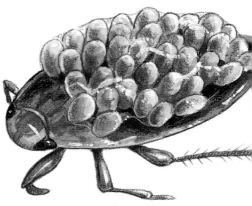

雄性田鳖

田鳖妈妈产卵后，会把卵都粘在田鳖爸爸的背上，田鳖爸爸就带着这些卵在水中游走，保护自己未孵化的宝宝们。

雄性海马

海马妈妈产卵后，会把卵放在海马爸爸身体上一个口袋似的育儿袋中，海马爸爸会带着这些卵一起生活8~10天，直到它们孵化。

生活在智利的尖吻蛙个头很小，幼蛙竟然是在爸爸的声囊里孵化的！尖吻蛙爸爸把卵铲进自己的嘴里，藏在大大的声囊里，直到蛙卵孵化并长成幼蛙。当幼蛙足够大时，尖吻蛙爸爸就张开嘴巴让幼蛙跳出来。

雄性尖吻蛙和幼蛙

雌性囊蛙

生活南美的囊蛙妈妈产卵后，会把这些卵转移到它背上的育儿袋中。当蛙卵孵化后，小蝌蚪们在妈妈的皮肤下生长和游动，当它们足够大时，就从育儿袋上的裂缝中游出来。

雌性狼蛛

狼蛛妈妈会把卵包裹在已经织好的柔软的囊中，挂在身下，走到哪里就带到哪里，直到蛛卵孵化。

身体内的卵

有些动物是不会产卵的。有些雌性鲨鱼、鳐鱼、一些蛇类和鱼类是卵胎生，即卵在动物体内受精并发育。这就意味着这些动物会把卵留在身体里。卵黄给幼崽提供养分，幼崽在卵中生长，直到在妈妈体内孵化出来。此时，幼崽已经长得和爸爸妈妈一样了，只不过小了一号。然后这些动物妈妈们才把活蹦乱跳的宝宝生出来。

认识单孔目动物

你知道鸟是卵生动物，但是你知道有些哺乳动物也是卵生的吗？鸭嘴兽和针鼹鼠，是世界上仅有的两种卵生哺乳动物，也叫单孔目动物。和其他哺乳动物不同，单孔目动物妈妈会生蛋，没有乳头，而且无法保持正常体温。

针鼹鼠

鸭嘴兽生活在澳大利亚东部的河流流域。鸭嘴兽妈妈在地洞里产下二、三枚像皮革一样坚韧的蛋后开始孵蛋，大约十天后，小鸭嘴兽就会破壳而出。刚孵化的小鸭嘴兽看不见东西，更无法自力更生。鸭嘴兽妈妈的肚子上有一种特殊的腺体，奶水会顺着毛发缓缓地流出来，小鸭嘴兽通过吸吮着妈妈的奶水来进食。六个星期后，小鸭嘴兽的身上长出了毛皮，眼睛也能睁开了，还可以离开地洞在河里游上一小会儿了。当小鸭嘴兽长到四、五个月大时，妈妈就会给它们断奶了。那时，它们会自己捕食昆虫、青蛙或淡水螯虾。

第一只鸭嘴兽

两百多年前，科学家们震惊地发现，在澳大利亚生活着一种奇怪的动物。人们反复检查了它又大又扁的喙、多毛的身体和带蹼的脚，却还难以置信，有不少人甚至科学家都认为它是伪造的。不久以后，当一件完整的标本被送到科学家面前时，他们才不得不同意，这是一种真实存在的动物，并给它取名为鸭嘴兽。在当时，由于它有多毛的身体，鸭嘴兽被认为是哺乳动物。澳大利亚当地居民告诉研究者，这种动物是生蛋的，但是没有人相信。因为在那个时候，科学家认为所有的哺乳动物都是胎生动物。直至近一百年后，科学家看到了一只正在生蛋的鸭嘴兽，才终于相信卵生的哺乳动物确实存在。

鸭嘴兽

13

生日快乐

　　你知道吗，我们人类也属于哺乳动物。和大多数的哺乳动物一样，你是胎生的而不是从卵中孵化出来的。哺乳动物可以分为三类：单孔目哺乳动物、有袋目哺乳动物和有胎盘哺乳动物。单孔目哺乳动物是本书前面所提到的卵生哺乳动物。有袋目哺乳动物，如袋鼠和负鼠，是胎生的，刚出生的幼崽很小，尚没有发育完全。大多数哺乳动物是和你一样的有胎盘哺乳动物，是在妈妈体内发育完全后才出生的。

　　在这些有胎盘哺乳动物中，小北极熊是在妈妈冬眠时出生的。北极熊妈妈只醒来一小会儿，给小北极熊舔干身体，然后又会继续冬眠两个多月。在这段时间里，北极熊宝宝们依偎在妈妈身边，靠吃妈妈的奶水活下来。

假如你是一只北极熊宝宝……

- 你和你的兄弟姐妹在寒冷的冬天出生在堆满积雪的熊窝里。
- 你刚出生时个头很小，身上光溜溜的，也听不到声音。六周之后你才能睁开眼睛。
- 等天气暖和一些时，妈妈会教你游泳和捕猎。
- 当你累了的时候，妈妈会把你背在背上。
- 两岁以前你都和妈妈一起生活。

有袋目哺乳动物妈妈

　　有袋目哺乳动物是哺乳动物的一种，幼崽出生时还处在发育阶段的早期，身体还没有发育完全。幼崽出生后，通常是在妈妈肚子上的天然"口袋"——育儿袋中继续发育。袋鼠大概是人们最熟悉的有袋目哺乳动物了，而自然界中一共有一百五十多种有袋目哺乳动物，包括袋鼬和袋猫等。

在妈妈育儿袋里的袋鼠宝宝

乳头

树袋熊宝宝

　　树袋熊长得像个玩具熊，是澳大利亚最惹人喜爱的有袋目哺乳动物，属于保护物种。树袋熊通常每两年才只生一个宝宝。当树袋熊妈妈准备生宝宝时，会把自己的育儿袋舔得很干净，然后把自己的皮毛舔出一条通往育儿袋的小路，宝宝出生后，可以沿着这条小路爬到育儿袋里。

　　刚出生的树袋熊宝宝身长不到2.5厘米，它会爬上妈妈的肚子，钻进妈妈温暖安全的育儿袋里。在育儿袋里，看不见东西、浑身光溜溜的树袋熊宝宝会立刻揪住妈妈的奶头吃奶，几个星期都不撒手。

　　吃了妈妈营养丰富的奶水，小树袋熊长得很快。用不了几个月，它就可以爬出育儿袋，在外面玩一会儿了。七个月大时，育儿袋里已经装不下长大的树袋熊宝宝了。那时，树袋熊妈妈就会把宝宝背在背上，直到宝宝长到一岁左右。

树袋熊

有胎盘哺乳动物家长

当你听到"宝宝"这个词时，你会想到什么呢？可能是一些年幼的、可爱的和令人情不自禁想要抱抱的小东西。但是有些宝宝却一点也不"小"。一只刚出生的蓝鲸宝宝身长约有七米，体重和两辆敞篷小型载货卡车差不多呢！

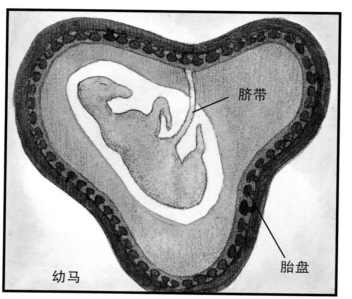

脐带

胎盘

幼马

和大多哺乳动物一样，鲸鱼是有胎盘哺乳动物，这就意味着胎儿是在母亲体内发育完全的。为了喂养发育中的胎儿，有胎盘哺乳动物体内有一个专门用来连接母亲和胎儿之间血液供给的器官，叫做胎盘。营养通过脐带从胎盘输送给胎儿，所以胎儿可以一直在母亲体内发育，直到出生。对于我们人类来说，胎儿需要在母亲体内呆上九个月，而大象宝宝则需要几乎两年的时间发育成熟而后降生。

松鼠

海象

小老鼠是在柔软温暖的窝里降生的，但是小长颈鹿却是"撞"出来的。因为长颈鹿妈妈是站着生宝宝的，所以小长颈鹿一生下来就从1.5米的高处摔到了地上！大多数哺乳动物是在陆地上出生的，鲸鱼却在水里出生，而海象则是在冰川上生宝宝的。一些筑巢能手，比如松鼠、老鼠和大老鼠会在离地面很高的树林或灌木丛中生宝宝，这些地方能远离捕食者的威胁。蝙蝠妈妈倒挂在洞穴里或其他安全的地方中生宝宝。在南美的热带雨林中，树懒妈妈是倒挂在树上生下小树懒的。

四张一样的面孔

四胞胎或者四个宝宝同时降生，对于人类而言是非常罕见的。但是对于生活在南美洲和美国南部的九带犰狳（qiú yú）而言，就再正常不过啦。犰狳妈妈每次生下的都是一模一样的四胞胎。

长颈鹿

树懒

独立生活
还是
需要保护？

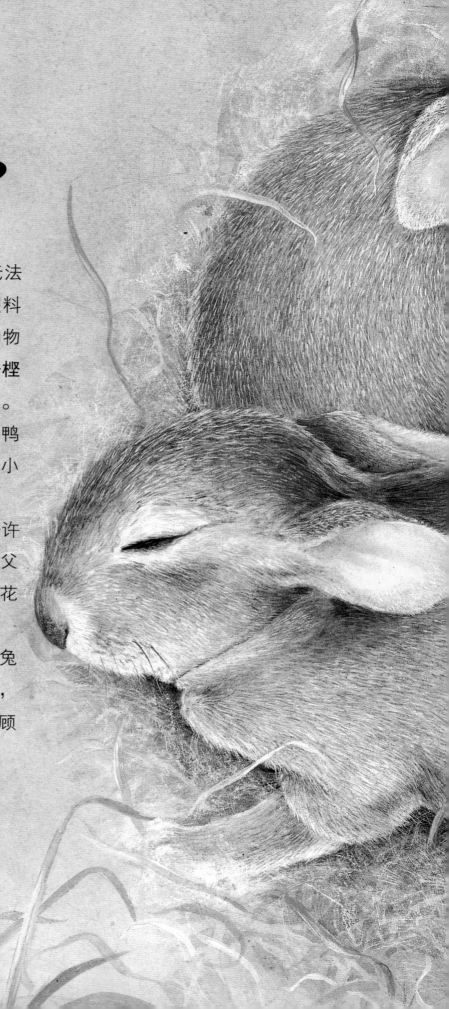

　　我们人类的婴儿刚出生时是无法独立存活的，需要父母许多年的照料和保护才能长大成人。一些野生动物和我们一样，比如幼鼠或有冠蓝脊樫鸟宝宝，刚出生时也是不能自卫的。而还有一些动物，如野牛宝宝和小鸭子则会坚强一些，它们在出生几个小时后就可以站立和行走了。

　　动物幼崽是否能存活，取决于许多因素，其中包括食物是否充足，父母是否尽心尽力照顾，以及它们要花多长时间学会捕食和保护自己等。

　　有些动物有很多天敌，比如兔子。兔宝宝刚出生时十分需要保护，但仅仅几个星期之后，它们就能照顾自己了。

假如你是一只
棉尾兔宝宝……

- 你将有四五个兄弟姐妹和你一同降生。
- 你只有儿童的小手那么大。
- 刚出生时，你的眼睛看不见东西，浑身光溜溜的，而且完全不能自立，需要保护和照顾。
- 妈妈会把窝掩蔽好，并把你单独留在窝里，这样才不会引起捕食者的注意。妈妈只有在给你喂食的时候才会回来。
- 你长得很快，5~6周以后，你就可以离开兔窝了。

生育的数量和频率

座头鲸

"猎物"们发育迅速，年纪很小时就开始频繁地繁殖后代，以补充夭折的幼崽。一只挪威旅鼠妈妈每四个星期就可以产下一窝幼鼠，一窝有7只那么多呢。

挪威旅鼠

你听过说"像兔子一样繁殖"这句话吗？两对雌兔雄兔在一年内可以繁殖200多只子女和近4000只孙子孙女。你可能会奇怪，为什么你没有看到兔子跑得遍地都是呢？那是因为许多幼兔都被捕食者吃掉了。由于幼崽存活率很低，这些容易被其他动物捕食的动物都会繁殖更多的后代，以保持族群数量。相反，座头鲸每1~3年才生一只幼崽，这是因为座头鲸几乎没有天敌，寿命很长。

白蚁蚁后

生活在非洲马达加斯加岛的马岛猬是有胎盘哺乳动物中平均一窝产崽数量最多的，马岛猬妈妈一次可以生下超过25只幼崽。但是和一些卵生动物比起来，马岛猬产崽的数量就不算多了。一只白蚁蚁后一天能产3万枚卵，而一只雌性蟾蜍每个季节可以产下2万枚卵，一生共可产下25万枚卵！

蟾蜍

激增还是骤减？

北极狐

有时候，生存环境，比如食物供给和栖息地的状况会影响动物生幼崽的数量。例如北极狐妈妈通常一窝会生5~8只幼狐，但是如果它们的主要食物——旅鼠足够多的话，它们或许能一窝生20只幼狐。

如果没有能筑巢的栖息地，一些物种会濒临灭绝或已经灭绝。笛鸻（héng）是加拿大一种濒临灭绝的动物。如果它们不能找到适宜居住的宁静安全的海滨，就无法筑巢繁衍后代了。同样，如果濒临灭绝的海龟妈妈上岸产卵时受到打扰，它就会游回海里不再筑巢产蛋了。

笛鸻

海龟

23

勇敢的家长们

红猫

野生动物通常都惧怕人类，如果人类离得太近，它们就会逃开。但是当它们保护自己的孩子时，就会表现得非常不同。有些鸟类，比如燕子和燕鸥，会俯冲着吓走任何离鸟巢太近的敌人。喧鸻（产于北美洲的一种小水鸟）会伪装成受伤的样子，把敌人引开，保护自己的蛋或幼鸟。大型哺乳动物，比如熊或驼鹿，如果发现孩子们面临危险，甚至可能会主动发起攻击。

有些幼鸟孵化后不能独立存活，需要一段时期的照顾，它们的父母通常会把它们藏在地洞里、鸟窝里或者灌木丛中来躲避敌人。尚未独立生存的捕食者幼崽，比如红猫，尽管在隐蔽的地方生长迅速，但是它们仍有可能被别的捕食者，如猫头鹰和狼吃掉。当红猫的幼崽受到威胁时，父母会用它们锋利的爪子和尖牙挺身而出，保护孩子。黑熊妈妈会教给孩子一条妙计：遇到危险时要以最快速度爬到最近的树上，而黑熊妈妈自己会留下来继续战斗。

一些发育比较完全、行动灵活的动物幼崽出生后很快就可以在栖息地周围随意活动了，但是它们仍然需要父母的保护。长颈鹿家长会用自己尖利的鹿蹄猛踢并击退进攻者。鳄鱼妈妈去离家稍远的地方觅食时，小鳄鱼会被单独留在岸边的植物丛中。即使这样，鳄鱼妈妈还是会时刻注意观察栖息地周围的危险情况，一旦有捕食者靠近孩子们，它就会立即回家，咆哮着并张大自己巨大的上下颌，准备迎接战斗保护子女。

群居动物，比如驯鹿，通常会聚在一起同时生宝宝。因为当鹿群中幼鹿较多时，幼崽的存活率会大一些，因为捕食者每次捕猎只能吃掉几头幼鹿。为了保卫牛群，麝牛家长们将自己硕大的长着坚硬牛角的脑袋朝向敌人，在小牛的周围围成一个保护圈。

麝牛

防守进攻

　　黑额黑雁是勇猛的家园卫士。雄性黑额黑雁会发出嘶嘶的叫声，使劲地又啄又咬，并噼啦地拍打着巨大的翅膀吓走那些对自己巢穴虎视眈眈的强盗；黑额黑雁爸爸妈妈通常把幼崽塞进大翅膀下来保护它们。刚出生的幼崽会和父母一起生活一年，秋天来临时和父母一起飞向南方，直到来年春天再一同飞回北方的繁殖地。

携子同行

你能想象你的妈妈把你含在嘴里，或者你抓住妈妈的毛发，从一个地方搬到另一个地方吗？动物幼崽刚出生时需要父母的照顾，在几天或更长的时间里是无法自己随意行走的。所以当父母外出时，必须携子同行。即使是不需要妈妈照顾的幼崽有时也会搭上父母的"免费便车"，但一些体型过大的动物幼崽就没那么幸运了，它们的父母很难背着或抱着它们走。还有一些动物的幼崽最让父母"省心"，比如长颈鹿、大象、马和鲸鱼的幼崽在出生没多久就可以自己行动了。

搭乘"免费便车"的好处在于，幼崽可以不费力气地跟随父母觅食，最重要的是能够躲避危险。看看这些插图中的动物是用什么方法带着自己的孩子四处奔走的，想一想你愿意坐在鳄鱼的嘴里走来走去吗？

黑猩猩把宝宝背在肩头上到处行走，直到幼崽长到5岁。

小鳄鱼孵化出来后，就会被鳄鱼妈妈放在嘴巴底部的育儿袋中游进水里。

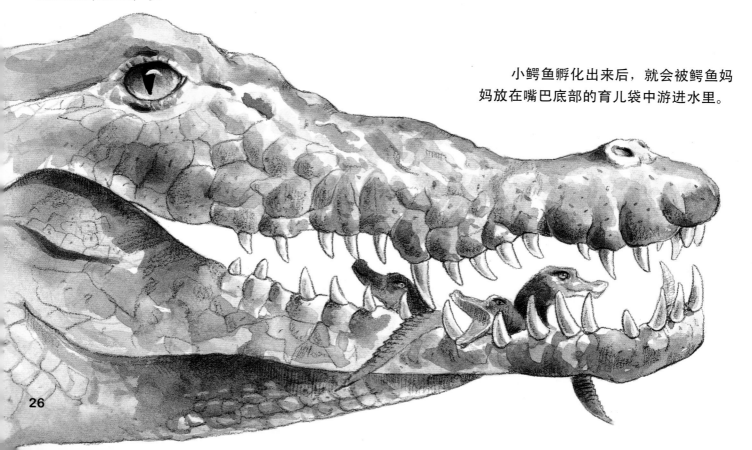

海獭妈妈在游水时会把小海獭放在自己的肚子上。

潜鸟父母把宝宝驮在背上，让它们搭"免费便车"。

小穿山甲抱住妈妈的尾巴让妈妈带着它到处行走。

27

谁来照顾孩子们？

对于不同种类的动物而言，幼崽和父母生活在一起的时间各不相同。小青蛙从没见过爸爸妈妈，但是美洲狮的幼崽却能和妈妈在一起生活一年的时间。小公象通常和妈妈一起生活十几年，而小母象却和妈妈一起生活一辈子。

小棱皮龟不认识自己的妈妈。那是因为棱皮龟妈妈产蛋之后，就把蛋埋在沙子里，然后把沙子铺平，藏起洞口，这样捕食者就不会发现龟蛋了。做完这一切，棱皮龟妈妈就游回水中。在一个繁殖季里，它会做几次窝，生几次蛋，但是从来不回来看它的宝宝破壳而出。

假如你是一只棱皮龟宝宝……

- 你是男孩还是女孩，这是由你所住的洞穴温度决定的。
- 你是在热带海滩的地下洞穴中孵化出来的，你会花上四天的时间爬出来。
- 你会直接爬向大海并游走。
- 你出生后的第一年，几乎一直在努力把自己藏起来以躲避捕食者。
- 如果你是一只雄棱皮龟，你永远都不会回到岸上；如果你是一只雌棱皮龟，在10~15年的时间里，是不会回到岸上筑巢的。

小鬼当家

你可能不会让一个刚出生的婴儿自己生活，因为婴儿随时可能会遇到危险。但对于卵生动物，包括大多数昆虫、鱼类、许多爬行动物和两栖

蜾蠃蜂

动物来说，让宝宝自己生活却是再自然不过的事情了。你知道这些动物幼崽是如何独自存活下来的吗？动物妈妈的本能或天性是把卵产在一个安全的地方。昆虫通常把卵产在植物上，幼虫可以把这些植物当粮食吃。当蜾蠃蜂孵卵时，会为每一颗卵都会建造一个小屋子，在每间小屋里都会为宝宝准备一条已经昏迷的毛虫当美味大餐。实际上，蠼螋是极少数父母在幼虫孵化后还一直陪伴和照顾它们的一种昆虫。

尽管大多数鱼类都是把卵产在水下后就离开，但是神仙鱼和刺鱼妈妈会留下来陪伴和保护鱼卵，直到鱼宝宝可以独立生活。

刺鱼

神仙鱼

大多数哺乳动物的爸爸妈妈都很体贴，但是灰海豹妈妈却只照顾宝宝大约三周的时间，随后便离开了宝宝。灰海豹宝宝要自己换毛、学习游泳和捕猎。

蠼螋
(qú sǒu)

灰海豹

独自一人还是被妈妈抛弃？

　　如果你发现一只野生动物的幼崽独自生活的时候，你应该怎么做呢？或许最好的办法就是什么都不要做。如果鸟巢太挤了，即使幼鸟还不会飞，它也不得不离开鸟巢。幼鸟的父母通常仍留在幼鸟的附近照看着它们，尽管你可能没有注意到。野生哺乳动物的幼崽，比如小兔子或幼鹿，也许看上去好像被抛弃了，但是实际上它们的父母只是在出去觅食时把孩子们藏起来了。你可以在周围悄悄地等上几个小时，如果小动物的父母还没有回来，你可以伸出援手。但你要注意以下几点：首先要让幼崽保持温暖和平静；然后可以打电话给所在区域的动物保护专家、当地野生动物保护协会，或者当地野生动物康复组织求助。

长耳鸮幼崽

动物宝宝的看护

许多家长在工作时会把孩子交给保姆或者托儿所的老师们照顾。有些野生动物的宝宝，除了它们的父母以外也会由其他看护者照看。通常，上万只蝙蝠会同时在育儿洞穴里产子，这之后，当蝙蝠父母外出寻找食物时，蝙蝠宝宝们就会由留在洞中的其他成年蝙蝠照顾。狼、鲸鱼、长颈鹿也会在同种群中分担照顾幼崽的责任。有时候看护者由家庭成员充当，通常，两只狮子姐妹会共同照顾各自的孩子，而大象宝宝会由象群中幼崽的"姑姑"来照看。

同样，一些鸟类也会共同抚养幼鸟。王企鹅父母出去寻找食物的时候，会把孩子交给其他成年王企鹅照顾2~3周的时间。美洲黑杜鹃则拥有公共鸟巢，几只雌鸟会在同一个大鸟窝里下蛋。成年黑杜鹃会轮流孵蛋并喂养已经孵化出来的幼鸟。鸵鸟也会共用鸟巢，一百多只幼鸟在"托儿所"或"育儿室"里

鸵鸟

由几个家长来监督管理。通过共同承担保护鸟蛋和幼鸟的工作，幼鸟的父母才能放心地离开它们去寻找食物，但还是要随时警惕危险的发生。

　　下面我们来看看来自北美洲的牛鹂和布谷鸟，它们会把自己的蛋产在其他鸟类的巢中。它们的孩子被其他鸟类的父母"收养"，直到它们长大，可以自己照顾自己。不幸的是，原本在窝里的幼鸟有时候会被这些外来的"强盗"杀害。

美洲黑杜鹃

一个温馨的故事

　　你知道如何照顾一只无助的失去父母的灰松鼠幼崽吗？英国的约翰·佩灵博士让一只被遗弃的小松鼠和一只母猫与它新生的一窝小猫慢慢相互认识。尽管小松鼠个子要比小猫小很多，长相和气味也和小猫不一样，但是它很快就被猫妈妈一家所接纳了。四周大的时候，小猫和小松鼠白天一起玩耍，晚上一起依偎在篮子里睡觉。但是，当小松鼠开始啃咬家具，并把坚果埋进小猫絮窝的干草里时，博士意识到是时候让小松鼠回到野外开始生活了。六个星期以后，博士和他的猫咪们送别了这只"小松猫"，让它开始了自己的新生活。

养育家庭

在大多数鸟类和哺乳动物的家庭里，爸爸妈妈们不仅要忙着喂养和教育孩子，还要保护家人。赤狐夫妇是一起养家的，但是对于许多哺乳动物来说，照顾孩子的任务主要是由妈妈来完成的。大西洋角嘴海雀或一次只生一个孩子的河马妈妈，比起生了许多孩子的野鸡和野兔妈妈来，养育子女的担子要轻一些。但是单次产崽数量少的动物父母会和幼崽在一起生活得久一些，在这段时间里，幼崽们不断长大，并学会了特殊的生存技能。

那些孵出后不需要妈妈照顾的鸟类，比如鸭子，在破壳后没多久就可以自己找吃的了。而那些孵出后需要妈妈照顾一段时间的鸟类，比如鸣鸟，爸爸妈妈们则必须每天多次离开鸟巢出去寻找食物，以保证孩子能吃饱。对于一些哺乳动物来说，比如河马妈妈，喂养宝宝就相对轻松一些，因为它们可以自己生产宝宝的食物——乳汁。

如果你是一只河马宝宝……

- 你会是家里的独生子。
- 你会出生在陆地上或浅水里。出生时你的体重是23~55千克。
- 你通常在水里生活，但每几分钟会游上水面透透气。
- 当你累了的时候，会在妈妈的背上休息。当妈妈出去找食吃时，会把你留给别的河马妈妈照顾。
- 在你八个月大的时候，你就断奶了，但是你还会和妈妈一起生活大约两年的时间。

宝宝的食物

所有哺乳动物都会用乳汁来喂养孩子。母乳里富含特别的营养成分，使得宝宝身体强壮并可以抵御疾病。生活在寒冷栖息地的物种，比如鲸鱼和驯鹿，乳汁中的脂肪和蛋白质含量很高，这些物质有助于宝宝体内的脂肪迅速增加，以保暖御寒。你知道吗，灰鲸鱼幼崽在它出生的第一年内，每小时都会增加500克的体重！

人类父母每天会给婴儿喂食8次左右，但是座头鲸父母每天会给孩子喂食大概40次！当哺乳动物的幼崽慢慢长大且更加独立时，母亲就会给孩子断奶。接下来就是更换食物的时候了——越稀越好，这是因为哺乳动物的幼崽还不能消化固体食物，而且有些幼崽还没有长出牙齿。断奶以后，狼父母和丛林狼父母都会先把肉嚼烂，消化后吐出来再喂给幼崽吃。

丛林狼

信天翁

你能吃的食物

小动物断奶后不久，就会自己找吃的了。小老鼠很快就学会了搜寻植物的种子和根部，小猿也学会了从树上摘果子吃。但是捕食者的幼崽，比如狐狸和狮子，断奶后很久还需要一边学习捕猎，一边依靠父母喂养。你或许会认为一头成年狮子会确保孩子们吃饱后自己再进食，但实际上在狮子家族中，成年狮子会先满足自己的食欲。如果食物不够吃，小狮子就会挨饿。

海鲜汤

海鸟的幼崽，比如信天翁，吃的也是糊状的食物。在小信天翁刚出生的几周，爸爸妈妈要离开它们的独生子长达10天的时间。等它们回来时，就会带来许多已经吞进腹中、预先消化好的乌贼和小鱼。小信天翁的爸爸妈妈分别吐出"海鲜汤"，饥饿的幼鸟就狼吞虎咽地吃起来。就这样，信天翁爸爸妈妈会继续喂养宝宝9个月，直到它能自己捕食。除了海鸟，大多数的幼鸟会吃到爸爸妈妈捕捉到的"美味"昆虫，尽管它们和爸爸妈妈一样是吃植物的种子为生的。

狮子

工作和玩耍

通常情况下，动物幼崽会通过观察和模仿父母的举动来学习生存技能。幼鸟通过观察父母的行为学习飞翔，小灰熊也是用同样的方式学会捕鱼的。猩猩的幼崽在五岁之前都是抓着妈妈的毛呆在妈妈身上，通过观察妈妈的行为，学会了每一样生存技能。

北极熊

猩猩

有些课程是在玩游戏中学习的。狐狸的爸爸妈妈会把捉来的活老鼠或田鼠带回家，在吃掉之前先让小狐狸追逐老鼠并抓老鼠玩。这样可以帮助孩子认识猎物，提高捕猎技能。驼鹿妈妈和野生白山羊妈妈则通过玩"撞头"的游戏来教会孩子们如何打架和战斗。

动物还通过和同类的幼崽玩耍来学习技能，有时也会兄弟姐妹一起玩。麝牛犊会玩一种叫做"城堡的国王"的游戏。游戏方式是这样的：一只牛犊爬到一块较高的地方，而其他的小牛试图用头把它撞下来。小北极熊之间会摔跤搏斗，互相追逐，

灰熊

玩模仿领导者动作的游戏。这些游戏可以锻炼它们的肌肉，让它们的行动变得敏捷，能够更好地自我防卫，并精进捕猎技能。

　　有时候动物幼崽玩游戏似乎只是为了兴趣，就像你和你的朋友那样。水獭们依次跳进沿坡而下的泥流中，鲸鱼们互相推贝壳玩海藻，海豚们在航船前方跳水和喷水。白鲸则是因为另一个游戏被人们所熟知：一头鲸潜入海底，当它出水时头上会稳稳地顶着一块石头，这个游戏的目的就是让另外一头鲸把石头撞掉。

驼鹿

索引

动物和它们的配偶

动物如何吸引、争夺配偶
并互相保护

作者：派米拉·海克曼　　插图：帕特·史蒂芬斯

董盎 梁绪 译

中国出版传媒股份有限公司
中国对外翻译出版有限公司

图书再版编目（CIP）数据

　　动物和它们的配偶：动物如何吸引、争夺配偶并互相保护/（加）派米拉·海克曼著；（加）帕特·史蒂芬斯绘；董　盎，梁　绪译.—北京：中国对外翻译出版有限公司，2012.10

　　（我的第一套动物行为体验书）

　　ISBN 987-7-5001-3471-8

　　Ⅰ.①动…　Ⅱ.①海…　②史…　③董…　④梁…　Ⅲ.①动物行为—儿童读物　Ⅳ.①Q958.12-49

　　中国版本图书馆CIP数据核字(2012)第218860号

（著作权合同登记：图字：01-2012-4409号）

正文 ⓒ派米拉·海克曼　　插图 ⓒ帕特·史蒂芬斯

经Kids Can Press Ltd., Toronto, Ontario, Canada允许出版。

出版发行 / 中国对外翻译出版有限公司

地　　址 / 北京市西城区车公庄大街甲4号物华大厦六层

电　　话 / （010）68359827；68359101（发行部）；68353673（编辑部）

邮　　编 / 100044

传　　真 / （010）68357870

电子邮箱 / book@ctpc.com.cn

网　　址 / http://www.ctpc.com.cn

总 审 定 / 张健旭

出版策划 / 张高里

策划编辑 / 吴良柱　郭宇佳

责任编辑 / 刘景卉　郭宇佳

印　　刷 / 北京盛通印刷股份有限公司

规　　格 / 889×1194毫米　1/16

印　　张 / 27.5

版　　次 / 2012年10月第一版

印　　次 / 2012年10月第一次

ISBN 978-7-5001-3471-8　　　　　全套定价：188.00元

目录

引言

　　几只毛茸茸的雏鸟，一窝刚出生不久的小兔子，以及在池塘里游来游去的小蝌蚪，这些都是动物交配繁育后的景象。每种动物都有交配的本能和需要，这是动物繁衍后代、延续基因及其特征的方式。基因决定了动物的毛色和大小。

　　雌性动物产生含有自身基因的卵细胞，雄性动物产生含有自身基因的精细胞。在交配过程中，精细胞使卵细胞受精，并与卵细胞结合，这样才能繁育出后代。对于有些动物来说，受精过程发生在雌性动物体内；而对于另一些动物来说，这个过程发生在雌性体外。

　　我们都会觉得在公共场合下大喊大叫、大打出手或随地大小便都是鲁莽无礼的行为，但这恰恰是许多动物吸引配偶并最终大获芳心的方式。有些动物终生都可以交配，有些只交配几分钟，还有一些动物，交配后就立即死去。你知道为什么老鼠只有几个月大就能交配，而灰熊则要等到好几岁才能交配吗？你知道猩猩是怎样在它庞大的领地里寻找伴侣的，为什么鹦从来不寻求另一半吗？毛色鲜艳的鸟类，体型袖珍的蛞蝓，味道难闻的海豹，这些动物又是如何交配、在哪里成为伴侣的呢？关于这些问题，你都能从本书中找到答案！

变色蜥

5

吸引异性

　　萤火虫的闪烁光亮，春天里的蛙鸣，长颈鹿的相互依偎，骆驼散发出的不同寻常的气味，这些都有什么共同点呢？没错，这些都是动物吸引异性、寻找伴侣所发出的信号。对于许多种类的动物来说，在挑选自己伴侣时占据主动权的是雌性，它们会挑选那些最能吸引自己视觉、听觉、嗅觉、味觉和触觉的异性成为伴侣。比如雌性天堂鸟的目光就会被雄性光鲜艳丽的羽毛深深吸引。

如果你是一只美丽骄傲的雄性天堂鸟······

- 当交配季节到来时，你会长出长长的、颜色鲜艳的羽毛，让你看起来魅力非凡。

- 你会与其他雄鸟一起清理树顶枝丫上的树叶，好在上面引吭高歌，翩翩起舞，以吸引异性的视线。

- 你会很快就与第一只飞向你的雌鸟进行交配。交配之后，雌鸟就飞回去筑巢并独自抚养你们的后代。

- 为了种族的繁衍生息，你会在数月之内与更多的雌鸟交配。

- 交配季节一结束，你就会脱下美丽的羽毛外衣。

闪亮登场

为了吸引众人的目光，人们有时会穿上鲜艳华丽的衣服。同样，许多动物也会靠华丽的外表来吸引异性的注意力。比如雄性变色蜥会鼓起它们亮丽的喉袋以吸引异性，并警告情敌赶快离开；交配期的雄性刺嘴莺则身披五彩缤纷的羽毛来吸引雌性，一旦过了繁殖期，它们就会脱去这层华丽的外衣，重新长出灰暗的羽毛。

热带蝴蝶鱼能轻而易举地改变它们身体的颜色。它们皮肤里特殊的颜色细胞会随着它们的行为发生改变。当雄鱼准备交配时，它们会变得很兴奋，也很有侵略性。它们不仅换了花纹的样式，身上的颜色变得更加闪亮动人，而且还将鱼鳍竖起以使自己看起来更强壮威武。交配结束后，雄鱼又会恢复原貌。

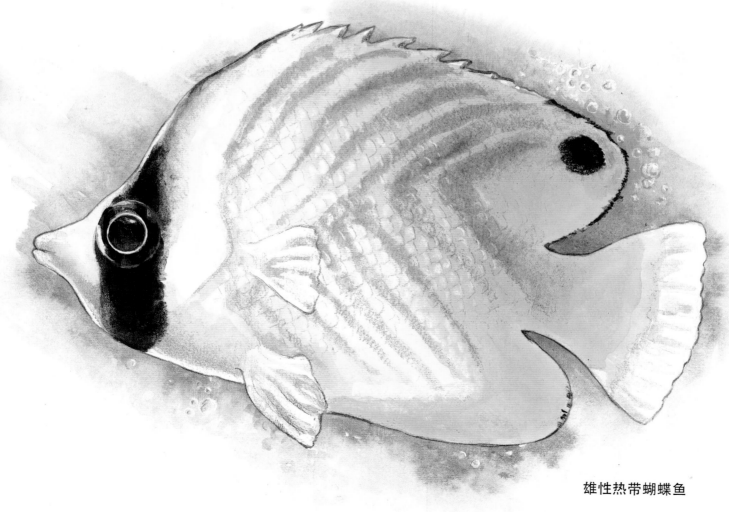

雄性热带蝴蝶鱼

北美黄色林莺

雄性跳蜘蛛和雄性狼蛛的个头儿看起来都比雌性小，所以雌性往往误把它们当作食物。这实在让人替雄性蜘蛛们捏把汗，如果它们想要安全地升级为父亲该怎么办呢？它们自有办法，那就是挥动、摇摆它们如前腿般细小但色彩亮丽的触须，发出"看这里，我准备好要交配了，别吃我啊！"的信号。

雄性跳蜘蛛

当然，有时徒有外表是不够的，为了成功地推销自己，许多雄鸟还会进行各种才艺表演。比如高鸣鹤会用独特的方式行走，丘鹬和燕鸥会表演空中旋舞、高空俯冲，等等。

雄性萤火虫的闪闪荧光照亮了夜空，也给附近的雌性萤火虫传递了爱的信息。每一种萤火虫都有自己独特的发光形式，这是它们的"专属密码"。如果同种群的一只雌性萤火虫想要准备当妈妈了，它便会从自己栖息的草地里回应相同的密码，这时第一只朝它飞来的雄性萤火虫就将成为它的交配对象。

9

提高音量

　　发出声音可以引起注意，因此大多数动物在吸引和争夺伴侣时发出声音就不足为奇了。

　　你有没有一大早就被鸟鸣扰了美梦？如果你身在热带地区，你还会被一群猴子吵醒呢。科学家们认为，雄性动物在经历了饥寒交迫的夜晚后早早地鸣叫，是为了向异性证明自己体格强健，或是和"情敌"们竞争。由于鸣叫需要消耗大量的体力，所以雌性认为那些声音最悦耳、最有底气的"歌手"就是最健康的交配对象。

雄性吼猴

10

自然界的发声者

当动物准备交配时，它们会使出浑身解数，运用身体的各个部位发出声响。让我们来看看下面这些雄性发声者的"招数"吧！

螃蟹和龙虾通过拍打它们大大的前爪来制造出声响，就像你为了引起别人注意而打响指一样。

蟾蜍和青蛙通过往喉囊里鼓气来发出各种声音，从颤音到呼噜声，不同种群发出的声音也不同。

蚱蜢通过后腿和翅膀摩擦发声，蟋蟀和蝈蝈则是通过翅膀摩擦发声。

披肩榛鸡在树林中快速拍打羽翼，发出低沉的嗡嗡声。

气味信号

有些人会喷上香水或涂上润肤露，通过散发迷人的气味来引人注意，野生动物们同样如此。尤其在交配季节时，它们会通过气味互相交流信息。

许多动物拥有自己独特的气味腺体。这些气味腺体散发出各自特殊的气味，用以吸引异性，我们将其称为信息素。有些动物对这种信息素非常敏感，距离即使很远，也能凭借嗅觉找到自己的伴侣。像世界上最大的蛾——雄性皇蛾，用它们大大的长满绒毛的触须，居然能在远达11公里的地方就能闻到伴侣的气味。

哺乳动物有着发达的嗅觉和味觉器官，这些都在其交配时发挥着重要的作用。比如，当一只母狗在发情期或交配期，它的身体会散发出一种让公狗在数公里之外都能嗅到的气味；一只雄性海豹若想荣升为父亲，就会在春天散发出一种强烈的麝香气味，来向异性发出交配的信号；而雄性骆驼、马和鹿会通过闻一闻或尝一尝异性的尿液，就知道雌性是不是准备好要交配了。

"动物"牌香水

下次你经过商店的香水柜台，请停下脚步，仔细阅读一下标签。你会发现，有些香水是用猫、鹿和鲸鱼分泌的麝香制成的，其中以鲸鱼的最为昂贵。麝香是一种普遍的动物的性气味。

雄性皇蛾

美味的款待

　　好朋友送你一盒巧克力，你会觉得非常好吃；但礼物如果换做是一口唾液或一只奄奄一息的昆虫呢？你恐怕就会避之不及了吧！不过这对于雄性蝎蛉来说，却是用来讨好异性的美味礼物。一只雄性燕鸥若想寻找伴侣，它在表演其飞行特技时，也许会叼着一条鱼来向雌鸟大献殷勤。如果雌鸟看似很

有兴趣的话，雄鸟就会俯冲下去将鱼送给它。还有一种名叫秧鹤的涉水鸟，雄鸟为了取悦对方，会将蜗牛从壳里挑出来献给雌鸟，如果雌鸟接受，也就意味着它同意和这只雄鸟交配。雄猩猩为了寻求伴侣会与其分享肉块，诸如此类以美味诱惑异性的做法，在动物界实在不胜枚举。

蝎蛉夫妇

雄性秧鹤

燕鸥夫妇

舒适的抚摸

许多动物会通过触摸来确定自己心仪的对象，或者表现自己对交配的需求。蜘蛛在晚上虽然看不见彼此，但表现得却十分活跃。雌雄双方在碰面时会相互摩擦彼此长长的腿，并细细感受，如果感觉合适，就会越靠越近直至最终进行交配。雌性结网蜘蛛通过振动蛛网就能感觉到在网里的是伴侣还是猎物。为了确保万无一失，雄蛛还会准确地拉扯蛛网的某个特定位置，这样伴侣就不会搞错了。

即使选定了另一半，动物们在交配前的触摸也各不相同。比如，公长颈鹿和母长颈鹿在交配之前会前后摆动头部，摩挲对方的脖子。豪猪在交配之前会用后足站起来彼此靠近，将爪子搭在对方肩上，互相摩擦鼻子，有时还会在地上打滚和摔跤呢。

豪猪夫妇

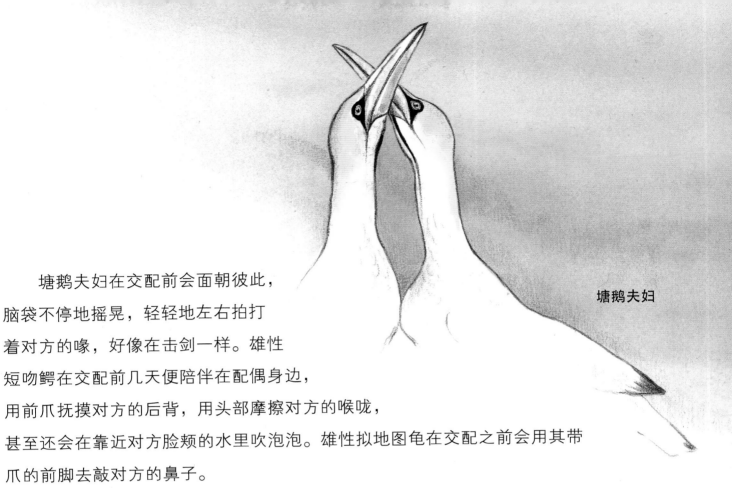

塘鹅夫妇

塘鹅夫妇在交配前会面朝彼此，脑袋不停地摇晃，轻轻地左右拍打着对方的喙，好像在击剑一样。雄性短吻鳄在交配前几天便陪伴在配偶身边，用前爪抚摸对方的后背，用头部摩擦对方的喉咙，甚至还会在靠近对方脸颊的水里吹泡泡。雄性拟地图龟在交配之前会用其带爪的前脚去敲对方的鼻子。

甚至在交配后，触摸也是很多物种传递"我们仍然是伴侣"这一信息的方式。像"浪漫"的美洲反嘴鹬（yù）在交配后，雄鸟会将羽翼搭在雌鸟的背部一同漫步在浅水区，它们的嘴交叉着，仿佛还在深深地亲吻着对方。

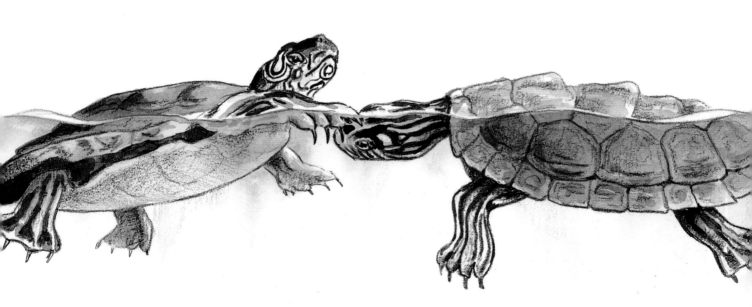

拟地图龟夫妇

加入群体

当动物大规模地聚集在一起时，它们能更容易地找到配偶。每年春天，一大群企鹅都聚居在一起，它们先是找到心仪的伴侣进行交配，之后许多企鹅夫妇便一对挨一对地筑巢。鳗鱼为了繁殖后代，往往会迁徙上千公里，邂逅其他鳗鱼并与之交配。

每年秋天，红边束带蛇呆在洞里或岩石裂缝里准备集体冬眠。冬天时，它们的身体温度下降，呼吸频率减慢。即使春天来临，它们也不必去别的地方寻找配偶，集体行动为它们的繁衍生息提供了支持。

如果你是一条雌性红边束带蛇……

- 冬眠后雄蛇将会先离开洞穴，并在外面等你。
- 你和雄蛇长得很像，但因为你会散发出一种特殊的气味，所以雄性能分辨出你是雌性。
- 你会备受瞩目，成为雄蛇争夺配偶大战中的女主角。
- 交配一旦结束，你会马上去寻找食物。
- 你会独自产下大约40条幼蛇（不是蛇蛋噢）。

集体行动

在群体里生活不仅安全，而且在这里找到配偶的可能性也更大。

许多鸟类，比如海鸥和海雀就是在鸟群里繁殖。帽带企鹅群是鸟类中最大的群体，在南桑威奇岛就有500万对帽带企鹅夫妇。

科学家们还发现有大批群居海鸟以"集体繁殖"应对"同伴的压力"。当成千上万的其他鸟类在它们附近交配、下蛋，看起来好像要赶超它们的规模时，它们就会比小规模海鸟群更加频繁地交配，更快速度地下蛋，从而超过那些已经初步形成规模的海鸟群。

一些昆虫在孵化之后，会立刻形成配对群。庞大的飞蚁群即是如此，它们总是维持着成百上千对交配夫妇。蜉蝣也是这样：首先孵化的雄性蜉蝣会在小溪水面上聚集，耐心地等候着雌性蜉蝣孵化，只要孵化后的雌性蜉蝣一来就将其夺走。

座头鲸每年会大规模聚集在一起向北迁徙，来到它们位于北大西洋和太平洋的夏季进食地，在此过程中，它们会趁机寻找配偶。

蜉蝣

帽带企鹅

大批南美淡水龟在产卵季初期，会顺流而下进行长途迁徙。一旦到达产卵的沙滩上，它们就马不停蹄地进行交配，并且产下所有的卵。每年，成年上万的成年红鲑鱼都会离开海洋，回到它们出生时的河流。一到那儿，雄性鲑鱼就会争夺交配之地，而获胜方自然就能赢得雌鱼的芳心。让人难过的是，鲑鱼在交配后就会因筋疲力尽而死去，只留下它们的卵独自孵化。

淡水龟

为权利而战

　　找到伴侣，并与之交配，这对于一个动物物种的延续是极为重要的，因为交配是动物将它的基因传递到下一代的唯一方式。所有动物都需要交配，正因如此，配偶争夺大战也就不可避免了。虽然雌争雄的局面也时有发生，但更多情况下，发动战争的是雄性动物。比如在每个交配季节，如图中的雄性驼鹿就会为了雌鹿而争得头破血流。

如果你是一头雄性驼鹿……

- 你将每年长出一对新的鹿角。你的鹿角越大，你对异性的吸引力就越大。
- 你将在每年秋天回到相同的繁殖地去寻找伴侣。
- 你将不得不与你的情敌一决胜负。你会用头和鹿角撞击它，只要你获胜，你就能赢得雌鹿的芳心，并获得与之交配的权利。
- 你将在发情期或交配期陆续与几只雌鹿交配，但是同每只雌鹿都只交配一次。
- 发情期结束时，你那傲人的鹿角便会悉数脱落。

强大的雄性

　　在雄性动物的配偶争夺大战中，获胜者往往是最强壮、最健康的那一只，它可以通过交配将自己的优良基因传给下一代，这也有利于整个种族的健康发展。

　　战争是最后的手段。雄性动物往往在一开始便通过展示它们伟岸的身躯、艳丽的颜色，或者发出洪亮的声音，让竞争对手知难而退。比如，颜色鲜艳的雄性山魈（xiāo）通过炫耀自己锋利的犬牙，让对手不战而逃。

雄性山魈

　　交配季期间，重达1800千克（近2吨）的雄性北象海豹，通过鼓起象鼻似的鼻囊吓跑对手，或者通过咆哮保护自己的繁殖领地。如果以上方法都不见效，它们就只能动真格的了。战斗双方先是面对面怒视对方，然后暴跳起来，向前猛冲，试图跳到对手身上来压垮它。

雄性北象海豹

战斗到底

有时候，雄性大角白羊、鹿和驼鹿会为争夺异性而展开击头大战，双方会同归于尽。这是因为如果它们的角彼此锁扣在一起，就将无法进食和保护自己。正因如此，徒步旅行者有时会发现两个动物的头盖骨，其头角在死后仍纠缠在一起。

在繁殖季节，拥有最大最美的角，绝对是雄山羊或雄鹿赢得伴侣青睐的一大优势，经常让它们可以不战而胜。但有时也有不服气的对手会选择迎难而上。这时，两只雄性就会低头冲向对方，力图击碎对方的角来展示自己的实力。几个回合下来，处于下风的一方通常会选择放弃，落荒而逃。

雄狮之间的战争更是残酷。当有别的雄狮挑战狮王对雌狮的占有权时，它们就会决一死战。如果新的雄狮赢得了这次战斗,它就会杀死战败者的幼狮，然后与雌狮交配，繁衍自己的后代。

雄狮

雌性斗士

水雉

有些物种中的雌性也会争夺配偶，尤其是它们需要雄性帮忙照顾和保护孩子时。为了让自己的孩子赢得最大的生存机会，它们必须争得最优秀的异性的眷顾。与此同时，雄性因为要把精力主要放在养育孩子上，所以会对配偶的选择更加挑剔。往往它会选择最大的或是能赢得战斗的雌性做配偶。

一只雌性水雉拥有众多配偶，每个配偶都负责照料它的一窝蛋。为了扩充自己的配偶队伍，它会与其他雌性作战；有时它甚至还会破坏其他雌性的蛋并用自己的蛋取而代之。

雄性三棘刺鱼是照顾幼崽的优秀看护者，所以，雌鱼们会为争夺最有警惕性的雄性而战。

每只雄性摩门螽（zhōng）斯都会产生精子让其异性卵子受精，同时，这些精子丰富的营养足以使雌性产生更多的卵子。但是由于它产生精液需要消耗巨大的能量，它会对这些精液的受益者非常挑剔，因此雌性之间不可避免地也要为此进行决斗。

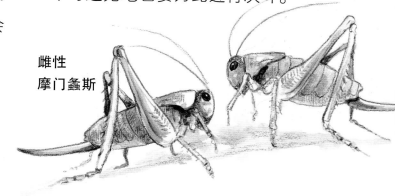

雌性
摩门螽斯

米勒长臂猿夫妇

有时，雌性动物为了与自己的伴侣生活在一起不被打扰，会驱逐其他的雌性。这是因为如果一只雄性同时拥有两个或两个以上的配偶，雌性就没有太多机会生育出更多的孩子。比如，米勒长臂猿夫妇会一起高歌，将其他长臂猿夫妇驱赶出自己的繁殖领地。但如果换做是一只单身的陌生雌性米勒长臂猿在此叫喊，该领域的雌性一定会将之赶走。

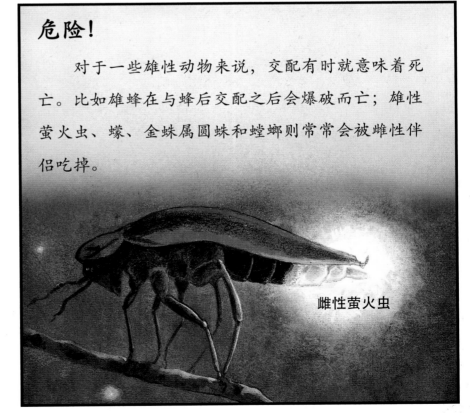

危险！

对于一些雄性动物来说，交配有时就意味着死亡。比如雄蜂在与蜂后交配之后会爆破而亡；雄性萤火虫、蠓、金蛛属圆蛛和螳螂则常常会被雌性伴侣吃掉。

雌性萤火虫

理想伴侣？

不同物种选择伴侣的数量以及与伴侣一起生活的时间长短都各不相同。有些动物，例如青蛙，在每个繁殖季节会与许多不同的伴侣进行交配；有些动物，例如金花鼠，在每个繁殖季节都会有一个新的伴侣；有些动物，例如小绢猴，在交配后会从一而终，相伴终身；有些动物，例如鹿，则在交配完后就马上分开。

如图中这种雄猩猩独自生活在自己广阔的领地内，在这里，它要抵御其他雄性的入侵。它面临的最大挑战就是在每一个交配季节寻找一个新的伴侣。

如果你是一只
雄猩猩……

- 你一年只交配一次。

- 你会通过大声叫喊、摇晃树枝、推翻枯树来吸引异性的目光。你会发现，自己充满空气的巨大喉囊居然可以让声音传到几公里以外。

- 你的音量大小与你的个头大小直接相关。雌猩猩将被最洪亮的声音吸引，因为它知道，能有如此洪亮声音的雄猩猩一定也是最强壮的。

- 你将与选择你的那只雌猩猩进行交配，之后便留下它抚养孩子，而它在接下来的八到九年的时间里都不会再进行交配。

众多伴侣

一般来说，动物的孩子越多，它传到下一代的遗传基因就越多。雄性动物比雌性动物更容易拥有更多的孩子，哺乳动物尤其如此。雄性动物用几分钟到几个小时的时间与伴侣进行交配，其对繁殖后代最大的贡献就在于它提供了精子。但是雌性动物的奉献往往更多，它们要花几个星期、几个月，甚至几年的时间来孕育宝宝；等孩子出生之后，还要承担哺育和照顾孩子的义务。

为了生育更多的孩子，有些种类的雄性动物在繁殖季里会与许多雌性进行交配。比如雄鹿和雄貂就有许多交配对象，但是每只雌性却只有一个配偶，而且要独自养大孩子。除此之外，雄性狮子、土拨鼠、斑马和大猩猩都有许多终身的雌性伴侣，雄性灰海豹、叉角羚和林地驯鹿在每个繁殖季节有多个不同的伴侣。

绒猴夫妇

也有一些种类的雄性动物只有一个终身相守的伴侣，所以它们每年只有几个孩子，比如绒猴、秃鹰就是这样。它们不是把精力放在与更多异性进行交配上，而是更专心经营自己的小家庭。有父亲在旁边帮助养育和保护孩子，孩子的存活率自然更高。

还有一些种类的雄性动物虽然没有终身伴侣，但也会与它的伴侣厮守较长时间。比如新西兰的雄性黄眼企鹅会与同一个伴侣在一起长达13年，长冠企鹅则通常是4年。麝鼠每年都会换一个伴侣，但是在整个繁殖季它都会与这个伴侣呆在一起。其他动物，比如美洲狮和臭鼬，只在交配时才与伴侣呆在一起，之后很快分开了。豪猪、海象和一些熊，不管是雄性还是雌性，都要在每个繁殖季与不同的伴侣交配几次。

貂夫妇

配偶是谁？

　　许多海洋生物，比如水母，它们将卵子和精子都产在海水里，卵子和精子随机相结合产生下一代。雌性的青蛙和鱼在水中产卵，在那里，卵子由它们的伴侣来受精。但是，有时候会有其他雄性入侵者潜入并把它的精子加到卵子中去。

水母

雌雄同体

　　蚯蚓、蜗牛和蛞蝓（kuò yú）都是雌雄同体的动物，这也就是说每一个体都能既产生卵子又产生精子。尽管如此，在繁殖的时候，它们还是必须与另一个个体交配。当两条蚯蚓进行交配时，它们会在体内保留各自的卵子，交换彼此的精子，这样才能孕育出下一代。

蚯蚓夫妇

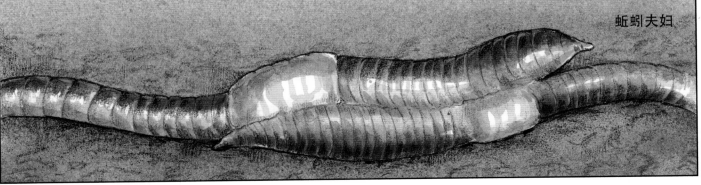

交配时间

　　也许你认为动物一般是在春天才交配和生育，但实际上也有一些物种将此时间选择在冬天，还有一些动物全年都可以繁殖后代。不论哪种情况，它们的选择基本上都是为了让孩子能有一个最为有利的生存条件。比如鹿选择在秋天交配，这样孩子就能在春天出生，在春暖花开之时可以找到充足的食物。再比如麝鼠和小地鼠，生活在北方的只有在夏天才进行繁殖；而生活在南方的，因为有四季如春的气候和充足的食物，全年都能繁殖。

　　不同物种开始交配的年龄从几个月到几岁不等。像斑海豹的第一次交配是在它们五六岁的时候。

如果你是一只雌性斑海豹……

- 你每年都会定期到达指定地点，参加一个大规模的雌性聚会，以确保雄性能更容易地找到你。
- 你将在每年的七月到九月之间交配一次。
- 你每年都会和其他准海豹妈妈一起生孩子。
- 你的孩子将在春天出生。一个月后，你的孩子将会断奶，也不再需要你的看护了，它们开始学着自力更生，自己出去寻找食物。这时你就可以进行下一次交配了。

交配开始

灰熊

假想一下，你的母亲会在她一个月大的时候就生下你吗？当然不可能！但母鹿鼠就是这样。灰熊的情况又有所不同，它们准备交配时，已经是六到七岁了。由此可见，不论年龄大小，只要动物到了青春期，或者到了性成熟期，能够生孩子了，它就可以进行交配，繁殖后代。

不同物种的青春期年龄差别很大。一般来说，体格越大的物种活得越长，其青春期也来得越晚；而生命短暂的动物，比如老鼠，青春期来得就要早许多，它们在年幼时就可以开始繁殖，这样就可以在死前尽量多地生育后代了。

动物交配是否成功取决于诸多因素，包括年龄、交配时间、气候条件、领地大小、食物多少等。拿麝鼠来说，如果气候温暖，它们长到六个月时就可达到青春期；如果气候寒冷，它们要长到一周岁时才性成熟；推迟交配可以避免宝宝生下来赶上受冻挨饿的季节。

麝鼠

动物交配成功与否为什么跟领地大小有关呢？这个其实很好理解。进行交配和抚育孩子都是需要空间和食物的。当某种动物的栖息领地够大时，就能满足更多的动物繁殖后代。反之，如果领地不够，就要先满足最有资历的年长动物，而年纪较小的就不得不再等一年甚至更长时间。

　　有些哺乳动物的雌性和雄性到达青春期的时间并不同步，一般来说是雌性早于雄性。比如雌性麝牛是三岁半，而雄性麝牛是五岁；雌性长尾黄鼠狼是三四个月，而雄性要到一岁。这是为什么呢？因为对于一个雌性哺乳动物来说，需要有一段相对较长的时间来孕育和抚养宝宝，所以相比雄性性早熟能够给它提供繁殖更多子孙后代的机会。

麝牛

交配的月份

有些动物在一年中的某个特定时间进行交配，有些则不然。对某些动物而言，交配时间受其他活动（如冬眠、迁徙）的影响。北部地区的冬天漫长而寒冷，动物们好像都销声匿迹了。等到春天，南迁的鸟类归来，冬眠的动物苏醒，不久这里就能看到许多新生命，到处都是一派生机盎然。

春暖花开的时候，万物复苏，鸟儿们在这时候回来，可以找到充足的筑巢空间和食物。它们在春天或夏天繁殖、培育后代，如此一来，幼鸟在秋天时长大了不少，就可以飞往南方了。驯鹿选择在秋季迁徙期间进行交配，这样它们就能赶在春季迁徙期间生孩子，到那时天时地利，生育孩子所需的天气条件和食物供给会更好。

春天来了，一些冬眠动物，如青蛙、蛇、土拨鼠，从蛰伏了一个冬季的洞里醒来，便开始张罗着繁殖后代。只要交配成功，它们的孩子就开始孕育生长。熊往往在夏天进行交配，但它们的胚胎不会立刻开始生长，而是要等到深秋时节，这种现象叫做"延迟着床"。到了冬季，大熊会开始冬眠，直到冬至时分才产下幼崽。孩子们会在洞里度过一段平稳的生长期，直到春暖花开之时才出洞活动。

驯鹿

一般而言，雌性动物一旦怀孕就会停止交配，直到把孩子生下来为止。小型动物的孩子生长速度快，因此成年动物一年里能交配和生产好几次。比如旅鼠在交配23天以后就能产下幼鼠，接着它们就可以进行下一次交配了。反之，动物越大，雌性怀孕的时间就越长。比如雌性犀牛要怀孕一年半才生下它的孩子，并且直到第二年当它的孩子不怎么需要它照顾了，它才会再进行交配。

犀牛

冬天出生的宝宝

大多数鸟类选择在春天筑巢交配，但雕鸮（xiāo）是一个例外。它在秋天寻找配偶，在初冬交配，在来年一月底或二月初下蛋。尽管那时可能还是一片冰天雪地，但小雕鸮仍然会在一个月后勇敢地破壳而出，实在让人敬佩！

雕鸮

交配场所

　　没有哪个地方能取代家的温暖。大多数动物是为了寻找繁殖地，才不得不离开它们成长的地方。有些长途迁徙的动物，像某些鸟类、鱼类和鲸鱼，常常会回到生它养它的地方进行交配和繁殖。像秃鹰和鹗这些动物是最念旧的，它们每年和同一个伴侣回到同一个鸟巢，年复一年，周而复始。无论是一个小小的鸟巢，还是一片广阔的森林，大多数动物都会极力争取自己的繁殖地，并誓死捍卫，抵御外敌。

如果你是一只
雌鹗……

- 当你三岁时，你会回到你出生的地方，并在那里找到一个配偶。

- 你会根据异性独特的飞行本领，来选择自己的配偶。

- 虽然你的配偶可能还有其他伴侣，但你却很忠心地终身只有这一个伴侣。

- 每年春天，你会和配偶一起回到你们以前的家，并花上几周到几个月的时间，不辞辛苦地衔来新的枝条和其他新鲜的材料进行装修，这样你们的家就会焕然一新，而且更加舒适了。

- 在交配之前，你的伴侣会给你送上精心准备的小礼物：一段形状独特的树枝，或是一条美味的鱼。

- 当你孵化宝宝时，你的伴侣会及时为你提供食物，并且全心全意地保护你。

特殊的地点

你和朋友约会时，也许会约在学校或购物中心碰面。野生动物也有它们特定的约会地点，在交配季节尤是如此。

生活在热带树林里的红眼树蛙选在离地面约九米高的树上进行交配。一只雄蛙会爬到雌蛙的背上，由它带到一个特殊的交配地点——悬挂于水面上方的树叶。雌蛙把卵产在树叶上后，雄蛙马上产出精子使卵子受精。几天之内，小蝌蚪就孵化出来并掉入下面的水里，然后在水里成长成蛙。

有时候，雄性动物需要准备一个特别的"婚房"来吸引异性。比如雄性澳大利亚鹊鹅，将舞台建在一片鲜草肥美的沼泽地上，这是它向附近异性炫耀的资本。一旦它吸引了一到两个交配对象，它们就会齐心协力在原有结构上修筑一个鸟巢，并在那里组成家庭，生儿育女。

三棘刺鱼的交配地点也很特殊。一开始雄鱼会在河流或者湖泊的底部建造一个像隧道一样的家，然后寻找雌性伴侣，并将它带到这里。雌鱼会先游进这个隧道产卵，雄鱼尾随而至，并使这些卵受精。雌鱼完成它的任务后，就会离开再去寻找其他雄鱼进行交配。而这条隧道般的窝也吸引着其他雌鱼在里面产卵。最后，等到这里有几百枚卵了，雄鱼就会全心全意照顾它的后代。

红眼树蛙夫妇

澳大利亚鹊鹅

三棘刺鱼夫妇

黏滑的地方

　　大灰蛞蝓（kuò yú）通常会将约会的
地点定在树枝上。它们在交配前会先彼此
缠绕一个多小时。一旦它们准备交配，就
会从特殊的腺体里分泌出大量的黏液。它
们借助这些线状黏液一起挂在树枝上，进
行长达24小时的交配。

大灰蛞蝓夫妇

索引

目录

给小读者的话

亲爱的小朋友们，你想知道大鳄鱼一生会有多少颗牙齿吗？你想和袋鼠比比谁跳得更高吗？你想和爸爸妈妈一起动手建造泡泡窝吗？如果你的回答是"Yes"，就表示你开始对神奇的动物世界感到好奇啦！那还等什么？赶快翻开这套充满魔力的"我的第一套动物行为体验书"，和我们的动物朋友打个招呼吧！

你可以这样读：

· **观图片识动物** 仔细观察书中的动物大图，你认识它们吗？它们的长相都有什么特点？如果你是这种动物，你会长成什么样子呢？这真是个大胆的想象！快拉上你的爸爸妈妈一起来想一想，说一说吧！

· **看文字读动物** 书中有许多关于动物行为的小故事和小知识点，读一读，看看动物们在进食、运动、感觉、迁徙时都发生了哪些有趣的故事，讲给爸爸妈妈和小伙伴们听听吧！

· **做实验扮动物** 在爸爸妈妈的帮助下，或是在小伙伴的配合下完成实验，切身感受一下，如果自己成为了某种动物，会具备哪些特殊的技能呢？一起动手试试吧！

· **听讲解熟悉动物** 在阅读过程中，或许你对书中提到的一些动物行为或实验原理还不太理解。没关系，"动物小名片""实验原理大揭秘"以及"名词解释"会帮到你。你可以自己阅读，也可以请爸爸妈妈帮忙讲解，这样你就能更深入地学习动物行为的知识了。

我们建议：根据对动物行为的认知过程，你的阅读顺序可以是《动物的感觉》《动物的语言》《动物的进食》《动物的运动》《动物的防卫》《动物的工作》《动物的迁徙》《动物的群体》《动物和它们的孩子》《动物和它们的配偶》。

给爸爸妈妈的话

当您和孩子共同挑选了"我的第一套动物行为体验书"时，你们获得的不仅是精美动物大图的视觉享受，也不仅是有关动物行为的知识盛宴，你们还会从中体验到自己动手实验所带来的成就感，以及亲子共同阅读、一起动手的幸福感。

您可以这样指导孩子阅读：

· 如果您的孩子还不能独立阅读，您可以指导孩子从认图识动物开始，以培养孩子的阅读兴趣；如果您的孩子能自主阅读了，不妨让他为您讲一讲书中的动物。

· 您可以结合书中"如果我是……"部分的内容，让孩子将自己想象为这种动物，并告诉孩子或一起讨论，如果他是这种动物，会有什么样的外形特征或生活习性，从而通过扮演的方式寓教于乐。

· 您可以带领孩子完成书中列举的实验，让孩子在实践活动中亲身感受动物行为的特点，甚至还可以鼓励孩子思考实验背后蕴含的原理。

· 如果您或您的孩子在阅读过程中发现有些动物名称、专有名词比较生僻，或是想对实验的原理进行剖析，您可以从导读手册中找到对应图书的"动物小名片""名词解释"或"实验原理大揭秘"，根据页码找到相应的解释，从而为孩子深入讲解动物知识和实验原理，进一步提升孩子对相关知识的理解和掌握程度。

更多的内容，等待着您和孩子一起共同学习、共同发现！

专家的话

（中国科学院动物研究所研究员、博士生导师　张健旭）

　　"我的第一套动物行为体验书"共包括11册书和1本《孩子&家长导读手册》，是儿童认识动物、认识自然的优秀启蒙读物。它图文并茂，浅显易懂，让孩子们既能轻松学习到较为系统的动物科学知识，又能充分感受到动物世界中的生活情趣。更难能可贵的是，它还能培养孩子们热爱和探索自然的精神，训练孩子们基本的科学素质。

　　这套丛书涉及到动物行为的各个方面，内容十分丰富。具体来说，进食、运动和防卫是动物个体维持自身生存所必须的技能；动物的迁徙和休眠是动物季节性适应的两个典型特征；动物的群体组成和工作分工是动物社会行为的基本需求；配偶关系和孩子抚育是动物繁衍后代、保持种族兴旺的关键；感觉和语言是动物交流的两个方面，与所有行为都密不可分。该套丛书通过列举有代表性的动物，具体讲解以上每一类行为，而精美、生动而逼真的手绘图画，让孩子们更加容易理解并形成深刻的印象和记忆。

　　"我的第一套动物行为体验书"中提到的绝大多数动物是国内外常见的种类，它们的许多行为也是我们日常生活中常见的现象。比如，刺猬的休眠和防御武器；春天向北和秋天向南迁徙的大雁；蚂蚁的社会分工和家族；春天成对的喜鹊在树杈上搭窝，孵卵和带领幼鸟觅食；雄狗单腿向物体撒尿，等等。因此在实际生活中，我们可以密切联系自身周围的一些动物来理解各类动物的行为，做到理论和实践的相互结合。

　　我们在了解各种动物行为的同时，还可以与我们人类自身的生存、繁衍乃至整个社会联系起来进行理解和思考。我们人类和动物一样，都是大自然中的一员，希望我们能和动物和谐相处，也希望每位小读者都能热爱自然、探索自然、研究自然，获得更多关于自然的知识，并用以指导我们人类自身的行为，维持人类社会的持续发展。

动物的感觉
动物小名片

P5

玉米锦蛇：一般有灰色、灰褐色、土黄色、橙色等，腹部有浓淡相间的方格状斑纹。全长80~120厘米，最长的可超过180厘米。喜欢栖息于森林、林地、农田等地。常以小型哺乳类动物(如鼠类)、小型鸟类、小型蜥蜴、蛙、鱼、蛋等为食。

P8

大王乌贼：大王乌贼是一种身形巨大的海底动物，体长约20米左右，重约2~3吨，而且眼睛大得惊人。主要生活在太平洋、大西洋的深海水域。大王乌贼的主要武器是它的十个"手臂"，上面长满了圆形吸盘，吸盘边缘上有一圈小型锯齿，可以把敌人的肉吸出来。

P10

猞猁：主要分布在森林灌丛地带、密林地区，体型似猫而远大于猫。擅长攀爬及游泳，耐饥性强，不畏严寒，喜欢捕杀狍子等中大型兽类。

丘鹬：主要栖息于潮湿稠密林地。躯体短粗、喙长。主要以蚯蚓为食。

土拨鼠：主要分布于北美大草原和加拿大等地。主要以素食为主，食物大多为蔬菜、水果、豌豆、玉米等为主。善于挖掘地洞，也具备游泳及攀爬的能力，冬季会在洞内冬眠。

豪猪：又称箭猪，披有尖刺。豪猪为夜行动物，白天在洞里睡觉，夜间外出觅食，喜欢吃花生、番薯等农作物。当豪猪遇到敌人时，会迅速将身上的刺竖起来，不停抖动，"唰唰"作响。

P12

臭鼬：广泛分布在北美洲墨西哥以北的广大地区。体毛为黑白相间，体重大约3~6千克，体长约33~46厘米（不包括尾巴）。一般在黎明和黄昏出外觅食，主要以啮齿类动物为食，也吃鸟蛋、腐肉、幼虫、浆果等，在遇到威胁时会放出奇臭的味道。

玉米锦蛇

5

动物的感觉

P15
多音天蚕：即波吕斐摩斯蛾，主要分布在北美地区。最明显的特征就是它的双翅上长着像眼睛一样的斑纹，这也是它名字的来源。波吕斐摩斯是希腊神话中的独眼巨人。

P24
白尾鹿：多分布于加拿大南部、美国大部和南美洲北部。有季节性迁徙习性。以草、灌木、嫩枝、菌类、坚果、苔藓为食。

P27
长鼻猴：是东南亚加里曼丹的特有动物。它们有着十分显眼的大鼻子，并以此而得名。雄性猴子随着年龄的增长鼻子越来越大，最后形成像茄子一样的红色大鼻子；而雌性的鼻子却比较正常。食物以树叶、水果和种子为主。会游泳。

北象海豹：是两种象海豹之一，生活于北半球。雄象海豹平均长4米，重约2300千克，而雌象海豹则长3米，重约640千克。它们会潜入深水中觅食，雄性最深可以潜达1500米。食物为多种鱼类及鱿鱼等软体动物。

鲶鱼：又称鲇鱼。无鳞，头宽大而扁平，口部周围长有长须，可用来辨别味道。鲶鱼的食物以小型鱼类为主，有时也吃虾类和水生昆虫。主要生活在江河、湖泊、水库、坑塘的中下层，白天隐蔽起来，夜晚觅食。

P28
羚羊：主要生活在草原、旷野、沙漠或者山区，广义上包括了羚羊和小羚羊一类的动物。体型优美，体态轻盈，四肢细长，蹄小而尖，机警敏捷。有的种类雌、雄均有角，有的种仅雄性的有角。生活在草原、旷野、沙漠或者山区。

P30
燕尾蝶：是一种外观华丽的大型蝶，双翅展开有8～9厘米。大多数燕尾蝶有一对缀翅连在主翅上，形似燕尾，因此得名。幼虫取食寄主的嫩叶、嫩芽、嫩梢，成虫多以花蜜为食。

燕尾蝶

黑脉金斑蝶：是北美地区最常见的蝴蝶之一，也是地球上唯一的迁徙性蝴蝶。其幼虫以有毒植物马利筋为食，是一种食毒以防身的特殊物种。

P32
贻贝：俗名海红。壳呈楔形，前端较窄尖，后端宽广而圆。壳外面紫黑色，具有光泽，生长纹细密而明显。壳内面有珍珠光泽。

动物的感觉

海象

洲中部和南部。吸血蝙蝠一般在黑夜出来觅食，吸食动物的血液。由于吸血蝙蝠唾液中含有抗凝血剂，因此能使血液减速凝固，吸血相当顺利。

P34

海象： 主要生活于北冰洋海域，有着长长的犬齿，像象牙似的，因此得名。海象的皮下脂肪极厚，可抵御寒冷的极地环境。海象可以潜入深海，用獠牙在海底挖掘甲壳类为食，也吃鱼类、软体动物、植物甚至其它海兽。

P37

星鼻鼹鼠： 主要生长于北美洲东部，在加拿大东部及美国东北部都有分布。生活在潮湿的地方，以小型的无脊椎动物、水生昆虫、蚯蚓及软体动物等为食物。星鼻鼹鼠最大的特点是在它的口鼻周围长有触手，环绕着鼻尖，好像星星在发光，因此而得名。

P38

鸭嘴兽： 分布于澳大利亚地区。它的尾巴扁而宽，四肢都有蹼和爪，适于游泳和掘土。鸭嘴兽穴居在水边，以水生昆虫、蜗牛等为食。鸭嘴兽是最原始的哺乳动物之一，一般哺乳动物都是分娩生育，而鸭嘴兽最独特的它是通过下蛋来产出下一代的。

鳐鱼： 是多种扁体软骨鱼的统称。鳐鱼体型奇特，呈圆形或菱形，胸鳍宽大，尾部细长。以软体动物、甲壳类和鱼类为食。有些尾部内有发电器官，可发出强度不大的电流。

P39

吸血蝙蝠： 主要分布在美

动物的感觉
实验原理大揭秘

P11 测一测你的双眼视力
——体会变色龙拥有双眼视野的优势

　　和人类一样，变色龙的眼睛长在头部前面，因此它的双眼也可以同时聚焦在一个物体上，这叫做双眼视野。科学研究显示，当眼固定注视一点时所能看见的空间范围，双眼视野大于单眼视野。

　　通过吹小球这个实验，我们发现，睁开双眼比闭上一只眼更能瞄准物体，因此也就感受到了变色龙拥有双眼视野的优势。

P18 听听看你漏掉了什么声音
——体会猫狗转动大耳朵，以听到更多的声音

　　原理分析：听觉产生分为声音的传导和声音的感觉两个阶段。在声音的传导过程中，耳廓起到的作用主要是收集声音，辨别声音的来源方向。人的耳廓位于头部两侧，前凹后凸；与猫狗等其他动物大而灵活，甚至能动来动去的大耳廓相比，人类的耳廓已经退化了，所以有时候听声音需要用手放在耳廓上或转动头部来协助。

　　这个实验就是借助纸筒和转动头部，来体验猫狗等大耳廓动物灵敏的听觉。

P14 你能在漆黑的夜里分辨颜色吗？
——了解视杆细胞和视锥细胞的功能

　　原理分析：哺乳动物的光感受器按其形状可分为两大类，即视杆细胞和视锥细胞。夜间活动的动物视网膜的光感受器以视杆细胞为主，而昼间活动的动物的光感受器则以视锥细胞为主。但大多数脊椎动物（包括人）则两者兼而有之。视杆细胞在光线较暗时显现优势，因为它有较高的光敏度，但不能分辨较精细的事物和颜色。在较明亮的环境中，视锥细胞会起到主导作用，它能提供色觉以及精细视觉。

　　在人的视网膜中，视锥细胞约有600～800万个，而视杆细胞总数达1亿以上。它们都以镶嵌的形式分布在视网膜中，但它们的分布是不平均的。在视网膜黄斑部位的中央凹区，几乎只有视锥细胞，这一区域有很高的空间分辨能力和良好的色觉，这些对于视觉来说是最为重要的。中央凹以外的区域，两种细胞兼有，离中央凹越远，视杆细胞越多，视锥细胞则越少。

　　在这个实验中，你不能够在漆黑的夜里分辨颜色，就是光线较暗时你的视杆细胞发挥了作用，因此你不能分辨较精细的事物和颜色。

动物的感觉

P19 声音是从哪边传来的？
——了解声源和双耳效应

原理分析：人们经常借助听觉来判定发音物体的位置。声音定位在人和动物的日常生活中起着重要的作用。声音是由物体的振动产生的，一切发声的物体都在振动。物理学中，把正在发声的物体叫声源。声音定位要考虑强度差、时间差、因色差、位相差等等。

实验中提到的用两只耳朵和一只耳朵听声音作比较则是对双耳效应概念的解读。双耳效应是人们依靠双耳间的音量差、时间差和音色差判别声音方位的效应。人的双耳的位置在头部的两侧，如果声源不在听音人的正前方，而是偏向一边，那么声源到达两耳的距离就不相等，声音到达两耳的时间就有差异；人的头部如果侧向声源，还堵住一个耳朵，对另一只耳朵说话，那么人们就会把这种细微的差异与原来存储于大脑的听觉经验进行比较，并迅速作出反应从而辨别出声音的方位。

因此，如果声源在左边，你又恰好把左耳朵堵住用右耳朵听声音，那么你听到声音的时间肯定比你双耳听到声音的时间要长。

P22 当一只蝙蝠
——体验蝙蝠是如何听声辨位的

原理分析：蝙蝠在黑暗中寻找方向或是捕捉猎物（如飞行中的昆虫）时，会发出尖锐的叫声，再用灵敏的耳朵收集周围传来的回声。回声会告诉蝙蝠附近物体的位置和大小，以及物体是否在移动。这种技术称为回声定位法。

在这个实验中，我们运用了回声定位的原理。回声是当声波碰到一个障碍物（如悬崖）时，它会弹回来，我们会再听到这个声音，这种反射回来的声音称为回声。实验中的墙和木板就是障碍物，球撞到墙和木板上，如同声波撞到了障碍物上；等球返回时，如同声音反射回来。通过这个实验，我们就能了解蝙蝠是如何判定猎物飞行的速度和方位的了。

P23 感受声音
——通过振动感受声音

原理分析：声以波的形式传播叫做声波，声波会借助各种介质向四面八方传播。声波是一种纵波，是弹性介质中传播着的压力振动。振动能够帮助没有耳朵的动物们感受和辨别声音。实验中的小朋友是通过振动感受声音的。音量是由物体振动的幅度决定的。振动幅度越大，声音就越强；振动幅度越小，声音就越弱。音高是由物体振动的频率决定的，振动的频率越快，声音就越高；振动的频率越慢，声音就越低。因此，对于那些没有耳朵的动物来说，振动能够帮助它们感受和辨别声音。

动物的感觉

P26 在风中吸一口气
——体会动物通过气味寻找猎物或躲避危险

原理分析：气味物质具有扩散性和方向性。生物的分泌物和排泄物往往具有很强的挥发性（包括它们呼出的气体和有意识地释放的气体），所以每个生物体都是一个气味发生源。

气味的传播过程可以归纳为：物体发出气味————>分子结构传播过程(包括空气、水)————>最后被嗅觉细胞捕捉到————>把捕捉到的信息反馈到大脑————>大脑作出判断（判断是什么味道）。

书中的这个小实验利用风的作用传播气味，通过醋味的扩散解释了动物是如何通过方位闻到气味，判断情况的。

P32 味觉测试
——比较你和蝴蝶对甜味的分辨能力

原理分析：味觉是指食物在人的口腔内对味觉器官化学感受系统的刺激并产生的一种感觉。从味觉的生理角度分类，大致可以分为四种基本味觉：酸、甜、苦、咸，它们是食物直接刺激味蕾产生的。舌头前部，即舌尖有大量能够感觉到甜的味蕾，舌头两侧前半部负责咸味，后半部负责酸味，近舌根部分负责苦味。

甜味物质的检出阈值是以蔗糖作为基准的，蔗糖甜度设定为1。人类对蔗糖的平均检出阈值为每升0.01摩尔。而蝴蝶等昆虫的味觉感受器分布在咽喉、唇瓣口器的须或足的附节上。据研究，其对蔗糖的灵敏度比人高出200倍。因此，蝴蝶对甜味的分辨能力更强。

P36 感觉你的食物——体验海象感觉食物的方式

原理分析：一个物体有它的光线、声音、温度、气味等属性，我们的每个感觉器官只能反映物体的一个属性，如，耳朵听到声音，鼻子闻到气味，眼睛看到光线，舌头尝到滋味，皮肤摸到温度和光滑的程度，等等。

外部感觉是由外部刺激作用于感觉器官所引起的感觉，包括视觉、听觉、嗅觉、味觉和皮肤感觉的（皮肤感觉又包括触觉、温觉、冷觉和痛觉）。

海象是通过触觉来分辨食物的。触觉为生物感受本身特别是体表的机械接触（接触刺激）的感觉，是由压力和牵引力作用于触感受器而引起的，是动物重要的定位手段。通过实验，你可以体会海象感觉食物的方式。

动物的语言
动物小名片

P5

帝企鹅： 帝企鹅，也叫皇帝企鹅，是现存企鹅家族中个头最大的企鹅。分布在南纬66～77°之间的许多岛屿。帝企鹅一般身高在90厘米以上，最大可达到120厘米，体重可达50千克。以鱼虾和头足类动物为食。

P6

吼猴： 主要生活在拉丁美洲丛林中，有一根细长而能卷曲的尾巴。以果子、树叶为主要食物。这种猴子的舌骨形成了一种特殊用途的回音器，能够扩大声音，使吼猴能发出巨大的吼声。

P8

黑长尾猴： 分布于非洲，主要栖息在海拔3000米以下的热带雨林、亚热带常绿阔叶林或针阔叶混交林中。主要以野果和树叶为食。

P9

红翅黑鹂： 全身羽毛都呈蓝黑色，雄鸟的肩翅呈现鲜艳的红色，因而得名。主要分布于北美地区及中美洲地区的沼泽地带。主要以谷物和昆虫为食。

黄鼠： 主要栖息于森林草原、荒漠平原、半荒漠草原，体型中等，略似家鼠。眼大而突出，黄鼠的前爪十分锐利，善于挖洞。以草本植物为食，有时也吃某些昆虫的幼虫。

棕榈凤头鹦鹉

P10

斑啄木鸟： 斑啄木鸟有着黑背、白肩、红色尾下覆羽和白色翼斑，在夏季专门啄吃破坏树干的昆虫。

棕榈凤头鹦鹉： 分布在印尼阿鲁岛、新几内亚及附近岛屿，以及澳大利亚东北部。它全身长有黑色的羽毛，两颊上红色的皮肤颜色会随着它的情绪而改变，当它受惊吓或兴奋时会由粉红色变深红色。棕榈凤头鹦鹉有着坚硬巨大的鸟嘴，可以啄破椰子的坚硬外壳来进食。

P12

北海狮： 颈部生有鬃状的长毛，叫声也似狮吼，因而得名。北海狮分布于北太平洋的寒温带海域，是体形最大的一种海狮。

动物的语言

灰林鸮：是一种中等身形的猫头鹰，分布于欧亚大陆的林地。下身部分为淡色间有深色的条纹，上身部分则呈褐色或灰色。主要捕食啮齿类动物，是夜间活动的猛禽。

龙虾：常栖息于水草、树枝、石隙等隐蔽物中。头胸部较粗大，外壳坚硬，腹部则很短小，它的体长一般在20～40厘米之间，重0.5千克左右，是虾类中最大的一类。

P14

环尾狐猴：因其身上黑白相间的长尾而得名。分布于南马达加斯加的干旱多岩石地区。主要以嫩芽、树叶、花、水果以及各种昆虫等为食。环尾狐猴身上有三处臭腺，能分泌出一种臭气刺鼻的体液标记路线和领地。

P16

山羚：生活在好望角至东非及埃塞俄比亚，可以在岩石间跳跃。主要以植物为食。山羚一般不喝水，它们主要依靠多汁的植物提供生存所需的水分。

土狼：分布于非洲西海岸和南部的荒地及草原。全身棕色，但体侧和四肢长有棕褐色条纹，尾毛长而蓬松。主要以腐肉、鸟卵为食，有时也吃白蚁。土狼在尾根下有一腺体，其分泌物用于标记领域。

P18

黑尾鹿：分布在北美洲西部的草原、农地及林地边缘。皮毛在夏天为锈棕色，冬天变为灰棕色。最显著的外形特征是黑色的小尾巴和硕大的耳朵。

P28

弹涂鱼：又称跳跳鱼。多栖息于沿海的泥滩，主要以硅藻为食。受惊时会迅速跳入水中或钻入洞穴，以逃避敌害。

招潮蟹：广泛分布于全球热带、亚热带的潮间带。最显著的特征就是，雄蟹有一对大小悬殊的螯。一只特别大，它会挥舞着大螯来求偶或者威吓敌人。雌蟹的双螯都很小，而且对称。

狼蛛：狼蛛分布广泛，多数为深褐色。它的背上长着一种形似狼毫的毛，有8只眼睛。狼蛛行动敏捷、性情凶猛，毒性很大。

P30

草蜻蛉：分布于全世界，以热带为主。身体成绿色，翅膀大而透明。是捕食性昆虫。

P33

萤火虫：分布于热带、亚热带和温带地区。体型长而扁平，腹部尾端有发光器，能发出黄绿色的光。成年萤火虫主要的食物是花粉和露水。

弹涂鱼

动物的语言
实验原理大揭秘

P11 罐子传声器——了解空罐子的"声音放大"功能

　　原理分析：声音传播的距离和传播介质有关。在同等条件下，直接从空罐子或空心木头中传播比从空气中传播的距离要远。这是因为空罐子或空心木头中的空气与声源发生共鸣，减少了声音在传播过程中的能量损失。

　　运用这个原理，人们制造出来了听诊器。听诊器前端是一个面积较大的膜腔，体内声波鼓动膜腔后，听诊器内的密闭气体随之震动，而塞入耳朵的一端，由于腔道细窄，气体震动幅度就比前端大很多，由此放大了患者体内的声波震动。

P17 摇尾巴——了解气味的扩散规律

　　原理分析：扩散现象是指物质分子从高浓度区域向低浓度区域转移，直到均匀分布的现象。气体的流动会影响扩散的速度。

　　实验中，第一次只是在盘子上滴上香水；而第二次实验中，实验者晃动了滴着香水的纸巾，空气的流动加快了香水扩散的速度。

　　环尾狐猴的尾部涂满了信息素，当它摇晃尾巴时，流动的空气能够将信息素扩散到很远的地方，它的同伴就能"读懂"它的语言了。

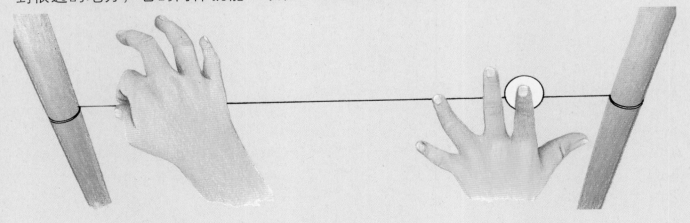

P31 互动交流——掌握神奇的摩斯电码

　　原理分析：摩斯电码是一种时通时断的信号代码，这种信号代码通过不同的排列顺序来表达不同的英文字母、数字和标点符号等。它由美国人艾尔菲德·维尔发明。

　　摩斯电码使用起来更加简单，能够在高噪声、低信号的环境中使用。同时，摩斯电码跨越了语言的障碍，即使操作者语言不通也可以通过摩斯电码传递信息。

　　摩斯密码用两种"符号"表示字元：划（—）和点（•），也分别叫嗒（Dah）和滴（Dit）或长和短。点的长度决定了发报的速度，并且被当作发报时间参考。

动物的语言
名词解释

P14

信息素：同种个体之间相互作用的化学物质，能影响彼此的行为、习性、乃至发育和生理活动。信息素由动物体内的腺体制造，直接排出散发到体外。信息素依靠空气、水等传导媒介传给其他个体，从低等动物到高等哺乳动物都有信息素。

P16

气味腺：某些昆虫的腺体能够分泌的或臭或香的气味强烈的挥发性物质。

P23

面部表情：是一种非语言交往手段。通过眼部肌肉、颜面肌肉和口部肌肉的变化来表现各种情绪状态。

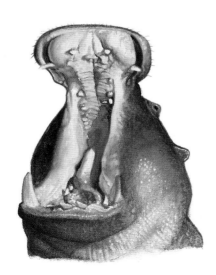

动物的进食
动物小名片

P5
变色龙： 主要分布在非洲地区，少数分布在亚洲和欧洲南部，以昆虫为食。变色龙最大的特征就是皮肤能变换颜色。

P6
蜜虻： 常见于有阳光和有草的花丛。大多体型接近蜜蜂，体被密毛。蜜虻多数有长吻，能从花中取食花蜜。

鹭： 广泛分布于南北纬60° 间的所有陆地。栖息于沼泽、稻田、湖泊、池塘，大多群居。鹭主要以鱼类、两栖类、昆虫和甲壳动物为食。飞翔能力强。

鹗： 俗称"鱼鹰"，是一种大型无害的鹰。除南美洲和南极洲外，分布于全世界。鹗的上体呈深褐色，下体则大部分为纯白色。它通常会用盘旋和急降的方法来捕鱼。

P10
毛发啄木鸟： 小型攀禽，分布于加拿大、美国、墨西哥和尼加拉瓜等地海岸附近的混交林地中。毛发啄木鸟的头顶有红色斑块。主要以昆虫为食。

食蚁兽： 哺乳动物，主要分布于中美和南美，南至阿根廷热带森林中。食蚁兽主要以蚂蚁和白蚁为食。它蠕虫状的长舌能够灵活伸缩，舌头上有黏液，能够将蚂蚁和白蚁粘出来进食。

P12
蓝鲸： 体型巨大，身长可达33米，体重可以达到181吨。蓝鲸主要以磷虾、小型鱼类、浮游生物为食，通过鲸须来进食，有时候一天会捕食3600千克的磷虾。

P18
冠蓝鸦： 又名蓝松鸦，主要分布于美国和加拿大南部。因为顶冠的羽色为薰衣草蓝或淡蓝色，所以被

毛发啄木鸟

称作冠蓝鸦。冠蓝鸦主要以植物种子、果实及各种昆虫为食。

五子雀： 主要分布于北美洲及墨西哥一带的灌木丛或林间。体型较小，羽毛绚丽。五子雀能在树上倒着移动，是世界上唯一能够低着头活动的鸟类。

动物的进食

交喙鸟： 在全球分布很广，喜欢栖息于针叶树林中，毛色鲜艳。它们的喙闭合时上下交错，颌肌强大，可以轻松切开松球果坚硬的种鳞。

P25
黄鼠狼： 学名黄鼬。小型的食肉动物。主要以鼠类为主要食物，也吃鸟卵、雏鸟、鱼、蛙和昆虫等。黄鼠狼的体内具有臭腺，在遇到威胁时，会排出臭气，来麻痹敌人。

P27
蟒蛇： 蟒蛇常栖息在水源丰富、植被茂密的原始森林之中，也有部分生活在沙漠地带。蟒蛇体形粗大而长，是世界上最大的较原始的蛇类。主要以鸟类、鼠类、小野兽及爬行动物和两栖动物为食。它的牙齿十分尖锐、猎食动作迅速准确。

P28
土耳其秃鹫： 又叫秃鹰，是以食腐肉为生的大型猛禽。除了南极洲及海岛之外，差不多分布在全球每个地方。秃鹫带钩的嘴、裸露的头都为它进食腐肉创造了条件。

P32
姬鸮： 分布在墨西哥和美国西南部美洲沙漠地区的一种小型猛禽，体型大小和麻雀差不多，头圆，眼大。主要以各种昆虫为食，通常在仙人掌和树林里的洞穴中筑巢。

P34
火烈鸟： 在地中海沿岸生活的一种大型涉禽，常栖息于温热带盐湖水域旁，在浅滩中行走，因全身为火红色犹如烈火燃烧而得名。火烈鸟脖子细长，常呈S型弯曲。它的主要食物包括小虾、蛤蜊、昆虫、藻类等。

P35
豺： 主要栖息在有森林的山地或是丘陵。豺的外形与狗相近，体型比狼小，多群居生活。主要捕食狍、麝、羊类等中型有蹄动物。豺的嗅觉发达，性情凶残，发现猎物后会与同伴们一起进行围猎。

P36
八目鳗： 八目鳗的样子和一般的鳗鱼相似，身体细长，呈鳗形。它的头两侧各有7个分离的鳃孔，与眼排成一直行，看起来就像是有八个眼睛，因此得名。八目鳗没有上下腭，嘴呈圆筒形，口内有锋利的牙齿，一般是通过啃咬的方式进入动物的尸体中进食。

吸汁啄木鸟： 是种吸食树木汁液的啄木鸟，同时也捕食以树木汁液为食的昆虫。它会在树上钻一排排又齐又密的洞，穿透树皮吸食树汁和捕获昆虫；同时，它也会在空中捕捉昆虫。

蟒蛇

动物的进食
实验原理大揭秘

P7 寻找食物链
——了解食物链的构成

原理分析：各种生物通过一系列吃与被吃的关系，把这种生物与那种生物紧密地联系起来，这种生物之间以食物营养关系彼此联系起来的序列，在生态学上被称为食物链。食物链上的各种生物往往是通过食物联系在一起的。

食物链通常有以下几个特点：1.一条食物链一般包括3~5个环节。2.食物链的开始通常是绿色植物（生产者）。3.在食物链的第二个环节通常是植食性动物，也就是以植物为主要食物的动物。4.食物链中的第三个或其他环节的生物一般都是肉食性动物。

在"寻找食物链"这个实验中，存在着多个食物链，我们可以找出其中一个进行分析，看看是否符合上面的几个特点。通过连线，你会发现有这样一条食物链：慈菇——驼鹿——雌蚊子——蜻蜓——鱼——鹗。这条食物链包括六个环节：食物链的开始是从绿色植物慈菇开始的，它也被称为是生产者；这条食物链的第二个环节是植食性动物驼鹿；从第四个环节开始就是肉食动物了。现在请你和爸爸妈妈一起试试，找出更多的食物链分析一下吧！

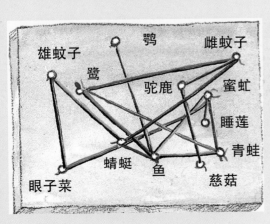

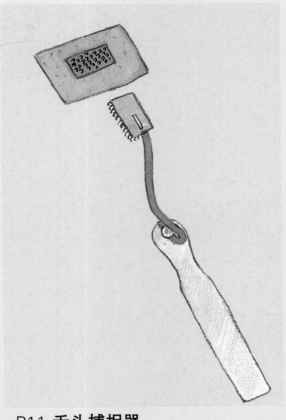

P11 舌头捕捉器
——体会青蛙如何用舌头捕食

原理分析：要想了解"舌头捕捉器"的工作原理，我们就要先了解青蛙的舌头构造。青蛙的舌头与我们人类不同，它是舌根在外，舌尖向里，舌上有黏液。青蛙捕食时，是将舌头弹向外面，用黏液粘住昆虫。

我们可以把青蛙的舌头看作是一根弹簧。青蛙捕食就像是把弹簧拉开，当青蛙捕到昆虫收回舌头时，就如同松开弹簧，恢复原状。

动物的进食

P19 鸟的砂囊
——体会鸟类如何消化食物

原理分析：脊椎动物鸟类的胃分为前胃（腺胃）和砂囊两部分。砂囊又称"肌胃"，它前接前胃，后通小肠，具有很厚的肌肉壁，胃腔较小。一般以谷类、坚硬果实为食以及杂食性的鸟类，砂囊内面一般都有一层角质皮，囊内贮有吞入的砂石。由于鸟类没有牙齿，因此用砂石代替牙齿磨碎食物，以减轻腺胃的工作负担并帮助消化。

通过实验，你们知道鸟儿是怎样消化食物的了吧！

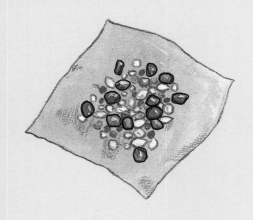

P39 吸管与海绵
——体会蝴蝶和苍蝇的进食方式

原理分析：通过实验，我们能够了解到蝴蝶和苍蝇的进食方式。蝴蝶采用虹吸的方式吸取液体，我们借助吸管就可以体会到；苍蝇则是通过舐吸的方式，我们借助海绵也可以体会到。但是，它们为什么要采用不同的方式才能吃到食物呢？这和它们不同的口器（就像人类的嘴）有关。

口器是昆虫的嘴巴，不同的昆虫有不同的取食方式和口器类型。蝴蝶具有虹吸式口器，显著特点就是这类口器长得像一根中间空心的钟表发条，用时能伸开，不用时就盘卷起来。这种特殊的构造使蝴蝶和蛾类能够吸到花朵深处的花蜜，或是水、汁液、果实等等。

苍蝇的口器则是舐吸式口器。苍蝇吃东西时又吸又舔，口器就像是一个蘑菇头。当苍蝇进食时，它会把两唇瓣展开平贴到食物上，将固体食物碎粒和液体一起吸入。

除了蝴蝶的虹吸式口器和苍蝇的舐吸式口器，其他昆虫还有不同的口器类型。比如蝗虫的口器类型是咀嚼式口器，蚊子、跳蚤是刺吸式口器，蜜蜂是嚼吸式口器等等。

动物的进食
名词解释

P9

瓣膜： 瓣膜是人或某些动物的器官里面可以开闭的膜状结构。如高等动物心脏中的三尖瓣、二尖瓣。

P12

鲸须： 生长在须鲸类（如蓝鲸、长须鲸、大须鲸等）口部的一种由表皮形成的巨大角质薄片。柔韧不易折断，悬垂于口腔内，呈梳状，用来滤取水中的小虾、小鱼等为食饵。

动物的进食

P14

哺乳动物的牙齿： 可以分化为切齿（门齿），犬齿，前臼齿，臼齿。切齿指的是上、下颌端部用以切割食物的齿；犬齿是上下颌门齿及臼齿之间尖锐的牙齿；前臼齿指的是颊部前边用于切割和研磨食物的牙齿。臼齿指的是位于颌末端，较大的、以研磨为用途的牙齿。

啮齿动物： 啮齿动物是哺乳纲的一目。啮齿动物的上下颌只有一对门齿，门齿无根，能终生生长。如鼠、松鼠、豪猪等。

人的牙齿： 人一生有乳牙（共20个）和恒牙（28～32个）两副牙齿。人类的牙齿与其他灵长类动物牙齿的不同之处在于，人类的犬齿没有其他灵长类的犬齿长而尖锐。

P16

反刍： 是指进食经过一段时间以后将半消化的食物返回嘴里再次咀嚼。如牛、羊的倒嚼现象。

P18

颊囊： 松鼠、黄鼠、仓鼠等动物的口腔内两侧，具有一种特殊的囊状结构，称为颊囊。可以用来暂时贮藏食物。

P20

四个胃： 牛、羊、鹿等动物的胃分为瘤胃、网胃、重瓣胃和皱胃四部分。瘤胃和网胃的作用是将食物和唾液混合，并使用共生细菌将纤维素分解为葡萄糖；之后食物反刍到口腔，经缓慢咀嚼以充分混合，进一步分解纤维；然后重新吞咽，经过瘤胃到重瓣胃，进行脱水；然后送到皱胃；最后送入小肠进行吸收。

P28

食腐动物： 吃死的或腐烂有机物质的动物。常见的食腐动物有：蚯蚓、千足虫、蛞蝓、蜗牛、粪金龟子、白蚁等。

动物的运动
动物小名片

P5

蛇怪蜥蜴： 生活在热带雨林的河流边，主要以小昆虫为食。蛇怪蜥蜴有一种特殊的逃生本领，就是当遇到危险时，它能跳进水中，表演"水上漂"，从水面上跑走。

P7

海狸： 有些地方也称之为河狸，是体型较大的啮齿类动物。生活在寒温带针叶林和针阔混交林区域的河边，通常是穴居。海狸的后肢粗大，趾间有蹼，尾巴宽大而扁平。主要以鲜嫩的树皮、树枝及芦苇为食。善于游泳和潜水，主要在夜间活动。

P9

水母： 海洋中的大型浮游生物。主要以鱼类和浮游生物为食。因为水母是无脊椎动物，因此它是通过喷水推进的方法游动的。

P10

蝠鲼： 鳐鱼中最大的种类，生活在热带和亚热带海域的底层。身体扁平呈菱形，有强大的胸鳍，如同翅膀。主要以浮游生物和小鱼为食。

角嘴海雀： 嘴为橘黄或黄色，头部有两道特征性白色条纹，脚黄色。角嘴海雀通常会在洞穴中筑巢。它的飞行能力很强，可以飞到远海中去捕食鱼类。

角嘴海雀

P11

鸭嘴兽： 仅分布于澳大利亚地区和塔斯马尼亚岛。它的尾巴扁而宽，四肢都有蹼和爪，十分适合游泳和掘土。通常，鸭嘴兽会穴居在水边，以水生昆虫、蜗牛等为食。鸭嘴兽是最原始的哺乳动物之一，不同于其他的哺乳动物，鸭嘴兽是通过下蛋来繁衍后代的。

鳗鱼： 一般产于咸淡水交界海域，体型类似蛇，但无鳞。鳗鱼喜欢在清洁、无污染的水域栖身，是世界上最纯净的水中生物。

P12

蜂鸟： 是世界上已知最小的鸟。最小的一种蜂鸟才重1.8克，最大的一种也仅有20克。蜂鸟能够以快速拍打翅膀（每秒15~80次，取决于鸟的大小）的方式悬停在空中，也是唯一可以向后飞的鸟。

P16

飞鱼： 广泛分布于全世界的温暖水域，以能飞而著名。飞鱼的胸鳍特别发达，就像鸟类的翅膀一样。但它并不是在飞翔，而是在滑翔。在逃离捕食者时，它能跃出水面靠胸鳍滑行，最多能跃出十几米，滑行几百米远。

动物的运动

袋鼯： 也叫飞鼠。主要分布于亚洲、欧洲和美洲的热带与温带雨林中。体型多为中等，前后肢间的飞膜可以帮助其在树中间快速滑行。雌性有育婴袋。袋鼯主要采食植物性食物，尤其爱吃松树、柏树的籽实、针叶和嫩皮，偶尔捕食甲虫等小型动物。

P20

披肩榛鸡： 属于松鸡科鸟类。在全世界共有3种，即花尾榛鸡、斑尾榛鸡和披肩榛鸡。披肩榛鸡分布于加拿大、美国。在我国最常见的是花尾榛鸡。

水雉

P22

水雉： 常栖息于水生植物丰富的淡水湖泊、池塘和沼泽地带。主要以水生植物、昆虫、软体动物、甲壳类等为食。水雉在夏天繁殖期时常在浮游植物上来回行走，姿态优美，有"凌波仙子"的美称。

秧鸡： 常栖息于水域附近芦苇丛、灌木草丛或水稻田中。体型瘦小，形状类似鸡，羽毛主要为暗灰褐色，翅短尾短，脚大趾长。以植物种子和谷物、昆虫为食。

黑水鸡： 常栖息在湿地、水域附近的芦苇丛、沼泽和稻田中。全身基本上为黑色，以植物的茎、叶、草籽及小昆虫等为食。

水黾： 常栖息于静水面或溪流平缓的水面上。黑褐色，身体细长轻盈，腿细长且有细毛，可在水面滑行。水黾通常以落水的小虫体液或死鱼体为食，它的嘴成管状，通过吸食的方式进食。

P25

更格卢鼠： 生活于沙漠、草原、湿地、砂质土壤中。它们光吃植物种子就可满足水分需要，而不需要额外喝水。更格卢鼠的跳跃能力很强，两条细长的后腿一跃可以就跳过约3米远的距离。

P26

蚱蜢： 主要栖息于草地、农田，活动于稻田、堤岸附近。常为绿色或黄褐色，背面有淡红色纵条纹。蚱蜢的两条后腿特别长且有劲，因此它能跳过相当于自己身长15~20倍的距离。

跳蚤： 小型无翅的寄生性昆虫，成虫通常生活在哺乳动物和鸟类身上。跳蚤的口器锐利，用于吸吮。外壳保护能力强，可以承受比体重大90倍的重量。后腿粗壮发达，善于跳跃。

动物的运动

叶蝉： 小型吸汁昆虫，外形似蝉，身体颜色为黄绿色或黄白色。叶蝉可跳可走，几乎各类植物上都有。

跳虫： 体长1~2毫米，无翅。形如跳蚤，弹跳力强，靠腹下的弹器抵住地面，弹开时腾空跃起，向前跳跃的距离可达身长的15倍。

P32
蟒蛇： 蟒蛇常栖息在水源丰富、植被茂密的原始森林之中，也有部分生活在沙漠地带。蟒蛇体形粗大而长，是世界上最大的较原始的蛇类。主要以鸟类、鼠类、小野兽及爬行动物和两栖动物为食。它的牙齿十分尖锐，猎食动作迅速准确。

束带蛇： 是加拿大及中美洲一带常见的无毒蛇。身上有条纹图案，好像束着带子似的。主要以蛙类、鱼类、昆虫等为食。

响尾蛇： 一种管牙类毒蛇。呈黄绿色，背部有菱形黑褐色斑。尾部末端具有一串角质环，能长时

水獭

P29
雪兔： 生长在寒温带针叶林和苔原地区。体型较大，耳朵和尾巴都很短，冬季毛色会变白。雪兔的听觉和嗅觉发达，白天隐藏于洞穴中，夜间出来觅食。

翠青蛇： 一种脾气非常温顺的无毒蛇。常栖息于中低海拔的山区、丘陵和平地，在草木茂盛或荫蔽潮湿的地域活动。翠青蛇身体细长，体型中等，成蛇体长为80～110厘米。主要以蚯蚓、蛙类及小昆虫为食。

间发出响亮的声音，使敌人不敢近前，故称为响尾蛇。响尾蛇主要以鼠类、野兔、蜥蜴、和小鸟为食。

P34
水獭： 通常在水岸石缝底下或水边灌木丛中建洞穴。主要以鱼类为食，此外也吃蛙类、淡水虾和蟹类。

动物的运动

P35

海豹：海洋哺乳动物。身体粗圆呈纺锤形，四肢都有5趾，趾间有蹼，形成鳍状肢，爪子十分锋利。海豹以鱼类为主要食物，但也吃甲壳类及头足类动物。

海象：海象身体庞大，皮厚而多皱，有稀疏的刚毛，眼睛比较小；海象的四肢因适应水中生活已退化成鳍状，不能像陆地的大象那样行走，而是仅靠后鳍脚朝前弯曲，以及獠牙刺入冰中的共同作用，才能在冰上匍匐前进。

P37

树蛙：广泛分布于亚洲、非洲的热带和亚热带地区，多栖息在潮湿的阔叶林区及其边缘地带。树蛙的身体长而扁，后肢比较长。

P38

长臂猿：长臂猿的前臂非常长，身高不足一米，双臂展开却能达到150厘米，站立时双手可触地，故而得名。长臂猿生活在高大的树林中，能够像荡秋千一样从一棵树荡到另一棵树，且速度惊人。

P39

负鼠：生活在美洲的有袋动物。为中、小型兽类，小的有老鼠那么大，最大的也不过像猫一样大。主要以昆虫、蜗牛等小型无脊椎动物为食，也吃一些植物。常常夜间外出觅食。

蛛猴：主要栖息在从墨西哥到巴西的森林中，因为它们的身体和四肢都很细长，在树上活动时，远远望去就像一只巨大的蜘蛛，因此得名。蛛猴的尾巴比身体还长，同时还具有特别的功用：既能平衡身体，又可以抓取食物，或是倒吊在树上。

三趾树懒：在美洲中南部地区分布较广，北到洪都拉斯，南到阿根廷北部。三趾树懒的行动非常迟钝，毛发蓬松生长，毛上附有藻类而呈绿色，在森林中很难被发现。主要以树叶、嫩芽和果实为食。树懒几乎终身都在树上生活，甚至包括睡觉，基本上丧失了地面活动的能力。

蛛猴

动物的运动
实验原理大揭秘

P17 制作一只"短头袋鼯"

——体会短头袋鼯飞行的秘诀

原理分析：在冰棍棒上粘上塑料袋，如同增加了它的横截面积，增大了空气阻力，使得空气阻力大于重力，合力向上与速度方向相反，因此做减速运动。这就比冰棍棒直接落到地面的速度慢多了。短头袋鼯前后腿间大大的皮褶，可以帮助它们在空中滑行，做减速运动，也是这个原理的实际运用。

降落伞同样运用了这个原理。降落伞利用空气阻力，依靠相对于空气运动充气展开的可展式气动力减速器，使人或物可以从空中安全降落到地面。

实验通过冰棍棒和塑料袋就能体验短头袋鼯的飞行技巧，你学会了吗？

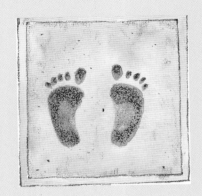

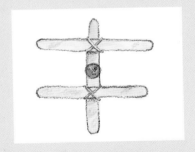

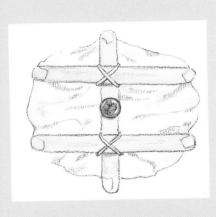

P21 大脚

——了解大脚与压力的关系

通过实验，你知道为什么当你站在沙箱里的木板上时，你不会陷得太深了吗？这里面还有物理的小知识呢，让我们一起学习吧！

原理分析：当压力一定时，受力面积越小，压力作用效果越显著；受力面积越大，压力作用效果就越不明显。

也就是说，你的脚和木板相比，你的脚所占面积较小，宽木板所占面积较大。因此，当你的体重即压力一定时，你的脚受力面积小，所以压力作用效果明显，陷进沙子的深度就深；宽木板受力面积大，所以压力作用效果不太明显，陷进沙子的深度就浅。

动物的运动

P23 它会飘起来吗——了解表面张力的作用

　　要想知道针为什么能够浮在水面上，我们首先要了解表面张力的概念。

　　原理分析：表面张力是液体表面层由于分子引力不均衡而产生的沿表面作用于任一界线上的张力，是水分子形成的内聚性的连接。这种内聚性的连接是由于某一部分的分子被吸引到一起，分子间相互挤压，形成一层薄膜。这层薄膜被称做表面张力，它可以托住原本应该沉下的物体。

　　我们如果把针扔进水里，则针与水面接触时会有一定的动能，这种动能会大于水面的表面张力，因此针会沉到水底。但如果我们轻轻将针放在水面上，不破坏水的表面张力，针就可以浮在水面上。请你仔细观察，针的周围水面是往下凹的。这就说明，针的重力要往下沉，但水的表面张力却把它托着。这也就是许多动物能够在水面上行走的原因啦。

　　请你向爸爸妈妈要枚硬币，我们再来一起实验一下，硬币是否会沉下去呢？

动物的运动
名词解释

P6
水下呼吸器： 俗称氧气罩。能使水下作业者可以远离水面潜入水下40米深处，它使潜水员不再受母船送气的限制，使得潜水作业领域不断扩展。

P8
背鳍： 鱼背部的鳍。背鳍主要对鱼体起平衡的作用，如果剪掉背鳍，鱼就会侧翻，不能直立。有些体形长的鱼类，背鳍和臀鳍可以协助身体运动，并推动鱼体急速前进。

尾鳍： 鱼类和其它部分脊椎动物正中鳍的一种，位于尾端。尾鳍既能使身体保持稳定，把握运动方向，又能同尾部一起产生前进的推动力。

胸鳍： 位于左右鳃孔的后侧。胸鳍的作用是使身体前进和控制方向，也起到刹车的作用。

腹鳍： 相当于陆生动物的后肢，具有协助背鳍、臀鳍维持鱼体平衡和辅助鱼体升降拐弯的作用。

臀鳍： 位于鱼体的腹部中线、肛门后方，形态与功能基本上与背鳍相似，维持身体平衡，防止倾斜摇摆，还可以协调游泳。

P15
平衡棒： 苍蝇等双翅目昆虫，它们的后翅退化而成的细小的棒状物。在飞行时有定位和调节的作用。

动物的防卫
动物小名片

P4

尺蠖：是尺蛾的幼虫。身体细长，行动时一伸一缩呈拱桥状前进。静止时，身体能斜向伸直好像枯枝一样。幼虫会对果树、茶树、桑树、棉花、林木等都会造成危害。成虫为尺蛾。

P5

蓝纹章鱼：分布于印度洋、太平洋、澳洲、日本、菲律宾等海域。以蟹类及其它节肢动物为食。遭遇侵袭时，蓝纹会更加明显。蓝纹章鱼的唾液腺和卵巢中含有毒性。

P6

柑橘凤蝶幼虫：幼虫为黄绿色，受惊时会从前胸前缘中央翻出红色臭角，散发出气味以御敌。

P7

蓝舌蜥蜴：原产于澳洲与新几内亚各岛，生活在干燥草原及森林区。受惊时会伸出巨大的蓝色舌头来吓跑敌人。

环喉雀：雄性成鸟具有红色喉斑，因此得名。分布于非洲撒哈拉沙漠以南地区的热带草原及干燥林地中。以种子和昆虫为食，会用草和羽毛编成球状巢。

竹节虫：大部分生活在热带。属于中型或大型昆虫。有时竹节虫会将六足紧靠身体，看起来就像是一段竹节。

P8

蓝目天蛾：翅膀上有一个深蓝色的大圆眼状斑，斑外有一个黑色圈，最外围蓝黑色，蓝目斑上方为粉红色。当感觉遭遇危险时，它便会露出后翅上的艳丽斑纹，这对斑纹就像怒目圆睁的眼睛，能将捕食者吓走。

P10

三趾树懒：在美洲中南部地区分布较广，北到洪都拉斯，南到阿根廷北部。三趾树懒的行动非常迟钝，毛发蓬松生长，毛上附有藻类而呈绿色，

在森林中很难被发现。主要以树叶、嫩芽和果实为食。树懒几乎终身都在树上生活，甚至包括睡觉，基本上丧失了地面活动的能力。

P11

茶色蟆口鸱：属于夜鹰目鸟类。主要分布在东南亚和大洋洲。全身呈黄褐色，头大嘴大，嘴似蛤蟆，因而得名。茶色蟆口鸱主要以蛙类、小鸟、爬行类、小型哺乳类，及植物的嫩枝果实为食物。

柑橘凤蝶幼虫

动物的防卫

P12
比目鱼： 主要生活在温带水域，栖息在浅海的海底，捕食小鱼虾为生。它的身体扁平，双眼同在身体朝上的一侧，有的种类能够改变身体颜色与周围环境融为一体。

P13
攀雀： 一般栖息于近水的苇丛和阔叶树间。攀雀比麻雀还小，身长只有10厘米左右。攀雀的鸟巢外观像个"靴子"高挂在树的枝头。

大蜥蜴： 主要分布于美国西南部和墨西哥北部的干旱地区。一般身长为1.8～3米(雌性大，雄性小)，体重60～130千克。大蜥蜴无鳞片，身体呈黑褐色，皮肤粗糙，颈部和身体两侧有皱褶，并生有许多隆起的疙瘩，嘴里长着巨大而锋利的牙齿。

P14
海狸： 有些地方也称之为河狸，是体型较大的啮齿类动物。生活在寒温带针

黑脉金斑蝶（左下）
副王蛱蝶

叶林和针阔混交林区域的河边，通常是穴居。海狸的后肢粗大，趾间有蹼，尾巴宽大而扁平。主要以鲜嫩的树皮、树枝及芦苇为食。善于游泳和潜水，主要在夜间活动。

P16
黑脉金斑蝶： 俗称"帝王蝶"，是北美地区最常见的蝴蝶之一，身上有橙黑色花纹。每年都会向南迁徙，夏天的时候向北飞回。其幼虫以有毒植物为食，成虫时依然保存在体内，所以这种蝴蝶是有毒的。

副王蛱蝶： 也叫总督蝶，

是一种北美蝴蝶，样子和黑脉金斑蝶很相似，有着差不多的翼幅和橙黑色花纹，只是在后翅上多了黑色的条纹。

P17
食蚜蝇： 以幼虫捕食蚜虫而著称，但也有不少种类食蚜蝇的幼虫是以植物为食物的。食蚜蝇的成虫有黄色斑纹，形似黄蜂或蜜蜂，往往被误认为是蜜蜂，常在花中悬飞，但不螫人。

P18
珊瑚蛇： 一种体形较小的毒蛇，主要分布在西半球。身体呈圆柱形，身上分布着交替出现的黑色和红色宽条斑纹，中间隔着黄色窄斑纹。

王蛇： 中型到大型陆栖蛇，分布于加拿大东南部至厄瓜多尔。以小型哺乳类、鸟类、蛇类、蜥蜴、两栖类和鸟蛋等为食。有些王蛇会模拟有毒的珊瑚蛇的颜色和花纹，但它们是无毒的。

动物的防卫

P20
三趾箱龟： 生活于美国的部分地区。箱龟绝大多数都拥有可以摺合的腹甲，当它们完全缩入壳中时，看上去如同一个密封的箱子或盒子，这就是箱龟的由来。三趾箱龟后肢通常只生有三趾，因而得名。

三带犰狳： 生活在中、南美洲和美国南部地区的树林、草原和沙漠地带。属于杂食性动物。三带犰狳的壳分三部分，前后两部分有整块不能伸缩的骨质鳞甲覆盖，中段的鳞甲成带状，与肌肉连在一起，可以自由伸缩，腹部无鳞片只有毛。可将身体蜷缩成球状，以防御天敌侵害。

P21
鼩鼱： 分布很广，除极地、大洋洲和一些大洋岛屿外，其他各大陆均有分布。鼩鼱体型细小，四肢短，体型和鼠相似，嘴尖长。主要以昆虫或其他小动物为食。鼩鼱一般在陆地上居住，但也有些半水栖或穴居。

巨蛤： 栖息于南太平洋和印度洋的珊瑚礁。是地球上现存的个头最大、最重的软体动物。贝壳直径可达1.3米，重约300千克。主要依赖光合作用来获取能量。

P22
豪猪： 又称箭猪，披有尖刺。豪猪主要以花生、番薯等农作物为食，昼伏夜出。当豪猪遇到危险时，会迅速将身上的刺竖起来，不停抖动，威吓敌人。

P24
臭鼬： 分布在北美洲墨西哥以北的广大地区。臭鼬的体毛黑白相间。主要以啮齿类动物为食，也吃鸟蛋、腐肉、幼虫、浆果等。它一般在黎明和黄昏出外觅食，在遇到威胁时会放出奇臭的味道。

P25
瓢虫： 半球状体型，体色鲜艳的小型昆虫。瓢虫身上常有红、黑或黄色斑点。全世界有超过5000种以上的瓢虫。

瓢虫

东方铃蟾： 栖居于池塘或山区溪流石下，体长约5厘米，皮肤粗糙，身体和四肢呈灰棕色或绿色，腹部呈橘红色，有黑色斑点。受惊时会露出色彩醒目的腹部，警告捕食者它的皮肤有毒。

P27
箭毒蛙： 主要分布于巴西、圭亚那、智利等热带雨林中，栖居地面或靠近地面的地方。箭毒蛙的身体色彩鲜艳美丽，颜色为黑与艳红、黄、橙、粉红、绿、蓝的结合，且四肢布满斑纹。体型很小，最小的仅1.5厘米，个别种类也可达到6厘米。虽然体型小，但却是毒性最强的物种之一。

动物的防卫

P29
白蚁：主要分布在热带和亚热带地区，以木材或纤维素为食。身体软而小，通常长而圆，呈白色、淡黄色，赤褐色直至黑褐色。白蚁对农作物、树木、房屋、建筑、江河堤坝等具有危害性。白蚁内部有高度发达的等级系统，群体一旦遭到破坏，就很难继续生存。

黑斑羚：中型兽类，栖息在非洲南部和中部的森林和草原之中。跳跃能力强，常在悬崖峭壁间灵活地攀跳。

狒狒：是世界上体型仅次于山魈的猴类。主要分布于非洲，个别种类也见于阿拉伯半岛。狒狒属于杂食类动物，主要吃果实、嫩枝、昆虫，有时也吃鸟蛋、小型脊椎动物。

P30
寄居蟹：其外形介于虾和蟹之间，除少数种类外，一般身体左右不对称，腹部较柔软，可卷曲于螺壳中。随着它的长大，它会换不同的壳用来寄居。

海葵：无脊椎动物，外形似葵花，但其实是捕食性动物，触手上布满刺细胞，用做御敌和捕食，以海洋动物或微生物为食。大多数海葵有基盘固定，有时也能作缓慢移动。少数无基盘，栖息于泥沙质海底。有些海葵会生活在寄居蟹的背上。

非洲水牛：产于非洲，平均高度约1.4~1.7米，体长2.1~3.4米，体重约425~900千克。以植物为食物。性情凶猛，难于驯化，常群体活动，是非洲最危险的猛兽之一。

P31
鲫鱼：一种海洋鱼类。分布于全世界较暖的水域。身体细长，头顶上有着扁平的卵圆形吸盘，可以吸附在鲨鱼或其他海生动物身上。鲫鱼主要吃寄主的食物残渣，并为寄主清除身体上的寄生物。

虾虎鱼：分布于全世界，多数栖息在热带海水中，是一种体型较小的的食肉类鱼。一些虾虎鱼种类与会掘穴的虾类共生。虾负责挖掘二者栖息的洞穴，而虾虎鱼可以为视力不好的虾提醒危险的出现。

P32
小丑鱼：一种热带鱼。小丑鱼与海葵有着密不可分的共生关系。小丑鱼受到带毒刺的海葵的保护，还可以吃海葵消化后的残渣。小丑鱼也为海葵吸引猎物，还能去除海葵身上的霉菌等。

白蚁

动物的防卫

P34
双胸沙斑鸟：中等体型，背部和翅膀为棕色，肚皮是白色的。雏鸟几乎刚一孵化出来就可以四处走动。

猪鼻蛇：成年蛇约有30~120厘米长，鼻端吻部位置是微微向上撅起的。主要以蛙类和蟾蜍类为食。能分泌少量毒素。攻击时会发出很响的嘶嘶声威胁敌人；但若威胁失败，则会翻转扭摆，最后张口吐舌装死。

P35
豹纹壁虎：豹纹壁虎因身体上的花纹类似豹纹而得名。一般生活在干旱的灌木林里，身体扁平，四肢短，趾上有无数细小的刚毛，能在壁上爬行，遇险时会自行断尾逃脱。

灰蝶：除南极洲以外，遍布世界各地，主要分布在热带及亚热带地区。属小型蝴蝶，翅展通常不超过5厘米。后翅具有尾突及眼点，当灰蝶停下来让尾摆动时，使其看起来像头部，来迷惑敌人。

P36
负鼠：生活在美洲的有袋动物。为中、小型兽类，小的有老鼠那么大，最大的也不过像猫一样大。主要以昆虫、蜗牛等小型无脊椎动物为食，也吃一些植物。常常夜间外出觅食。在遇到敌人时，会在奔跑中急停，以惊吓对方，或者装死来骗过对方。

P38
叉角羚：分布在北美洲地区宽阔的草原和荒漠地带，以灌木叶子为主食，偶尔食草。雌羊的角较小、不分叉；公羊的角端部分叉。善于奔跑，奔跑速度仅次于猎豹。

P39
蜜袋鼯：产于澳大利亚地区，是一种有袋动物，体型很小，身长约20厘米，加上尾巴也才40厘米左右。主要以昆虫、水果、树蜜为食，大多数时间在树上活动，身体两侧拥有滑行膜，有利于它们在树林间滑行。

赤狐：分布于整个北半球。身体细长，四肢短小，有尖尖的嘴巴，大大的耳朵。体长70厘米，尾长20~40厘米，体重4.2~7千克。腹部为白色，腿和耳尖是黑色的，其他的部分都呈红色。奔跑速度快。

赤狐

动物的防卫
名词解释

P4

保护色： 动物外表的颜色与周围环境相类似，这种颜色叫保护色。很多动物都有保护色，还有不少动物会变色，自然界里有许多生物就是靠保护色躲避捕食者的。按照达尔文的解释，生物的保护色、警戒色和拟态是由自然选择决定的。

P10

伪装： 伪装是动物用来隐藏自己或是欺骗其他动物的一种手段，不论是捕食者或是猎物，伪装的能力都会影响这些动物的生存机率。伪装包括保护色、警戒色和拟态。

P18

拟态： 是指一种生物在形态、行为等特征上模拟另一种生物，从而使一方或双方受益的生态适应现象。拟态是动物在自然界长期演化中形成的特殊行为。拟态包括三方：模仿者、被模仿者和受骗者。这个受骗者可以是捕食者或猎物，或者是同种中的异性。许多有毒、味道不佳或有刺的动物往往有警戒色，因此总会有其他生物进行模仿。

动物的防卫

P25
警戒色： 是指某些有恶臭和毒刺的动物和昆虫所具有的鲜艳色彩和斑纹。这是动物或植物在进化过程中形成的，警戒色是动物避免自身遭到攻击的一种警告。
警戒色与保护色、拟态的区别：保护色和拟态现象都表现为与环境色彩相似，不易被识别，从而可以保护自己。而警戒色则表现得与环境不同，容易被发现。具有警戒色的动物和昆虫一般都具有一定的危险性。

P28
共生现象： 在生物界存在着的动物之间的相互依存、互惠互利的共生现象。是两种生物彼此互利地生存在一起，缺一都不能生存的一类种间关系，是生物之间相互关系的高度发展。

动物的工作
动物小名片

P4

绿鹭： 主要栖息于山间溪流、湖泊、滩涂及红树林中。绿鹭体型较小，上半身为灰绿色，下半身呈银灰色。长时间站在水域滩地或石头上，伺机捕食小鱼、虾及昆虫为食。

獴： 哺乳动物，身体长，四肢短，口吻尖，耳朵小。獴的主要食物是蛇、蛙、鼠、鱼、蟹、昆虫及其他小哺乳动物等。獴是蛇的天敌，不仅能与蛇搏斗，还对蛇的毒液有抵抗力。

锤头果蝠

P8

寄居蟹： 其外形介于虾和蟹之间，除少数种类外，一般身体左右不对称，腹部较柔软，可卷曲于螺壳中。

P10

獾： 分布于欧洲和亚洲大部分地区的一种杂食性哺乳动物，主要吃蚯蚓，也吃昆虫、小型哺乳动物、水果等等。獾的前爪长，适于掘土。

黄头后颌鱼： 分布于大西洋、印度洋及太平洋东西两岸。浅海穴居的中小型鱼类，有些种类栖息深度可达100米左右。黄头后颌鱼可以利用嘴挖掘沙石来建造小窝，并找来细石和碎贝壳巩固巢穴。

P12

沙蟹： 以昆虫、腐烂的小动物尸体（鱼、虾等）、藻类等为食。沙蟹通常躲在洞穴里，退潮时才出来觅食。沙蟹的洞穴一般呈螺旋形，洞口形成沙塔。

缎蓝亭鸟： 也叫紫光园丁鸟。主要分布在澳大利亚东部的雨林中。体型略似鸽子，雄鸟长着一身绸缎似的蓝黑色的羽毛。最大的特点就是雄鸟会筑巢，最喜欢用蓝色的东西来装饰，并会跳舞来吸引雌鸟。

P14

座头鲸： 大部分栖息于太平洋一带，成年鲸身长12~16米，重约3600千克，鳍肢很长，约为体长的1／3，为鲸类中最大者，其前缘有如锯齿状突出的不规则瘤状。主要以磷虾，小群鱼等为食。

食蝗鼠： 生活在干燥的干旱半干旱地区，身材较小，类似于仓鼠，主要食物为蝗虫，因此而得名。昼伏夜出。

锤头果蝠： 果蝠是最大的蝙蝠，有些果蝠两翼的距离能长达2米。在黎明和黄昏时外出觅食，以果实和花蕊中的汁液为食物，会对果树造成一定的危害。

动物的工作

P15
琴鸟： 分布于澳大利亚和新西兰的热带雨林、林地、沟壑等地。体型较大，通体浅褐色。雄鸟有长达70厘米、宽约3.5厘米的竖琴形美丽尾羽。以昆虫、蜘蛛和蠕虫、植物种子为食。

天堂鸟： 生活在热带森林中，食物主要为水果，也包括昆虫、蜥蜴等动物。天堂鸟因其华丽的羽毛而被人们认识。雄性天堂鸟在头部及胸部或是翅膀上会长出盾状、扇状、斗篷等等各种各样的饰羽。

P16
蚊蝎蛉： 体型较大，前翅长22毫米左右；身体为黄褐色，脚很长。以小型昆虫为食物。

巨型豆娘： 分布于危地马拉、洪都拉斯、巴拿马、巴哈马、哥伦比亚、巴西和秘鲁的热带雨林。豆娘是一种颜色鲜艳的昆虫，身体细长，复眼发达生于头两侧。豆娘成虫的身躯看起来一副弱不禁风的样子，但它们可是肉食动物呢。

织布鸟： 分布在非洲热带和亚洲。主要以种子、草籽为食，有的也吃虫子。在繁殖季节，雄鸟会换上鲜艳的羽毛，其余时间雄鸟和雌鸟都为暗褐色。织布鸟最大的特色在于它们能够用草和其他植物为自己编织出美丽的窝来。

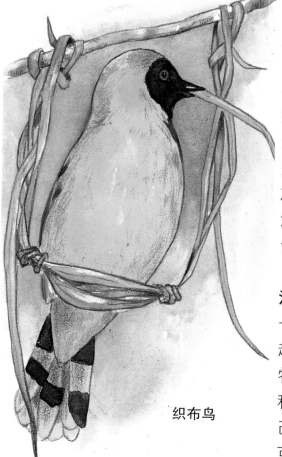

织布鸟

P18
盗蛛： 中到大型食肉蜘蛛，有些还能抓鱼吃。

P20
极乐鱼： 生活于亚洲及非洲的淡水中。极乐鱼身体呈长圆形，稍扁，尾鳍深分叉，体侧有11条蓝色和红色的横向条纹，头部有黑色条纹，鳃盖后边缘有一绿色斑块，眼眶为金黄色。

灰树蛙： 因其身体的颜色以灰色为主而得名，分布的范围很广泛。灰树蛙的后腿有橙色的斑点，这是它们跟其他树蛙的区别。它们可以是呈浅或深灰色，或是呈浅灰色加上深灰色、黑色、黄色或绿色的斑纹。主要以昆虫为食。

沫蝉： 小型昆虫，身长一般5、6毫米，最长不超过1.5厘米，生活在植物叶片上。它可以分泌一种泡沫状物，用来保护自己身体不会过于干燥，还可以隐蔽自己免受天敌侵害。

动物的工作

P22

眼斑冢雉： 栖息在南澳洲半干旱的小桉树丛林，大小与鸡相近。羽毛呈浅褐色，有白斑，脖子很长，光秃无毛。

营冢鸟： 是澳大利亚特有的鸟类。营冢鸟会把树叶和土堆起来，靠树叶发酵产生的温度来孵蛋。由于它的"孵蛋器"形似人类的坟墓，因此得名。

P24

射水鱼： 大多生活在印度洋到太平洋一带的热带沿海以及江河中，身长20厘米左右，有一双水泡眼。它能从口中射出水柱，用来击落在水面上方的昆虫。它甚至能把水射到两三米高，距离30厘米内的昆虫很难逃命。

P27

食虫蝽象： 体形很小，体长仅有1厘米左右，以蚂蚁为食。当它们猎杀蚂蚁时，会在蚂蚁身体上注射一种酶，再将蚂蚁身体吸干，之后把这些蚂蚁尸体放在背部当作伪装，以避开跳蛛等捕食者的袭击。

鳄龟： 分布于北美洲和中美洲，身上长有非常坚固的甲壳，背部有盾片突起。鳄龟属于肉食性动物，主要以昆虫、螺类、虾及小鱼等为食，也吃植物的茎叶。

P28

石蛾： 石蛾主要分布于全世界的淡水生境，石蛾翅上被毛，触角长。大部分以植物汁液和花蜜为食。幼虫叫做石蚕，石蚕生活在湖泊和溪流中，是许多鱼类的主要食物来源。

食虫蝽象

P31

水獭： 通常在水岸石缝底下或水边灌木丛中建洞穴。主要以鱼类为食，此外也吃蛙类、淡水虾和蟹类。

P34

豹猫： 是产于亚洲的猫科动物，体型与家猫相仿。豹猫的毛皮有黄色、银灰色等。胸部及腹部是白色，斑点一般为黑色。通常以啮齿类、鸟类、鱼类、爬行类及小型哺乳动物为食。

水獭

动物的工作

切叶蚁： 分布在中美洲和北美洲干燥的热带和副热带地区，它们将叶子从树上切成小片，但并不是直接吃掉，而是把切碎的树叶带到蚁穴里发酵，然后取食在其上长出来的蘑菇。

清洁鱼： 用针状的嘴为各种各样的鱼做清洁，因此得名。它们可以清除其他鱼类伤口上的坏死组织和致病的微生物，因此又被称为"鱼医生"，而清理下的东西就成了它们的美餐。

刺豚鼠： 产于美洲热带地区，有黄色和黑色两种。主要以水果和蔬菜为食。刺豚鼠的长脚上长着钩状的爪子，身上的毛很硬，每根毛上都有一种带纹。

斑臭鼬： 分布于北美洲的美国、加拿大、墨西哥，与臭鼬相似，但身上的条纹呈斑点状。

P36
鼠兔： 主要分布于青藏高原附近和亚洲中部的高原或山地。外形酷似兔子，身材和神态却像鼠类。鼠兔以植物为食物，它建造的洞穴十分复杂，出口多达5~6个，对植被有破坏。

P38
鼩鼠： 哺乳动物，一般栖息在海拔1500米以下的山间盆地、河谷地、丘陵缓坡，生活在常绿阔叶林、稀疏灌丛林、农耕地和菜园地附近。外形似鼠，前肢发达，利爪非常适于挖土。鼩鼠主要以昆虫为食，但也吃蚯蚓、两栖类、爬行类、小鸟等动物。

橡树啄木鸟： 分布于北美地区，栖息于山区林地中。通常以昆虫以及植物坚果、果实等为食。它们会将巢建在树洞里。

P39
猎豹： 属猫科动物，主要分布在非洲与西亚。猎豹是陆地上跑得最快的动物，全速奔跑的猎豹，时速可以超过110公里。

蜜蚁： 也称为"供蜜蚁"，某些工蚁可以把蜜存储在肚子里，其腹部体积能膨胀到正常的几倍大。当蚁群需要食物时，就会刺激供蜜蚁使之吐出蜜露。

橡树啄木鸟

动物的工作

实验原理大揭秘

P9　建造蜂巢——了解蜂巢结构的神奇之处

通过实验我们得出结论，建造六角形的蜂巢既坚固又省料。

原理分析：如果将蜂巢建成圆形或八角形，图形中间就会出现空隙；如果建成三角形或四角形，则在用料相同的条件下，面积会减小很多。实验演算出六角形是效率最好的。

蜂巢是严格的六角柱形体。它的一端是六角形开口，另一端则是封闭的六角棱锥体的底，由三个相同的菱形组成。18世纪初，法国学者马拉尔奇曾经专门做过实验，测量过大量蜂巢的尺寸。令人惊讶的是，这些蜂巢组成底盘的菱形的所有钝角都是109°28′，所有的锐角都是70°32′。"聪明的数学家和建筑师"蜜蜂为人类提供了最合理的建筑结构，目前已经被运用到人类的生产生活中。因为这种结构非常坚固，所以人们在建造飞机机翼和人造卫星的机壁时借鉴了蜂巢结构。

P11　挖一口井——了解黄头后颌鱼加固洞壁的原因

黄头后颌鱼在建造自己的小家时，会用珊瑚和贝壳对洞口进行加固。人们在挖井、挖河渠时，也会在井壁、河岸的泥土中掺入石块，或是用混凝土修筑堤坝加固。

这是因为，地下水体会对洞壁、沟床的固体堆积物质如泥土等进行浸透或是冲击，久而久之就会使洞壁或是岸边的泥土稳定性降低；饱含水分的泥土在自身重力作用下发生运动，就会形成下陷或是坍塌的情况，用石块加固能够缓解这种情况。

动物的工作

P21 建造泡泡窝
——体会沫蝉幼虫建造的泡泡窝

原理分析：影响水形成气泡的因素有两个，一个是水表面的张力，另一个是水中界面活性剂的含量。水的表面张力越小越容易形成气泡，张力如果太大，水会紧紧结合在一起，难以形成气泡。另一个很重要的原因是水中需要含有界面活性剂。水中如果没有界面活性剂，是很难起泡的；就算是起泡，维持的时间也不会太长。

我们实验中提到的清洁剂（如洗涤灵、肥皂等），就属于界面活性剂。界面活性剂的特性就是具有亲油性与亲水性的分子，有了它，气泡的结构会更加稳固，不易破裂。

沫蝉幼虫转化出来的特殊液体就含有界面活性剂，因此它的泡泡窝可以维持很久不破。

P26 熟能生巧
——体验射水鱼弹无虚发的射虫技能

你想知道射水鱼是如何在水中就能瞄准昆虫位置的吗？那你要先了解一下光的折射啦。

原理分析：光从一种透明介质斜射入另一种透明介质时，传播方向发生偏折，这种现象叫光的折射。实验中，当你的视角低于水平面时，你会发现吸管好像朝着它在水面上实际位置的反方向弯折了。由前面学习的知识可知，我们看到的实际上是吸管在水中部分所成的虚像。

同时，我们从水中看水面上的物体，看到的是比物体的实际位置偏高的虚像，这是因为光由物体到水面时在水面处发生折射，折射光线进入我们的眼睛。因此，要想和射水鱼一样百发百中，我们要克服光的折射现象，多加锻炼才行！

P33 吸水工具——了解树叶是如何吸水的

通过实验，你可以发现，当搓揉树叶时，你就制造了许多个小气囊。水流入到这些气囊里，吸收的水就会更多了。

当把海绵放到水里时，海绵内无数的细小孔隙里就会充满液体；当你挤压海绵时，流进小孔隙里的水就会把气泡赶出来。

动物的迁徙
动物小名片

P5
红尾鹰： 北美地区常见的一种猛禽，栖息在热带雨林、沙漠、草原、针叶林和阔叶林、农田等。食物主要为小型哺乳动物，也包括其他鸟类和爬行动物。

P7
旅鼠： 生活在北极，体形椭圆，四肢短小，尾巴粗短，体型比普通老鼠要小一些，最大可长到15厘米。当缺乏食物时，旅鼠会成群迅速迁徙，迁徙距离很远。

P8
牛羚： 大型牛科动物，分布在喜马拉雅山东麓密林地区。体型介于牛和羊之间。雄性和雌性都有粗大扭转的角。是典型的高寒种类，数量稀少的珍稀动物。

瞪羚： 瞪羚的两只眼睛特别大，眼球向外凸起，看起来就像瞪着眼一样，因此得名。它主要生活在非洲大草原，善于奔跑。以植物为食。

P10
灰鲸： 是地球上最古老的物种之一，多分布于热带及暖温带海域。约有16米长。用鲸须进食，主要的食物是水中的甲壳纲动物。

灰鲸

P12
土拨鼠： 又叫旱獭，主要分布于北美大草原和加拿大等地。食物大多为蔬菜、水果、豌豆、玉米等素食为主。它善于挖掘地洞，在游泳和攀爬方面也是高手，冬季会在洞内冬眠。

赤狐： 分布于整个北半球。身体细长，四肢短小，有尖尖的嘴巴，大大的耳朵。体长70厘米，尾长20~40厘米，体重4.2~7千克。腹部为白色，腿和耳尖是黑色的，其他的部分都呈红色。奔跑速度快，而且善于游泳和爬树。

P13
獾： 分布于欧洲和亚洲大部分地区的一种杂食性哺乳动物，主要吃蚯蚓，也吃昆虫、小型哺乳动物、水果等等。獾的前爪长，适于掘土。

P15
北极燕鸥： 北极燕鸥分布于北极及附近地区，在北极及欧洲、亚洲和北美洲等近北极的区域繁殖。每年都会从其北部的繁殖区南迁至南极洲的海洋，再北迁回繁殖区，这是已知的动物中迁徙路线最长的。北极燕鸥一般都是成群活动，以鱼、甲壳动物等为食。

动物的迁徙

P16

黑顶白颊林莺： 一种生活在北美的鸟类。以昆虫为食，嘴部细短。体重一般为11克左右，但在迁徙前可达22克左右，所沉积的脂肪可供其飞行100小时左右。

P17

金斑鸻： 中等体型涉禽，栖息于水塘、沼泽、河岸附近的农田及空旷草原，主要以植物种子、嫩芽、软体动物、甲壳类昆虫为食。

画眉鸟： 主要栖息于山丘的浓密灌木林中。眼睛上方有清晰的白色呈蛾眉状的眉纹，由此得名。画眉鸟是杂食性动物，以水果、浆果、种子及昆虫为主食。鸣叫声婉转动听，声音洪亮。

P18

斯温氏鹰： 栖息在北美洲西部的大草原，会在树上或悬崖壁上用树枝筑巢。喜欢吃蟋蟀、蝗虫等

画眉鸟

蝗科的昆虫。斯温氏鹰属于候鸟，每年春天和夏天，它都会栖息在北美洲；冬天时则会到南美洲过冬。

白鹳： 身上羽毛为白色，翅膀羽毛为黑色，有细长的红腿和红喙。通常在草地、农田和浅水湿地觅食。主要以昆虫、鱼类动物为食。为长途迁徙性鸟类。

P22

行军蚁： 生活在亚马孙河流域，群体生活，属于迁移类的蚂蚁，没有固定的住所，每天都在不断行进，并不断发现和吃掉猎物。

P24

蚜虫： 又称蜜虫、腻虫等，为刺吸式口器，常群集于叶片、嫩茎、花蕾、顶芽等部位，刺吸叶子、嫩茎、花朵等的汁液为食，会给植物造成伤害。

蝗虫： 分布于全世界的热带、温带的草地和沙漠地区。蝗虫的大腿和翅膀发达，善于跳跃和飞行。咀嚼式口器，以植物的叶子为食，是农业害虫。

P26

黑脉金斑蝶： 俗称"帝王蝶"，是北美地区最常见的蝴蝶之一，身上有橙黑色花纹。每年都会向南迁徙，夏天的时候向北飞回。其幼虫以有毒植物为食，成虫时依然保存在体内，所以这种蝴蝶是有毒的。

博贡蛾： 以栖息地的山名来命名的。每年春天会开始进行迁徙，迁徙途中有时会被灯光所误导，经常发生大批博贡蛾飞入建筑物的新闻。

动物的迁徙

P29
鲑鱼： 又称三文鱼，属于深海鱼。鲑鱼在淡水江河上游的溪河中产卵，在淡水环境下出生，之后游到海水环境中生长，最后又游回它自己的出生地进行繁殖。鲑鱼常用来食用，具有很高的营养价值。

欧洲鳗鱼： 一种外观像蛇的鱼类，一般身长为60~80厘米。欧洲鳗鱼一般在河流湖泊等淡水环境中成长，成熟后又会回到大海产卵。肉食性动物。

P31
圣诞岛红蟹： 一种仅在印度洋圣诞岛和科科斯（基林）群岛才有的陆蟹。主要以植物为食，但有时也会吃其他的动物。红蟹以每年往海产卵迁徙的壮观景象而闻名。

蜘蛛蟹： 分布于美国阿拉斯加的一种海蟹，因为有八条很长的腿，外观形似蜘蛛，故而得名。繁殖期时会成群结队大规模地爬到沙滩上。以食腐肉为主。

P32
海蛾鱼： 分布于我国南海、印度、印度尼西亚以及大洋洲北部的海域里。海蛾鱼常用翼状胸鳍的指状鳍条在水底匍匐爬行，活动能力较弱。以小型浮游生物为食。

矶沙蚕： 海洋环节动物，常在珊瑚礁洞隙中栖息。常常捕食其他海虫、小虾，甚至比它们自身体型大得多的鱼。繁殖期时，尾部会从母体分离浮上水面产卵。

P35
红腹渍螈： 蝾螈的一种。主要栖息在沿海林地。红色的腹部是它区别于其他蝾螈的最大特点。

P38
林蛙： 广泛分布在欧洲大部分地区。约有6~9厘米长，背部及侧面呈橄榄绿色、灰褐色、褐色、橄榄褐色、黄色或红褐色。主要以昆虫、蜗牛、蛞蝓及蠕虫为食。

P39
蓝点钝口螈： 主要分布于美国、加拿大。体型中等，头宽眼小。主要以节肢动物、螺类、小鱼、蝌蚪和幼蛙为食。

欧洲鳗鱼

动物的迁徙

实验原理大揭秘

P11 神奇的"鲸脂"
——了解脂肪的保温功能

原理分析：无论是鲸还是人类，脂肪都起着维持体温和保护内脏，以及缓冲外界压力的作用。皮下脂肪可防止体温过多向外散失，减少身体热量散失，维持体温恒定。同时，脂肪也可以阻止外界热能传导到体内，有维持正常体温的作用。生长在内脏器官周围的脂肪垫有着缓冲外力冲击保护内脏的作用。

实验中提到的植物起酥油是经提炼的动植物油脂、氢化油或上述油脂的混合物，和脂肪一样，能够起到绝热保温的作用。因此通过实验，你能够得出鲸脂能够让鲸在寒冷的环境下保持体温的结论。

P19 上升的空气
——体会暖气流的上升

通过实验，你知道在电灯上方的纸杯为什么会被向上推起了吗？

原理分析：暖空气上升是因为空气受热膨胀，比重比周围空气变轻的缘故。暖空气的密度小，质量小，因此会上升；同理，冷空气密度大，质量大，因此会下沉。

电灯点亮后产生了热量，上方的空气就被加热了；暖空气上升，因此就会向上推动纸杯。

P27 太阳指南针——通过太阳辨别方位

原理分析：太阳就像一个大大的指南针，有时我们可以通过太阳判定自身的位置。

太阳的升落偏移位置与直射点的南北半球位置有关：太阳直射北半球时，全球太阳从东偏北升起，西偏北落下；太阳直射南半球时，全球太阳从东偏南升起，西偏南落下；春分秋分两天，全球太阳从正东升起，正西落下。

太阳直射点以北地区，正午太阳在南方；太阳直射点以南地区，正午太阳在北方；太阳直射地区，正午太阳在正上方。

动物的迁徙

P33 向上和向下迁徙——了解鱼鳔的功能

原理分析：硬骨鱼的体内有鱼鳔，体积约占身体的5%左右，能够控制鱼体比重，使鱼保持在某一个水层。当鱼下潜时，鱼鳔肌会收缩，空间变小，气压变大，以抵消水压的作用；当鱼上浮时，鱼鳔肌放松，空间变大，气压变小。鱼鳔肌决定着不同鱼种生活的不同水域。鱼鳔肌厚实的鱼，生活在较深水域，是深水（海）鱼；相反，则是浅水鱼。

此外，鱼鳔还有着保护内脏器官、辅助呼吸的作用。

实验用醋和苏打的混合液证明了鱼鳔的功用。当醋和苏打混合时，会产生类似酸碱中和的现象，放出二氧化碳和热。

P37 利用磁场迁徙
——了解地球磁场的作用

原理分析：实验中的原理很简单，就是同性相斥，异性相吸。地球是一个大磁体，在它的周围形成磁场，即表现出磁力作用的空间，称作地磁场。

有很多的迁徙性动物可以根据地球磁场来辨别方向。这样，即使太阳落山，阴云遮月，动物们也可以以磁场为向导继续飞行。海龟能通过地球磁场、太阳、星星的位置来辨别方向；绿海龟会根据不同地理位置间的地磁场强度、方向的差别等判定方向。

动物的冬眠
动物小名片

P8

林跳鼠： 啮齿动物，主要生活在北美洲的沼泽地、草地或者是林地。体型较小。以种子、昆虫和小果实为食，主要在晚上进食。

P9

翠青蛇： 一种脾气非常温顺的无毒蛇。常栖息于中低海拔的山区、丘陵和平地，在草木茂盛或荫蔽潮湿的地域活动。翠青蛇身体细长，体型中等，成蛇体长为80～110厘米。主要以蚯蚓、蛙类及小昆虫为食。

弱夜鹰： 生活于北美洲，往往在夜间出来捕食飞虫。在冬季弱夜鹰会贴附在岩缝壁上进入昏眠状态，待天气转暖时才恢复正常活动。

P10

鼠狐猴： 生活在马达加斯加岛。是原始猴类中个头最小的一种，体长12～15厘米，尾巴与身体长度差不多。鼠狐猴是杂食性动物，通常在夜间活动，有冬眠的习性。

P12

树蛙： 广泛分布于亚洲、非洲的热带和亚热带地区，多栖息在潮湿的阔叶林区及其边缘地带。树蛙的身体长而扁，后肢比较长。

锦龟： 小型的淡水龟类，主要生活于陆地上，身上有鲜艳的花纹。主要以水生植被和小型水生动物（如昆虫、甲壳类和鱼类）为食。锦龟通常会藏在河底的泥中冬眠。

P14

旱獭： 又叫土拨鼠，主要分布于北美大草原和加拿大等地食物大多为蔬菜、水果、豌豆、玉米等素食为主。旱獭善于挖掘地洞，在游泳和攀爬方面也

是高手，冬季会在洞内冬眠。

P16

东方伏翼蝙蝠： 多选择各类建筑物等隐蔽的地方作为自己的栖息地。东方伏翼蝙蝠的体形较普通蝙蝠大，一般在日落后才飞出来觅食。

獾： 分布于欧洲和亚洲大部分地区的一种杂食性哺乳动物，主要吃蚯蚓，也吃昆虫、小型哺乳动物、水果等等。獾的前爪长，适于掘土。

鳄龟： 分布于北美洲和中美洲，身上长有非常坚固的甲壳，背部有盾片突起。鳄龟属于肉食性动物，主要以昆虫、螺类、虾及小鱼等为食，也吃植物的茎叶。

鳄龟

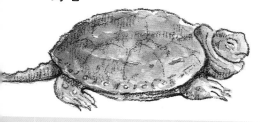

獾

动物的冬眠

浣熊： 原产自北美洲，属于杂食性动物，主要食物有浆果、昆虫、鸟卵和其它小动物等。浣熊眼睛的周围是黑色的，尾部有深浅交错的圆环，十分招人喜爱。

P18

臭鼬： 分布在北美洲墨西哥以北的广大地区。臭鼬的体毛黑白相间。主要以啮齿类动物为食，也吃鸟蛋、腐肉、幼虫、浆果等。它一般在黎明和黄昏出外觅食，在遇到威胁时会放出奇臭的味道。

P19

棕蝠： 分布很广，几乎遍及世界，有可能是除人类之外分布最广的陆栖哺乳类。棕蝠飞行缓慢而笨重，常栖息在建筑物和树洞中。

P21

金花鼠： 背部有数条纵形花纹的小型松鼠，身长约15厘米、尾长约12厘米。两颊有颊袋。金花鼠属于杂食性动物，食物以植物为主。它长相可爱，不少成为了人类饲养的宠物。

P24

黄缘蛱蝶： 翅膀呈深紫褐色，外缘有灰黄色宽边，外缘内侧排列有7~8个蓝紫色的椭圆形斑点。前翅顶角附近有2个白色斜斑。翅膀反面呈黑褐色，有极密的黑色波状细纹，外缘黄白色。每年一代，成虫休眠，幼虫以杨柳及榆树等为食，属林业害虫。（选自周尧《中国蝶类志》）

飞鼠： 也叫鼯鼠。主要分布于亚洲、欧洲和美洲的热带与温带雨林中。飞鼠最大的特点在于它前后肢间的飞膜可以帮助其在树中间快速滑行。飞鼠主要以植物为食，尤其爱吃松树、柏树的籽实、针叶和嫩皮等，但它有时也会捕食甲虫等小型动物。

P30

仓鼠： 主要分布于亚洲，少数分布于欧洲。仓鼠常常栖息于荒漠等地，主要以杂草种子和昆虫为食。大多种类的仓鼠两颊有颊囊，这可以算是它们的储藏库，可以用来临时储存或搬运食物。

五线石龙子： 主要分布于北美洲，在我国也有发现。幼体尾巴为蓝色，因而也被称为蓝尾石龙子，成年后尾巴上的蓝色会褪去。背上会有五条黄色条纹，因此得名五线石龙子。

金花鼠

动物的冬眠

榛睡鼠

P32
豹蛙： 因为身上有与豹类似的斑点花纹而得名。豹蛙主要分布在北美洲的沼泽地、低草地及池塘。成年豹蛙的食物以昆虫、老鼠和鱼等为主。

榛睡鼠： 分布在欧洲、地中海、远东地区。身长6~9厘米。榛睡鼠有冬眠的习性，通常从十月开始到次年的四五月份。

P34
雨蛙： 小型蛙类，体长三四厘米。背部皮肤光滑，呈绿色，腹部则呈淡黄色。雨蛙趾末端具有明显的吸盘，趾间有蹼。以昆虫为食。雨后鸣叫声音非常响亮。

P35
虎凤蝶： 主要分布于东亚地区，生活在光线较强而湿度不太大的林缘地带。虎凤蝶的翅膀基色为黄色，前翅外缘有宽的黑带，翅面上有一些黑色短纹，犹如虎皮。因此得名。虎凤蝶的飞行能力不强。

储水蛙： 生活在澳大利亚的沙漠地区。储水蛙的特点在于它能用自己褪下的皮肤制成防水茧包裹住自己。它通常将水储藏在自己体内，并能在这样的环境中生活很久。

P38
鼩鼱： 分布很广，除极地、大洋洲和一些大洋岛屿外，其他各大陆均有分布。鼩鼱体型细小，四肢短，体型和鼠相似，嘴尖长。主要以昆虫或其他小动物为食。鼩鼱一般在陆地上居住，但也有些半水栖或穴居。

侏儒狐猴： 生活在马达加斯加东部。侏儒狐猴如同其名字一样，长得十分袖珍，只有人的手掌般大小，喜欢在夜间活动。

茶色蟆口鸱： 主要分布在东南亚和大洋洲。全身呈黄褐色，头大嘴大，嘴似蛤蟆，因而得名。茶色蟆口鸱主要以蛙类、小鸟、爬行类、小型哺乳类，及植物的嫩枝果实为食物。

P39
山雀： 常见于平原、丘陵、山地林区，羽毛大多为灰褐色。山雀一般都将巢建在树洞中，几乎不停歇地在林间捕食昆虫。

山雀

动物的冬眠

实验原理大揭秘

P11 你的心率和呼吸频率是多少——体会动物为何在冬眠时心率和呼吸频率降低

原理分析：心率是指心脏在一定时间内跳动的次数，也可以说是在一定时间内心脏跳动快慢的意思。正常成年人安静时的心率也会有所不同，平均在每分钟75次左右（每分钟60~100次之间）。我们的心率还会因为年龄、性别及其它生理情况的不同而有所差异。比如，当我们刚出生时，我们的心率会很快，可以达到每分钟130次以上。在成年人中，女性的心率一般比男性稍快。即使同一个人，心率也是有变化的：在安静或睡眠时心率减慢，运动时或情绪激动时心率加快。

呼吸频率：胸部的一次起伏就是一次呼吸，即一次吸气一次呼气。每分钟呼吸的次数称为呼吸频率。我们的呼吸频率各不相同。当成人平静时，呼吸频率约为每分钟12~20次；儿童约为每分钟20次；一般女性会比男性快1~2次。

那么，当我们运动时，我们的心率和呼吸频率为什么会加快呢？因为当我们运动时，我们需要消耗大量的能量，此时我们的心脏就会加快跳动，血流量增加，以便能够给运动器官补充所需的能量，因此我们心率就会加快。我们人体的能量是以糖的形式储存的，而糖分解需要氧气。为了满足运动时需要的足够氧气，我们的肺活量就会增大，同时排出二氧化碳，因此呼吸次数会增加，呼吸频率也会加快。因此，你会发现，当运动过后，我们的身体消耗了很多能量，这时的心率和呼吸频率是最高的。

我们的心率还会受体温影响，即每降低一度华氏便慢10下。因此当我们不太消耗能量、体温下降时，我们的心率和呼吸频率就会降低，这也就是为什么动物在冬眠时心率和呼吸频率会降低。

动物的冬眠

P13 不结冰的"血液"——了解动物的血液为何不结冰

通过实验你知道为什么"血液"（糖浆）不会结冰了吗？

原理分析：根据拉乌尔定律，当纯液体中溶有溶质时，溶液的冰点通常会降低。简单说就是溶液的凝固点一般会比纯溶液的低。糖浆是糖溶液，因此当温度达到0℃时，水会结冰，而"血液"（糖浆）不会结冰。

糖是我们身体必不可少的营养之一。我们血液中的糖分称为血糖，绝大多数情况下都是葡萄糖。我们平常吃的谷物、蔬果等，经过消化系统转化为单糖（如葡萄糖等）进入血液，运送到全身细胞，作为能量的来源。如果一时消耗不了，则会转化为糖原储存在肝脏和肌肉中；当食物消化完毕后，储存的肝糖就会成为糖的正常来源，维持血糖的正常浓度。在剧烈运动时，或者长时间没有补充食物的情况下，肝糖也会消耗完，此时细胞将分解脂肪来供应能量。

P25 毛巾实验——了解毛巾怎样"保存"热量

原理分析：用吹风机热风吹毛巾，使得一部分热量"存"在了毛巾上，而棉、毛织物是热的不良导体，卷起来的毛巾上棉毛纤维间的空气不易流动，因此更加有利于热量的保存。而晾起来的那条毛巾，与空气接触的面积增大，热量在空气的作用下散失更快，因此摸晾起来的温度比卷起来的毛巾温度会低很多。

通过实验，你知道为什么动物会蜷成一团了吗？因为你会发现，当动物蜷成一团时，它们身体和空气接触的面积比全伸展开时少了许多，减少了身体和冷空气的接触面，因此也就减少了自身热量的散失。

名词解释

P36

夏眠：夏眠也叫"夏蛰"，和冬眠一样，都是动物在缺少食物的季节为了生存的自然现象。是指动物在夏季时生命活动处于极度降低的状态，是某些动物对炎热和干旱季节的一种适应。例如地老虎（昆虫）、非洲肺鱼、沙蜥、草原龟、黄鼠等都有夏眠习惯。

动物的群体
动物小名片

P6
南美切叶蚁： 分布在中美洲和北美洲干燥的热带和副热带地区，它们将叶子从树上切成小片，但并不是直接吃掉，而是把切碎的树叶带到蚁穴里发酵，然后取食在其上长出来的"蘑菇"。

P8
鹈鹕： 大型的游禽。最明显的特征就是嘴有三十多厘米长，下嘴壳和皮肤相连形成可以伸缩自由的喉囊，用来储存捕食到的鱼类。

P9
枪鱼： 大型海鱼，分布于全球海洋。枪鱼的身体细长，背鳍长。主要以其他鱼类为食。

非洲鬣狗： 是非洲特有的犬科动物，主要集中在东非热带干旱草原和疏林草原。鬣狗体型精瘦，四肢细长，头部宽短，听觉发达。主要捕食中型甚至大型的动物，有时也以蜥蜴和各种鸟蛋为食。

P10
灌丛鸦： 分布于北美地区，头部、背部、尾巴及翅膀为蓝色，喉咙和胸腹部为白色，鸟喙和脚爪灰黑色。以坚果、小型脊椎动物为食。灌丛鸦虽然飞起来十分缓慢，但在地面上活动时却相当灵活，跳跃行进。

牛背鹭： 在水田等地经常站在水牛背上，因此而得名。分布于全球温带地区，栖息于平原草地、牧场、湖泊、水库、池塘、旱田和沼泽地等。主要以蝗虫、蚂蚱、蟋蟀等昆虫为食。

P11
丛林狼： 北美特有的一种犬科食肉动物。成年狼体重14~22千克，身长70~100厘米，尾巴是身长的一半。丛林狼善于奔跑，时速最高可达每小时65公里，会游泳，但不善于攀登。

P12
侏儒獴： 非洲的一种小型食肉动物，主要生活在干燥的草地、开阔的森林或灌木地区，以吃蛇为主，也猎食蛙、鱼、鸟、鼠、昆虫等。侏儒獴体型上的特点是：尖头，小耳，尾巴长四肢短，比一般的獴要小许多。

非洲鬣狗

51

动物的群体

P14

酋长鸟： 美洲热带鸟，主要分布于墨西哥南部到玻利维亚。体色鲜艳，黑黄相间或黑红相间。酋长鸟还有一个特点是会筑造悬挂巢。

地松鼠： 体长25~50厘米，包括带毛的尾巴；耳朵又小又圆，双颊有颊囊；身体颜色多为褐色或黄灰色，有些种类的地松鼠带有斑点或条纹。地松鼠的主要食物有草木、种子、昆虫和鸟蛋等。

P15

红喉蜂鸟： 主要分布于中美洲。雄性有一个醒目的红色的喉咙，因此得名；但雌性则没有。

灰噪鸦： 分布于加拿大和美国。主要栖息在温带和寒带的森林中。

长耳鸮： 又叫长耳猫头鹰。主要分布在欧洲、亚洲和北美洲。长耳鸮羽毛呈褐色垂直条纹，头部中间有竖起直立的黑色耳羽。主要以鼠类和昆虫为食。

森莺： 分布于美洲的小型鸣禽，主要栖息于加拿大北部至阿根廷的森林中。羽毛一般为橄榄绿或灰色，嘴细而尖，昆虫和浆果是它的主要食物。

北美歌雀： 广泛分布在北美洲与中美洲及其中的过渡地区。这种鸟以歌声独特、婉转悠扬而著名，有时甚至能模仿捕食者的叫声。

火烈鸟

P18

火烈鸟： 在地中海沿岸生活的一种大型涉禽，常栖息于温热带盐湖水域旁，在浅滩中行走，因全身为火红色犹如烈火燃烧而得名。火烈鸟脖子细长，常呈S型弯曲。它的主要食物包括小虾、蛤蜊、昆虫、藻类等。

P20

慈鲷： 慈鲷科原产于热带中南美洲、非洲及西印度群岛。色彩多变，体型优雅，全球共有约200属和超过2000种鱼种。

地松鼠

动物的群体

绒猴： 绒猴生活在南美洲亚马逊河流域的森林中，是世界上最小的猴子。成年绒猴大约有人的手掌大小，而小绒猴只有大拇指大小，长约10厘米，重30克左右。

长臂猿： 长臂猿的前臂非常长，身高不足一米，双臂展开却能达到150厘米，站立时双手可触地，故而得名。长臂猿生活在高大的树林中，能够像荡秋千一样从一棵树荡到另一棵树，且速度惊人。

P21
沙鸡： 栖息于非洲、中东及亚洲的荒漠、半荒漠。全身沙褐色，羽衣厚，皮肤坚韧。主要以种子为食，善于飞行及奔跑。

P22
绒鸭： 大型的海鸭，广泛分布在北极地区的海岸和沿岸岛屿上。食物主要来源于海洋中的软体动物和甲壳类动物，有时候也吃海藻。

大角斑羚： 栖息在非洲中部和南部的开阔平原或有少量树木的地区，是现存最大的羚羊。

P23
天竺鼠： 又名荷兰猪。体型粗短，耳朵圆，没有尾巴。天竺鼠属于食草动物，食物以青草、植物的根以及果实种子为主。习性温顺，常在夜间觅食。

宽吻海豚： 又叫尖嘴海豚，主要分布在温带和热带的海洋中。体背是发蓝的钢铁色和瓦灰色，腹部有明显凸起。宽吻海豚的吻较长，嘴短小，嘴裂外形似乎总是在微笑，十分可爱。它的跳跃本领很强，有时会全身跃出水面1~2米高。

P26
海狮： 海狮因它的面部长得像狮子而得名。海狮生活在海里，以鱼、蚌、乌贼、海蜇等为食。

长臂猿

53

动物的群体

北极熊： 生活在北极，是世界上最大的陆地食肉动物。雄性北极熊身长大约240～260厘米，体重一般为400～800千克。北极熊主要以海豹为食，也捕捉海象、白鲸、海鸟、鱼类及小型哺乳动物。

P27

瞪羚： 瞪羚的两只眼睛特别大，眼球向外凸起，看起来就像瞪着眼一样，因此得名。它主要生活在非洲大草原，善于奔跑。以植物为食。

狒狒： 是世界上体型仅次于山魈的猴类。主要分布于非洲，个别种类也见于阿拉伯半岛。狒狒属于杂食类动物，主要吃果实、嫩枝、昆虫，有时也吃鸟蛋、小型脊椎动物。

P28

猫鼬： 分布在地球上最炎热、最干旱的地区之一。眼睛周围长了一圈黑色的花纹，就像戴着一副自制的太阳眼镜。猫鼬主要

是食虫性动物，但他们也会吃蜥蜴、蛇、蜘蛛、植物、卵跟小型哺乳动物。

P33

长鼻浣熊： 生活在墨西哥和中美洲的树林和半沙漠地区。与浣熊不同的是，有长长的尖鼻子和竖立着的带环纹的长尾巴。它的鼻子用来在树叶中、岩石裂缝中和洞穴中搜寻食物，包括昆虫、野果、蜗牛、老鼠、蜥蜴和鸟蛋等。它长长的尾巴要比它的头和身体加起来都长，而且大部分时间都保持直立向上，以便保持平衡。

P34

黑脉金斑蝶： 俗称"帝王蝶"，是北美地区最常见的蝴蝶之一，身上有橙黑色花纹。每年都会向南迁徙，夏天的时候向北飞回。其幼虫以有毒植物为食，成虫时依然保存在体内，所以这种蝴蝶是有毒的。

P36

龙虾： 常栖息于水草、树枝、石隙等隐蔽物中。头胸部较粗大，外壳坚硬，腹部则很短小，它的体长一般在20～40厘米之间，重0.5千克左右，是虾类中最大的一类。

北极熊

动物和它们的孩子
动物小名片

P4

马岛猬： 马达加斯加岛上最原始的哺乳动物，马岛猬属于食虫类，分成两个大的类群，一类身上有刺，一类无刺。

P6

角嘴海雀： 嘴为橘黄或黄色，头部有两道特征性白色条纹，脚黄色。角嘴海雀通常会在洞穴中筑巢。它的飞行能力很强，可以飞到远海中去捕食鱼类。

P8

隆鸟： 又叫象鸟，是曾经生活在马达加斯加的一种巨型、不会飞的鸟类，身高可超过3米、体重达到0.5吨，16世纪之前就灭亡了。

蜂鸟： 是世界上已知最小的鸟。最小的一种蜂鸟才重1.8克，最大的一种也仅有20克。蜂鸟能够以快速拍打翅膀（每秒15~80次，取决于鸟的大小）的方式悬停在空中，也是唯一可以向后飞的鸟。

P9

刺嘴莺： 生活于苇塘及沼泽地区，体色以褐色为主，嘴细尖，体型纤长，以昆虫为主要食物，能够在草丛间穿飞及跳跃捕食。

翠鸟： 翠鸟常栖息于灌木丛及溪流、湖泊等水域，体型大多数矮小短胖，但尾巴短小。羽毛主要为亮蓝色，头顶黑色。以鱼或昆虫为食。

P10

田鳖： 生活在水中，椭圆形的扁阔身体呈灰褐色，尾巴尖端有较长而细的吸管，用以露出水面进行呼吸，以水中的小鱼小虫为食。

尖吻蛙： 一种分布在阿根廷和智利的小型蛙。雄蛙把将要孵化的卵放入自己巨大的声囊里，幼蛙在声囊中孵化出来。

海马： 属于鱼类，是一种小型海洋动物，因其头部酷似马头而得名。雄性海马腹部有一个育儿袋，卵于其内进行孵化，一年可繁殖2~3代。

P11

囊蛙： 分布在中南美洲的蛙类。雄蛙帮忙把卵放在雌蛙背上的育儿囊里，育儿囊上面盖着一层皮肤，直到幼蛙孵化出来。

狼蛛： 狼蛛分布广泛，多数为深褐色。它的背上长着一种形似狼毫的毛，有8只眼睛。狼蛛行动敏捷、性情凶猛，毒性很大。

海马

动物和它们的孩子

P12

针鼹鼠： 一种产蛋哺乳类动物。毛色为褐黑色或灰色，爪子又长又弯。针鼹鼠主要以蚂蚁、白蚁类和蠕虫类为食。雌性腹部有个腹袋，用来装蛋。

鸭嘴兽： 仅分布于澳大利亚地区和塔斯马尼亚岛。它的尾巴扁而宽，四肢都有蹼和爪，十分适合游泳和掘土。通常，鸭嘴兽会穴居在水边，以水生昆虫、蜗牛等为食。鸭嘴兽是最原始的哺乳动物之一，不同于其他的哺乳动物，鸭嘴兽是通过下蛋来繁衍后代的。

P17

树袋熊： 又叫考拉，是澳大利亚奇特的珍贵原始树栖动物，食物为澳大利亚的桉树叶。它的新陈代谢非常缓慢，每天会睡上18~22个小时。

P19

犰狳（qiú yú）：唯一有壳的哺乳动物，生活在中、南美洲和美国南部地区的树林、草原和沙漠地带。有一副鳞状铠甲。犰狳是杂食性动物，食物以甲虫、蠕虫、小蜥蜴、鸟蛋、坚果、蛇类及腐烂的动物尸体为主。

P21

棉尾兔： 生活在北美洲。有着白色的、毛绒绒的尾巴，也因此得名。

P22

旅鼠： 生活在北极，体形椭圆，四肢短小，尾巴粗短，体型比普通老鼠要小一些，最大可长到15厘米。当缺乏食物时，旅鼠会成群迅速迁徙，迁徙距离很远。

座头鲸： 大部分栖息于太平洋一带，成年鲸身长12~16米，重约3600千克，鳍肢很长，约为体长的1／3，为鲸类中最大者，其前缘有如锯齿状突出的不规则瘤状。主要以磷虾、小群鱼等为食。

P23

笛鸻（héng）：属于小型涉水鸟。主要分布在大西洋海岸及北美洲。大小与麻雀类似，体呈沙色。它们在沙滩上觅食，主要吃昆虫、水中的虫及甲壳类。

北极狐： 分布在北冰洋的沿岸地带及一些岛屿上的苔原地带，能在−50℃的冰原上生活。它们的毛皮既长又软，并且十分厚，可以忍受严寒。北极狐的脚底部也长着长长的毛，所以适于在冰雪地上行走。主要以旅鼠为食。

树袋熊

动物和它们的孩子

P24
红猫： 分布于加拿大南部到墨西哥南部一带。中型猛兽，体型像猫但比猫大。以野兔等小型动物为食。善于攀爬及游泳，耐饥性强。

麝牛： 分布于北美洲北部、格陵兰、北极群岛等气候严寒的地区，在分类上是一种介于牛和羊之间的动物。麝牛高约1.5米，长约2~2.5米，体重可达400多千克。以苔藓、地衣和植物的根、茎及树皮等为食。雄麝牛在繁殖期会散发出一种类似麝香的气味。

驯鹿： 驯鹿广泛分布在欧亚和北美大陆北部及一些大型岛屿，栖息在寒温带针叶林中，驯鹿以苔藓、蘑菇、嫩树叶等为主要食物。驯鹿无论雄雌都生有一对树枝状的犄角，幅宽可达1.8米，每年更换一次。

P25
黑额黑雁： 也被称为加拿大雁。产于北美洲，体长55~110厘米，以水生和陆生植物为食。在北方产卵养育幼崽，秋季又会迁徙到南方。

P27
海獭： 海獭是稀有哺乳动物，只产于北太平洋的寒冷海域。它们很多时候都待在水里，连生产与养育幼崽也都在水中进行。主要吃海底生长的贝类、鲍鱼、海胆、螃蟹等，有时也吃一些海藻和鱼类。

潜鸟： 通常在岛上或水边的沼泽地筑巢。羽毛浓密，背部主要呈黑色或灰色，腹部白色。潜鸟的食物主要包括鱼类、甲壳类和软体动物，善于潜水。

穿山甲： 是一种从头到尾披覆着鳞片的食蚁动物，分布在非洲和亚洲各地。四肢粗短，有强壮的爪子，便于挖洞。主要以蚂蚁和白蚁为食，也吃昆虫的幼虫等。

P28
棱皮龟： 主要分布在热带太平洋、大西洋和印度洋，有时也会在温带海洋生活。体型大，最大体长可达3米，龟壳长2米，体重可达800~900千克。主要以小鱼、甲壳动物、软体动物和海藻为食。

海獭

动物和它们的孩子

P30

蠷螋（qú sǒu）：又名剪刀虫。体长5~50毫米。身体狭长且略扁平。杂食性动物。

神仙鱼：原产于南美洲的圭亚那、巴西。头小而尖，身体呈菱形。以水生昆虫、水蚤等为主要食物。

刺鱼：生活于北半球温带区。体型小，刺鱼的背鳍和腹鳍有刺，没有鳞片。

灰海豹：大型海豹，主要分布于北大西洋一带的海岸，一般以大族群的形式生存。主要食物为鳕鱼、比目鱼、鲱鱼和鳐鱼。

P31

长耳猫头鹰：又叫长耳鸮。主要分布在欧洲、亚洲和北美洲。长耳鸮羽毛呈褐色垂直条纹，头部中间有竖起直立的黑色耳羽。主要以鼠类和昆虫为食。

P32

鸵鸟：是一种不会飞的鸟，也是现存最大的鸟。生活在非洲广大地区。脖子长而无毛、头小、脚有二趾。腿长且有力，善于行走和奔跑。杂食性动物，主要以植物为食，也吃蜥蜴、蛇、幼鸟和一些昆虫等小动物。

P32

布谷鸟：多数分布在热带和温带地区的树林中。大小与鸽子相仿，体较细长，上身暗灰色，腹部布满了横斑。布谷鸟产蛋之后会将蛋放在其他鸟类的鸟窝中，以寄生的方式养育幼鸟。

P37

信天翁：是最善于滑翔的鸟类之一。通常以乌贼为食，也常跟随海船吃船上的剩食。在繁殖期会成群地登上远离大陆的海岛，每窝只产一枚卵。

P39

驼鹿：是世界上最大的鹿科动物，通常体长210~230厘米，成年雄鹿可重达200~300千克。一般出没于北半球温带至亚北极气候的针叶林及混交林。雄性驼鹿以掌形鹿角为显著特征，在交配季节后鹿角会掉下，等到春天会再次生长出来。

鸵鸟

58

动物和它们的配偶

动物小名片

P5

变色蜥： 常分布在美国西南部、墨西哥多岩石的沙漠里。

P6

天堂鸟： 生活在热带森林中，食物主要为水果，也包括昆虫、蜥蜴等动物。天堂鸟因其华丽的羽毛而被人们认识。雄性天堂鸟在头部及胸部或是翅膀上会长出盾状、扇状、斗篷等等各种各样的饰羽。

P8

蝴蝶鱼： 蝴蝶鱼俗称热带鱼，是近海暖水性小型珊瑚礁鱼类。蝴蝶鱼的身体侧扁，能够在珊瑚丛中来回穿梭；它的嘴型也非常适合伸进珊瑚洞穴去捕捉无脊椎动物。

P9

北美黄色林莺： 分布在阿拉斯加、纽芬兰到西印度、秘鲁和加拉帕戈斯群岛一带的林地、沼泽地和干燥灌丛。繁殖期时北美黄色林莺的羽毛十分鲜艳好看。

跳蜘蛛： 是一种无毒的蜘蛛。以猎捕苍蝇为食。能吐丝，但不结网，善于跳跃。

P10

吼猴： 主要生活在拉丁美洲丛林中，有一根细长而能卷曲的尾巴。以果子、树叶为主要食物。这种猴子的舌骨形成了一种特殊用途的回音器，能够扩大声音，使吼猴能发出巨大的吼声。

P12

皇蛾： 是全世界最大的蛾类，它的翅膀展开可达到180~210毫米，翅膀上缘有一枚黑色圆斑，就像是蛇眼，有威吓捕食者的作用，因此又叫做蛇头蛾。这种蛾类数量十分稀少。

P13

蝎蛉： 大部分生活在森林峡谷等植被茂密的地区，以昆虫或苔藓类植物为食，体型细长，触角呈长丝状，有两对狭长的膜质翅。

秧鹤： 生活在美洲热带地区的大型沼泽鸟类，以软体动物、甲壳动物、水生昆虫、蛙等为食。

蝴蝶鱼

动物和它们的配偶

燕鸥：是鸥科鸟类，因为尾巴的形状与家燕相似而得名，体型中等到大型，羽毛一般呈灰色或白色，头上有黑色斑纹。主要以潜水捕鱼为食，春秋季节会吃蝗虫等昆虫。

P14
豪猪：又称箭猪，披有尖刺。豪猪主要以花生、番薯等农作物为食，昼伏夜出。当豪猪遇到危险时，会迅速将身上的刺竖起来，不停抖动，威吓敌人。

P15
塘鹅：又叫鹈鹕。最明显的特征就是嘴有三十多厘米长，下嘴壳和皮肤相连形成可以伸缩自由的喉囊，用来储存捕食到的鱼类。

短吻鳄：有宽阔的嘴部和比其他种类鳄鱼更为分开的眼睛，强壮的尾巴既可以用来游泳，又可以当做防身的武器。现在全世界只有在中国和美国境内有此种动物，已濒临灭绝。

拟地图龟：生活在河流、湖泊等水生植物茂盛的地方。以水生植物、昆虫、甲壳类及软体类动物为食。背甲上有明显的脊棱。

反嘴鹬：属于涉水禽类，主要生活在欧洲、西亚和中亚的温带地区，冬季会迁徙至非洲或亚洲南部。黑色与白色相间。鸟嘴为黑色，细长且上翘。以小型甲壳类、水生昆虫、软体动物等为主要食物。

P16
红边束带蛇：是加拿大及中美洲一带常见的蛇类。体型较小，通常不到60厘米，无毒害。身上有条纹图案，好像束着带子似的。主要以蛙类、鱼类、昆虫等为食。

P18
蜉蝣：是最为原始的有翅昆虫，被称为"活化石"。体型细长柔软，有着发达的复眼和短小的触角。中胸和前翅发达，后翅已经退化。蜉蝣的幼虫在水中生活，成虫出水后不能进食，很快就会死去。

帽带企鹅：由于其头部下面有一条黑色的条纹，好像士兵盔帽的帽带似的，因此而得名。主要以磷虾、鱼类、水生甲壳类动物为食。帽带企鹅在海里的行进速度很快，时速可达32公里；在陆上，则以腹部着地滑动前进，以脚部和鳍状肢前进。

帽带企鹅

动物和它们的配偶

貂

P19

鲑鱼：又称三文鱼，属于深海鱼。鲑鱼在淡水江河上游的溪河中产卵，在淡水环境下出生，之后游到海水环境中生长，最后又游回它自己的出生地里进行繁殖。鲑鱼常用来食用，具有很高的营养价值。

P20

驼鹿：分布于北半球温带至亚北极气候的针叶林及混交林，是世界上最大的鹿科动物。通常体长210～230厘米，成年雄鹿可重达200～300千克。雄性驼鹿最显著的特征就是掌形鹿角，在交配季节后鹿角会掉下，等到春天会再次生长出来。

P22

山魈：是世界上最大的猴类。分布在喀麦隆南部、加蓬、赤道几内亚和刚果的热带雨林中。以水果、植物及小型动物为食，性格暴躁，勇猛善斗。

北象海豹：是两种象海豹之一，生活于北半球。雄象海豹平均长4米，重约2300千克，而雌象海豹则长3米，重约640千克。它们会潜入深水中觅食，雄性最深可以潜达1500米。食物为多种鱼类及鱿鱼等软体动物。

P24

水雉（zhì）：常栖息于水生植物丰富的淡水湖泊、池塘和沼泽地带。主要以水生植物、昆虫、软体动物、甲壳类等为食。水雉在夏天繁殖期时常在浮游植物上来回行走，姿态优美，有"凌波仙子"的美称。

摩门螽斯：外表看像蟋蟀，从生活习性来看更接近于蝗虫，主要生活在美国西部地区，喜欢群体性迁移。成虫呈黑色或褐黑色，大约5厘米长。经常对庄稼、植被等造成毁坏，是一种破坏性极大的害虫。

P25

蠓：俗称"小咬"或"墨蚊"。成虫黑色或深褐色。蠓会叮吸人血，可传播多种疾病。被叮咬处常出现局部反应和奇痒，甚至引起全身性过敏反应。

P28

貂：生活在寒冷气候，在中国主要分布在东北地区，貂身体细长，四肢短小健壮，耳朵呈三角形，听觉灵敏。以松鼠、小鸟和鸟蛋为主要食物。

动物和它们的配偶

绒猴：绒猴生活在南美洲亚马逊河流域的森林中，是世界上最小的猴子。成年绒猴大约有人的手掌大小，而小绒猴只有大拇指大小，长约10厘米，重30克左右。

黄眼企鹅：黄眼企鹅最大的特征就是有着一双黄色的眼睛，双眼的后上方有两条明显的黄色羽毛，很容易辨认。毛色白棕相间，和一般黑白毛色分明的企鹅长相不太相同。它们是现有企鹅中数量最少的种类，因此已被列为濒临绝种动物。

长冠企鹅：又叫马可罗尼企鹅。双眼间有左右相连的橘色的装饰羽毛，由于头顶上那一撮撮像意大利面的羽毛，因而又名"通心面企鹅"。主要以磷虾为食，也捕食鱿鱼和小鱼。

P29

水母：海洋中的大型浮游生物。水母身体的主要成分是水，其体内含水量一般可达95％以上，并由内外两胚层所组成，两层间有一个很厚的中胶层，不但透明，而且有漂浮作用。主要以鱼类和浮游生物为食。因为水母是无脊椎动物，因此它是通过喷水推进的方法游动的。

P30

斑海豹：生活在寒温带海洋中。斑海豹体粗圆呈纺锤形，全身生有细密的短毛，背部灰黑色并布有不规则的棕灰色或棕黑色的斑点；腹面呈乳白色，斑点稀少。斑海豹除产崽、休息和换毛季节需到冰上、沙滩或岩礁上之外，其余时间都在海中游泳、取食或嬉戏。

P32

麝鼠：主要生活在池塘、湖泊、沼泽、湿地等水域的岸边。体型像只大老鼠，身长35～40厘米，尾巴长20多厘米，重0.8～1.2千克。主要以水生植物为食，偶尔也会吃些鱼虾、青蛙之类的小动物。雄性麝鼠在繁殖期能分泌出一种强烈的麝鼠香味。

麝鼠

动物和它们的配偶

麝牛： 分布于北美洲北部、格陵兰、北极群岛等气候严寒的地区，在分类上是一种介于牛和羊之间的动物。麝牛高约1.5米，长约2~2.5米，体重可达400多千克。以苔藓、地衣和植物的根、茎及树皮等为食。雄麝牛在繁殖期会散发出一种类似麝香的气味。

P34

驯鹿： 广泛分布在欧亚和北美大陆北部及一些大型岛屿的寒温带针叶林中。驯鹿以苔藓、蘑菇、嫩树叶等为主要食物。驯鹿无论雄雌都生有一对树枝状的犄角，幅宽可达1.8米，每年更换一次。

P35

雕鸮（xiāo）： 又叫大猫头鹰。除繁殖季节成对外，平常单独活动。听觉和视觉在夜间异常敏锐。白天隐蔽在茂密的树丛中休息。主要以鼠类为食，也吃其他兽类、鸟类、鱼类、两栖类和爬行类等。

P37

鹗： 俗称"鱼鹰"，是一种大型无害的鹰类。除南美洲和南极洲外，分布于全世界。鹗的上体呈深褐色，下体则大部分为纯白色。它通常会用盘旋和急降的方法来捕鱼。

红眼树蛙

P38

红眼树蛙： 主要分布在中美洲的哥斯达黎加和墨西哥的热带雨林。红眼树蛙的身体颜色可谓是五彩缤纷，眼睛是红色的，背部是亮绿色的，身体两侧是蓝色的，脚趾是橘红色。以各种昆虫为食。

鹊鹅： 主要分布在澳大利亚北部和新几内亚南部的沼泽、湖泊或潮湿的草原。羽毛颜色黑白相间。以草、水草和果实为生。

P39

三棘刺鱼： 小型鱼类。三棘刺鱼的背鳍前面有两根或多根能活动的棘刺，身上无鳞。每到繁殖季时，雄鱼就用自己体内分泌出的像线一样的黏液把水草粘合在一起，筑成精致特别的鱼巢，用来吸引雌鱼进入产卵。

蛞蝓（kuò yú）： 蛞蝓，俗称鼻涕虫，是一种软体动物，外表看起来好像是没有壳的蜗牛，身体表面有湿润的黏液，以农作物的叶子、蔬菜果实等为食，造成一定损坏。

作者简介

派米拉·海克曼： 加拿大知名的儿童科普作家，出版了多本有影响力的少儿图书。派米拉·海克曼拥有环境研究和生物学的荣誉学士学位，她的书向读者展示了真实奇妙的大自然和丰富多样的动植物，同时特别注重对孩子动手能力的培养。

派米拉·海克曼曾获得1995年度丽拉银质纪念奖、2007年绿色奖章，并入围银桦奖、落叶松奖等奖项。本套图书中她创作了《动物的感觉》《动物的进食》《动物的运动》《动物的冬眠》《动物和它们的孩子》《动物和它们的配偶》共6本书。

埃塔·卡纳： 优秀的教师和获奖作家。她创作的大部分儿童书都被翻译成了多种语言，曾获得"银桦奖"、美国防止虐待动物协会亨利·马瑞奖、美国青少年科普读物奖、动物行为协会图书奖，等等。本套图书中她创作了《动物的语言》《动物的防卫》《动物的群体》《动物的工作》《动物的迁徙》共5本书。

帕特·史蒂芬斯： 艺术家、插画家和艺术总监。本套图书中她绘制了《动物的防卫》《动物的群体》《动物的工作》《动物的迁徙》《动物的感觉》《动物的进食》《动物的运动》《动物的冬眠》《动物和它们的孩子》《动物和它们的配偶》共10本书。

格雷格·道格拉斯： 艺术家、设计家、高中美术老师，绘制了本套书中《动物的语言》。